Die Spinnerei
in technologischer Darstellung

Ein Hilfsbuch für den Unterricht in der Spinnerei an technischen Lehranstalten und zur Selbstausbildung sowie ein Handbuch für jeden Spinnereifachmann

von

Dr.-Ing. Edw. Meister
o. Professor a. d. Technischen Hochschule zu Dresden

Zweite
vollständig neubearbeitete Auflage
des gleichnamigen Werkes
von
G. Rohn †

Mit 223 Textabbildungen

Berlin
Verlag von Julius Springer
1930

ISBN-13: 978-3-642-89430-5   e-ISBN-13: 978-3-642-91286-3
DOI: 10.1007/978-3-642-91286-3

Alle Rechte, insbesondere das der Übersetzung
in fremde Sprachen, vorbehalten.
Copyright 1930 by Julius Springer in Berlin.
Softcover reprint of the hardcover 2nd edition 1930

Vorwort.

Das vor 20 Jahren erschienene kleine Handbuch von G. Rohn war bereits nach wenigen Jahren im Buchhandel vergriffen und hatte dadurch seine Daseinsberechtigung bewiesen. Als aber nach so langer Zeit die Verlagsbuchhandlung Julius Springer eine Neuauflage unternehmen wollte, mußte vorher nachgeprüft werden, ob das Buch auch gegenüber den Neuerscheinungen auf dem Gebiete der Textiltechnik und im Hinblick auf unsere unterdessen weiter fortgeschrittene Erkenntnis sich würde behaupten können.

Die Voraussetzung dafür schien mir zu sein, daß entsprechend dem Wunsche der Verlagsbuchhandlung die Einteilung des Stoffes und der Gesamtumfang des Buches mit Rücksicht auf seine Aufgabe und den Anschaffungspreis nicht wesentlich verändert werden sollten. Andererseits hielt ich es für erforderlich, durch Berücksichtigung der Ergebnisse wissenschaftlicher Forschung auf dem Gebiete der Spinnereitechnik sowie durch ein Eingehen auf die wichtigsten Fortschritte im Textilmaschinenbau den Inhalt des Buches zu vertiefen und erweitern. Dadurch hat das Buch doch an Umfang zugenommen, wenn auch durch eine gedrängtere Darstellung und Zusammenziehung einiger Abschnitte wiederum Raum gewonnen worden ist.

An dem Grundsatz, zunächst die Grundlagen der Maschinenspinnerei durch eine Zergliederung der Vorgänge in den einzelnen Arbeitsstufen zu erläutern und die gemeinsamen Grundformen für die Verarbeitung der verschiedenen Faserstoffe klar zu zeigen, ist auch bei der Neubearbeitung festgehalten worden, denn nur so können Wiederholungen bei der Behandlung der einzelnen Spinnereizweige vermieden werden. Ebenso sind die Eigenschaften der Gespinste und ihre Prüfung ganz allgemein besprochen worden. Die Spinnverfahren und heute üblichen Spinnereimaschinen sind dann getrennt nach den zu verarbeitenden Faserstoffen und etwa in der Reihenfolge ihrer wirtschaftlichen Bedeutung behandelt worden, wobei auf die gemeinsamen Bearbeitungsgrundsätze von Fall zu Fall hingewiesen worden ist. Auf die historische Entwicklung sowie früher übliche Verfahren und Maschinen konnte mit Rücksicht auf den Umfang des Buches nicht eingegangen werden; aus demselben Grunde mußte auch von einer Beschreibung konstruktiver Einzelheiten, der Wiedergabe von Getriebeplänen, Leistungstabellen oder Untersuchungsergebnissen abgesehen werden.

Sämtliche Abschnitte des Werkes sind vollständig neu bearbeitet worden; die größte Erweiterung hat die Besprechung der Ringspinnmaschine nebst den neueren Streckmethoden sowie des Streichgarnwagenspinners erfahren — der Abschnitt über die Kunstseide und deren wichtigste Herstellungsverfahren ist eingefügt worden. Die meisten Abbildungen sind durch neue ersetzt oder umgezeichnet worden; unter den vielen ganz neu aufgenommenen Abbildungen befinden sich auch Mikroaufnahmen der wichtigsten Textilfasern und Kunstseiden, die von Herrn Prof. Dr. Al. Herzog, Dresden, stammen. Die Verlagsbuchhandlung Julius Springer hat in dankenswerter Weise für eine vorzügliche Wiedergabe der Zeichnungen gesorgt, deren Fertigstellung einige der bedeutendsten Textilmaschinenfabriken durch Überlassung von Unterlagen wirksam gefördert haben.

Ich hoffe, daß das vorliegende Buch auch in der neuen Bearbeitung seinen Zweck erfüllt, dem Studierenden zur Einführung in das Wesen der Spinnereitechnik zu dienen und dem Spinnereifachmann selbst einen klaren Überblick über die Arbeitsmittel und Verfahren in den wichtigsten Spinnereizweigen zu geben — dem Andenken des ersten Verfassers aber damit ein Denkstein gesetzt wird.

Dresden, im Juni 1930.

Edw. Meister.

Inhaltsverzeichnis.

I. Grundlagen der Spinnerei.

	Seite
A. Einleitung, allgemeiner Spinnplan	1

B. Vorbereitung der Spinnstoffe.

1. Reinigen und Auflösen (Öffnen)	4
2. Krempeln oder Kardieren	9
3. Strecken und Doppeln	18
4. Vorspinnen und Feinspinnen	23

II. Eigenschaften der Gespinste (Garne).

Nummerungsverfahren	27
Gefüge, Oberflächenbeschaffenheit	31
Festigkeit, Dehnbarkeit	33
Gleichmäßigkeit	35

III. Wichtigste Spinnereizweige.

A. Baumwolle.

Vorkommen, Gewinnung und Eigenschaften	37
1. Baumwollspinnerei (Feinspinnerei)	42
Vorbereitungsmaschinen	45
Krempeln, Kämmaschinen und Strecken	53
Vorspinnmaschinen (Flyer)	66
Feinspinnmaschinen (Ringspinnmaschine, Selfaktor)	71
2. Baumwollgrobspinnerei, Vigogne- und Baumwollabfallspinnerei	93
Vorbereitungsmaschinen	94
Krempelsätze	99
Spinnmaschinen (Streichgarn-Wagenspinner, -Ringspinnmaschine, Schlauchkops-Spinnmaschine)	107

B. Schafwolle und andere tierische Haare.

Eigenschaften, Handelssorten und Vorbereitung der Wolle	113
1. Streichgarnspinnerei	121
Vorbereitungsmaschinen	122
Krempelsätze	128
Spinnmaschinen (Wagenspinner, Streichgarn-Ringspinnmaschine)	142

Inhaltsverzeichnis.

Seite

  2. Kammgarnspinnerei 152
     a) Kurzfaser-Kammgarnspinnerei (französisches Verfahren) 153
     b) Langfaser-Kammgarnspinnerei (englisches Verfahren) 169
     c) Halbkammgarnspinnerei 173
  3. Wollabfall- und Kunstwollspinnerei 175
  4. Verspinnen von anderen tierischen Fasern 181

C. Bastfasern.

a) Flachs oder Lein 183
  1. Langflachsspinnerei 187
  2. Kurzflachs- oder Wergspinnerei 195
b) Hanf, Vorkommen, Vorbereitung und Verspinnen 201
c) Jute, Gewinnung und Vorbereitung, Jutespinnerei 203
d) Andere Bastfasern 210

D. Seide.

1. Haspeln und Zwirnen der Rohseide 213
2. Seidenabfall- oder Schappespinnerei 217

E. Kunstseide.

1. Allgemeine Grundlagen der Herstellung 219
2. Einzelne Herstellungsverfahren 224
    a) Nitroseide 224
    b) Kupferseide 226
    c) Viskoseseide 227
    d) Azetatseide 230

F. Asbest.

Vorkommen und Aufbereitung, Asbestspinnerei 232

Sachverzeichnis 239

I. Grundlagen der Spinnerei.

A. Einleitung.

Die Spinnerei bildet die Grundlage für die gesamte Textilindustrie; sie erfordert von allen Textilbetrieben verhältnismäßig die vielseitigsten Arbeitsmaschinen, die zahlreichste Arbeiterschaft und mithin die ausgedehntesten Fabrikanlagen und bedeutendsten Anlagekapitalien. Demnach ist in der Volkswirtschaft eines Landes die Anzahl und Größe der Spinnereien oder mit anderen Worten die Zahl der betriebenen Spinnspindeln ein unmittelbarer Maßstab für die industrielle Entwicklung des Landes.

Die Rohstoffe, die für die Verarbeitung in der Spinnerei in Frage kommen, um daraus ein Garn herzustellen, liefert einerseits das Pflanzenreich in Form von Frucht- oder Samenfasern, Stengeln und Blättern, andererseits das Tierreich in den Fellen mancher Tiere sowie in viel geringerem Maße das Mineralreich. Diese Faserstoffe werden den Spinnereien in mannigfaltiger Form — in Ballen gepreßt, als Faserbündel, in zusammenhängenden Fellen o. dgl. — zugeführt und bilden so den Grundstoff für das Spinnverfahren.

Unter Spinnen versteht man die Bildung eines praktisch unbegrenzt fortlaufenden, gleichmäßigen Fadens von verhältnismäßig geringer Dicke; diese Fadenbildung kann grundsätzlich auf zweierlei Art erfolgen:

1. Der Faden wird als einheitlicher Körper von sehr geringem Durchmesser aus einer flüssigen oder bildsamen Masse geformt, wie z. B. Glasfäden oder Kunstseide.

2. Der Faden wird durch Zusammendrehen aneinandergereihter Fasern, die in ihrer Länge begrenzt sind, fortlaufend gebildet.

Das erste Verfahren bezeichnet man besser als „Ziehen", das zweite ist das Spinnen im technologischen Sinne. Den aus zusammengedrehten Fasern gesponnenen Faden nennt man Gespinst oder Garn. Ein solches Garn kann man mit der Handspindel, dem Handrad oder Trittrad aus einem wirren Faserbüschel in einem einzigen Arbeitsgang unmittelbar fertigspinnen und aufwickeln. Dieses Handspinnen hat aber keinerlei wirtschaftliche Bedeutung mehr und soll deshalb hier nicht weiter besprochen werden. In der Maschinenspinnerei wird jedoch das ganze Spinnverfahren stets in mehrere aufeinanderfolgende Arbeitsstufen zerlegt, die, wie Abb. 1 veranschaulicht, aus einer wirren Fasermasse durch Auflösen, Ordnen, Gleichrichten, Strecken, Zusammendrehen und Aufwickeln das fertige Garn herstellen lassen.

Aus dem Haufen oder Knäuel des angelieferten Rohstoffes werden Faserbüschel herausgezogen, die ineinanderhängenden Fasern werden aufgelöst, gereinigt, geordnet und durch ein gleichmäßiges Ausbreiten und Strecken in die Form eines zusammenhängenden Vlieses oder Flors gebracht, in dem die Fasern infolge ihrer natürlichen Kräuselung und rauhen Oberfläche aneinanderhaften. Dieses lockere Vlies kann zu einem Band zusammengefaßt werden; das Band wird dann durch

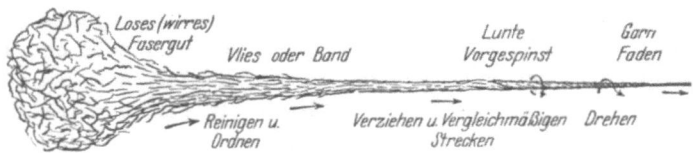

Abb. 1. Darstellung des Spinnvorganges.

das Verziehen oder Strecken verfeinert, wobei durch Nebeneinanderlegen mehrerer Bänder gleichzeitig eine Vergleichmäßigung des Faserkörpers erfolgen kann (Doppeln).

Bei dem weiteren Strecken wird das noch lose Band einer Drehung um seine Achse unterworfen, damit die Fasern sich fester aneinanderschmiegen und durch die vergrößerte Reibung dem Auseinanderziehen des Bandes mehr Widerstand leisten können. Dieses Vorgespinst oder Vorgarn wird dann unter schärferer Drehungserteilung (Draht oder Drall) so weit gestreckt, daß der so entstehende feste Faden ein Garn von der gewünschten Feinheit darstellt.

Das Spinnverfahren besteht also aus mehreren Arbeitsgängen, für die in der Maschinenspinnerei im allgemeinen selbständige Bearbeitungsmaschinen vorhanden sind: Faserordnen und Reinigen, Strecken unter gleichzeitigem Doppeln, Vorspinnen und Fertigspinnen mit Verzug und Drahterteilung, sowie Aufwickeln des Vorgarnes bzw. Garnes auf die Spindel oder Spule.

In der Maschinenspinnerei erfolgen diese Arbeiten nach einem bestimmten grundlegenden Plan, dem Spinnplan, durch den die aufeinanderfolgenden Bearbeitungsverfahren auf mehrere Gruppen verschiedenartiger Spinnereimaschinen verteilt werden. Die Übertragung des Fasergutes von einer Maschine zur nächstfolgenden vollzieht sich dabei im allgemeinen nicht selbsttätig fortlaufend, da es bis heute unmöglich erscheint, die Leistung der aufeinanderfolgenden Maschinen so von Zufälligkeiten unabhängig zu machen und in ihrer Leistung gegenseitig abzustimmen, daß im Arbeitsgang an keiner Stelle eine Stockung eintreten kann. Das Fasergut wird den Maschinen daher im allgemeinen von Hand in irgendeiner Form vorgelegt und dann, von der Maschine selbst umgestaltet, in einer anderen Gestalt wieder abgeliefert. Diese Übertragungsformen des Faserstoffes sind z. B.:

Pelz oder Watte, eine dicke Faserschicht mit noch ungeordneten, in Flocken oder Büscheln zusammenhängenden Fasern — wird auch als Wickel aufgerollt der nächsten Maschine zugeführt —,

Band oder Lunte mit kreisförmigem oder etwa elliptischem Querschnitt — wird in Kannen oder Spinntöpfen aufgefangen oder zu Bandwickeln in sich kreuzenden Lagen aufgespult—,

Vorgarn, das nur vorübergehenden, oder geringen bleibenden Draht erhält und auf Spulen gewickelt wird—,

Feingarn oder Garn, das genügend gedrehte und dadurch gefestigte Endprodukt des Spinnprozesses.

Allgemeiner Spinnplan.

	Faserstoffe	
Zuführung	Bearbeitung	Ablieferung
in loser, flockiger Form oder als Faserbüschel	Öffnen und Reinigen: Auflockern Hecheln Schlagen Zerzupfen Auskämmen	in flockigem Zustand, in Strähnform oder als Vlies (Pelz)
in Flocken oder als Vlies	Ordnen: Zerteilen Kämmen Krempeln	Vlies oder Band
Vlies oder Band	Strecken, Verfeinern, Vergleichmäßigen: Verziehen Doppeln Strecken	Band oder Vorgarn
Band oder Vorgarn	Vorspinnen: Draht erteilen Doppeln Strecken	Vorgarn
Vorgarn	Fertig- oder Feinspinnen: Doppeln Drehung geben Verziehen Aufwickeln	Garn

B. Vorbereitung der Spinnstoffe.

1. Reinigen und Auflösen (Öffnen).

Die erste Gruppe dieser Spinnverfahren umfaßt bei jedem Faserstoff die Vorbereitung der im üblichen Handelszustand gelieferten Fasern mit dem Endzweck, Fremdkörper, Staub, Schmutzteilchen usw. zu entfernen, das Fasergut also zu reinigen und andererseits die mehr oder weniger fest zusammenhängenden Fasern voneinander zu trennen, sie weich und geschmeidig zu machen und in einen Zustand zu überführen, der das Ordnen der einzelnen Fasern zu einem geschlossenen Faserkörper zuläßt. Der Faserstoff wird in Ballen, Büscheln, Strängen oder Zöpfen bezogen und bedarf zur Reinigung vielfach des Waschens und einer chemischen Vorbehandlung, um den Zusammenhalt der Fasern zu lösen, die Fasern aufzuteilen und geschmeidig zu machen, und die bereits bei der Gewinnung oder Beförderung mit den Fasern vermengten Fremdkörper zu entfernen.

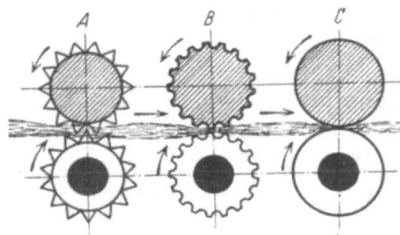

Abb. 2. Brechen, Quetschen und Zerziehen von Faserstücken mittels Walzen.

Hierzu findet zunächst ein Quetschen oder Brechen der Faserstränge oder -büschel statt, wozu man z. B. Walzenpaare nach Abb. 2 anwendet, zwischen denen die Fasern hindurchgeführt werden. Die Walzen können auf der Oberfläche gezahnt oder geriffelt sein, um die Zerteilung der Faserklumpen zu unterstützen; die Riffeln haben kegel- oder pyramidenförmigen Querschnitt, so daß beim Ineinandergreifen die Faserbündel durch gleichmäßigen Druck der oberen und unteren Walze vielfach gebrochen, in ihrem Zusammenhang gelockert und weich gemacht werden. Auf Abb. 2 sind verschiedene Ausführungsbeispiele der Zahnung angegeben: die Zähne der Walzen können nach A zusammengreifen, oder wie bei B auf den Zahnkanten ablaufen, wodurch ein mehr oder weniger intensives Knicken und Quetschen der Faserstränge eintritt. Im ersteren Falle, beim Eingreifen der beiderseitigen Riffeln ineinander, wird, verstärkt durch die Geschwindigkeitsdifferenzen zwischen Zahngrund und Zahnspitze, die auflösende, zerteilende Wirkung auf die Faserschicht besonders kräftig sein. Im zweiten Falle wird durch das Zusammentreffen der Riffelkanten ein sich in kurzen Abständen wiederholendes Zusammenpressen der Faserschicht stattfinden, wodurch ein Zerquetschen der harten und spröden Stengelteile oder anderer Faserbeimengungen erreicht wird. Durch glatte Walzen, wie bei C angedeutet, werden ebenfalls härtere Fremdkörper zerdrückt, so daß sich die Überreste leichter aus der Fasermasse abscheiden lassen.

Gleichzeitig kann, wenn das Pressen der Faserschicht zwischen mehreren Walzenpaaren nacheinander erfolgt, und die Walzen dabei zunehmende Umfangsgeschwindigkeit haben, auch ein Auseinanderziehen oder Verziehen der Fasern bewirkt werden. Sofern die in dicker Schicht zusammenliegenden Fasern keinen festeren Zusammenhang besitzen, werden sie dabei aneinander vorbeigleiten, so daß eine Lösung der Einzelfasern oder Faserbündel erfolgt; die Fasern würden jedoch zerreißen, wenn ihr Zusammenhalt so fest ist, daß eine Trennung durch das Verziehen nicht möglich ist. In diesem Falle kann man den Walzen auch eine glatte Oberfläche geben; damit aber trotzdem ein Verzug innerhalb der Faserschicht stattfindet, muß der Flächendruck zwischen den Walzen so gesteigert werden, daß die Reibung der Fasern an der Walzenoberfläche genügt, um die Fasern mitzunehmen. Dieses Auseinanderziehen der gesamten Faserschicht hat zur Folge, daß sich aus den in größeren Stücken zusammenhängenden Fasern kleine Faserklumpen oder -flocken herauslösen, zwischen denen sich aber immer noch Fremdkörper befinden können, die nur zum Teil beim Auflösen der Faserschicht abfallen.

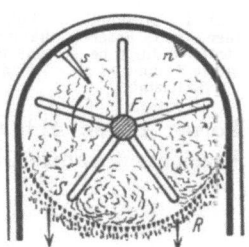

Abb. 3. Klopfen und Schlagen von Faserstücken.

Die restlose Entfernung solcher Beimengungen aus dem flockigen Faserstoff wird dann durch Klopf- und Schlagvorrichtungen, etwa nach Abb. 3, erreicht. In einem Kasten, dessen Boden durch ein Sieb S gebildet wird, dreht sich eine mit radialstehenden Stäben besetzte Welle F, ein sog. Flügel oder Schläger. Die Faserflocken werden durch einen Trichter o. dgl. in den Kasten eingeführt und durch den Umlauf des Flügels in der geschlossenen Kammer durcheinandergeworfen, geschüttelt und bei Vorhandensein entgegenstehender Stifte s oder Nasen N geschlagen und zerteilt, wobei die Fremdkörper infolge ihres größeren spezifischen Gewichtes und wesentlich geringerer Länge durch das Sieb S nach unten fallen. Eine derartige Bearbeitung, bei der auch durch Absaugen der Luft aus dem Klopfraum oder aus dem unter dem Sieb liegenden Sammelkasten R der sich bildende Staub und die leichteren Fremdkörper fortgeführt werden können, genügt in allen den Fällen zur Reinigung des Faserstoffes, wo die Schmutzteilchen usw. nur lose an den Fasern haften; hängen dagegen die Fremdkörper fester an den Fasern, so müssen besondere Trennvorrichtungen, Hechel- oder Kämmwerkzeuge benutzt werden.

Das Kämmen oder Auskämmen, das namentlich bei langen Fasern angewendet wird, zeigt Abb. 4 in schematischer Darstellung: Die Faserbüschel werden von einer Zange Z erfaßt, und der aus der Zange heraushängende Teil (Bart) wird von einem Kamm K, der in der Faserrichtung hin- und hergeht, nahe der Zange durchstochen; beim Niedergehen des Kammes werden dann die an den Fasern haftenden Fremdkörper abgestrichen. Mit dem Kamm K kann auch ein zweiter Kamm K_1, abwechselnd von beiden Seiten das Faserbüschel durchstreichen, und ebenso können die Kämme, ohne abzusetzen, dicht hintereinander als endlos umlaufende Kämmkette auf die Fasern einwirken. Die kämmenden Nadeln können auch auf einer umlaufenden Walze angeordnet sein. Eine derartige Nadelwalze veranschaulicht Abb. 5: die Nadeln sollen auch hier möglichst dicht an der Klemmstelle Z in den Faserbart eintreten und durchziehen die freihängenden Fasern in ihrer Längsrichtung.

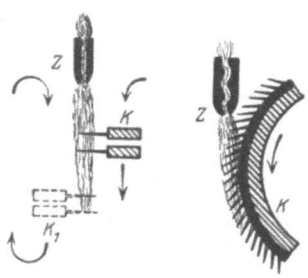

Abb. 4. Auskämmen von Fasersträhnen durch bewegte Kämme oder Nadelstäbe.

Abb. 5. Auskämmen durch eine umlaufende Nadelwalze.

Ein anderes Verfahren zur Abtrennung der in den Fasern hängenden Fremdkörper zeigen Abb. 6 u. 7, das man mit Ausrechen oder Ausraufen bezeichnen kann: Das lose, noch nicht gereinigte Fasergut gelangt in

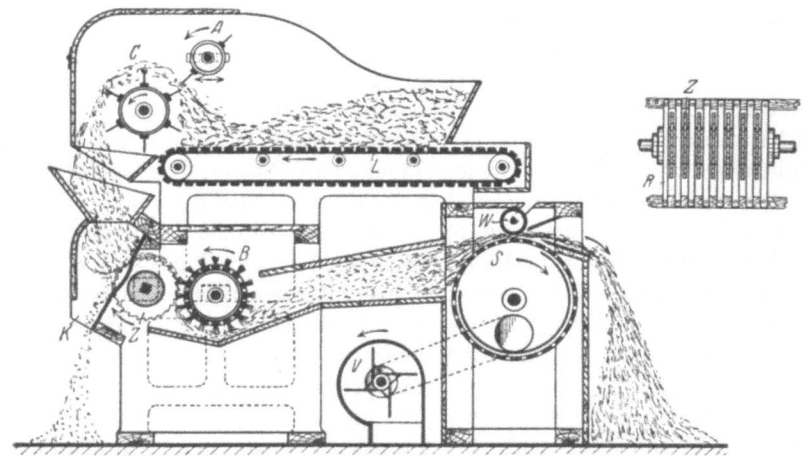

Abb. 6 u. 7. Abraufen der Fasern von Fremdkörpern, Egrenieren.

einen Behälter, dessen Boden durch ein umlaufendes Lattentuch L gebildet wird. Durch eine Stiftenwalze C werden die Fasern einem zweiten Kasten K zugeführt, dessen eine Seitenwand durch den Rost R gebildet wird; zwischen die Roststäbe hinein greifen die Zahnkränze Z einer daneben angeordneten Walze und erfassen aus dem wirr zusammengeballten Faserstoff einzelne Flocken. Beim Umlaufen der Zahnkränze können aber durch die engen Rostspalten nur kleinere Faserflocken hindurchgezogen werden, während dickere Fremdkörper (Samenkerne o. dgl.) in dem Kasten zurückgehalten werden. Die mitgenommenen Faserflocken werden dann von den Zähnen der Walze durch einen Kamm oder eine mit größerer Geschwindigkeit umlaufende Bürstwalze B abgestreift und können, wie Abb. 6 zeigt, durch eine besondere Abführeinrichtung angesaugt und verdichtet werden, indem der Ventilator V die Luft aus dem Innenraum der Siebtrommel S ansaugt, so daß die dem Luftstrome folgenden Baumwollflocken auf dem äußeren Umfange der Trommel hängenbleiben. Ähnlich gebaute Maschinen benutzt man zum Ablösen der Baumwollhaare von den Samenkernen und bezeichnet sie dann als Entkernungs- oder Egreniermaschinen.

In ähnlicher Weise wird eine Trennung der Fremdkörper von den Faserflocken nach Abb. 8 dadurch erzielt, daß in größerem Abstand

   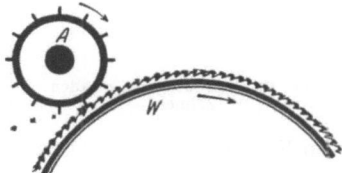

Abb. 8. Abstreifen der an den Fasern hängenden Fremdkörper durch Abstreifmesser.   Abb. 9. Trennen der Fremdkörper durch Abschlagwalze.

von einer solchen Zahn- oder Stiftwalze feste Schienen oder Abstreifmesser M angeordnet sind. Der Zwischenraum zwischen den Zahnspitzen der Walze W und der Schnittkante eines Messers M ist so gering, daß zwar noch die dünnen, geschmeidigen Faserbüschel hindurchgehen, die dickeren und härteren Fremdkörper jedoch von dem Messer festgehalten und dadurch von den anhaftenden Fasern abgelöst werden. Je nach der Stellung des Messers und der Beschaffenheit der Fremdkörper kann aber nach Abb. 9 das Abtrennen auch durch eine Messer- oder Riffelwalze A, den sog. Abschläger, erfolgen, der in entgegengesetzter Drehrichtung wie die Walze W umläuft, so daß die von der Walze gefangenen Fremdkörper gleichzeitig weggeschleudert werden. Bei solchen Vorrichtungen nach Abb. 8 und 9 müssen übrigens die Zähne nicht in einem geschlossenen Ring stehen, sondern können auch am Walzenumfang versetzt angeordnet sein, so daß durch diese schraubengangartige Verteilung der Zähne eine gleichmäßige Bearbeitung der Faserschicht auf der ganzen Breite der Arbeitswalzen gewährleistet ist. Gleichzeitig bewirken die Abschläger oder Abstreifmesser eine Aufteilung der dickeren Faserbüschel.

Eine noch weitergehende, feinere Zerteilung der Faserflocken kann durch Vorrichtungen erzielt werden, die — wie auf Abb. 10 und 11 dargestellt —, aus einem in den Bereich der gezahnten Walze gelangenden Faserschichtstreifen einzelne Büschel herauszupfen und dabei die Flocken auflösen. Von diesem Verfahren des Zerteilens und Auflösens wird bei der Vorbereitung der Textilfaserstoffe für das Verspinnen vielfach Gebrauch gemacht. Das Walzenpaar O, U auf Abb. 10 führt die Faserschicht der Zupftrommel T zu, hält aber die Faserbüschel fest, bis die Zähne oder Stifte der Trommel die längeren Fasern oder Faserschleifen erfassen können, wobei eine der beiden Walzen oder auch beide zwecks besseren Festhaltens der Faserschicht geriffelt sein können. Die Zähne der Zupftrommel T erfassen die hervorragenden Faserbüschel und ziehen einzelne Flocken aus der Masse heraus; bei dauernder Zuführung der Faserschicht durch das Walzenpaar ergibt sich auf diese Weise ein ununterbrochener Arbeitsgang, so daß der Nadelbezug der Trommel sich mit einer dichten Schicht

Abb. 10. Zupfwalze mit geraden Zähnen.

von Fasern vollsetzt. Diese auf dem Nadelbeschlag sitzende Faserdecke kann, wie später gezeigt wird, von der umlaufenden Trommel an anderer Stelle wieder abgenommen und weiterer Bearbeitung zugeführt werden. Nach Abb. 11 ist an Stelle der unteren Walze des zuführenden Walzenpaares eine feste, sich der Walze anschmiegende Schiene oder Mulde M verwendet, die den Druck der zum besseren Festhalten der Fasern mit zusätzlicher Belastung versehenen Oberwalze O aufnehmen muß. Gestreckt und annähernd parallelliegende Faserstränge können mit einer solchen Vorrichtung nicht aufgeteilt werden, weil die Zähne nur schleifenartig gekrümmte Fasern oder wirrliegende Faserbüschel erfassen und mitnehmen können. Soll andererseits verhindert werden, daß bei der Mitnahme solcher Faserschleifen durch die Zähne der Trommel T längere Fasern zerrissen werden, so muß die Entfernung zwischen den Zahnspitzen und der durch den Druck der Oberwalze auf die Mulde resultierenden Klemmlinie etwas größer sein als die Schleifenlänge (halbe Faserlänge), weil sonst die Faserschleife bei entsprechend hohem Klemmdruck von dem sie erfassenden Zahn zerrissen werden würde. Die Zähne der Zupftrommel können kegelförmig, nadelartig oder auch nach Abb. 11 hakenartig (aus Sägezahndraht)

Abb. 11. Zupfwalze mit gebogenen Zähnen.

gestaltet sein; bei letzterer Zahnform ist ein besonders sicheres Erfassen der Faserflocken gewährleistet, während die Wiederabnahme der daran hängenden Fasern sich nicht so einfach wie bei anderen Zahnformen gestaltet. In diesem Falle würde z. B. ein schneller als die Trommel umlaufender Abschläger, wie in Abb. 6, Verwendung finden.

2. Krempeln oder Kardieren.

Der beschriebene Vorgang des Zerteilens und Zerrupfens der Faserbüschel kann mit zunehmender Feinheit, d. h. Dichterstellung der Zähne an der Zupftrommel so oft wiederholt werden, daß schließlich die Zerlegung in ganz kleine, aus wenigen Fasern bestehende Flocken erfolgt. In diesem Zustand kann dann ein Ordnen und Gleichrichten der Fasern einsetzen, so daß die in einer Schicht nebeneinanderliegenden Fasern annähernd in einer Richtung verlaufen. Für diese weitergehende Fasertrennung dienen, ebenso wie zu dem schon erläuterten Auflösen der Faserbüschel, mit Nadeln, Zähnen oder Stiften besetzte Walzen. Es werden zwei mit derartigem Nadelbezug versehene Walzen benutzt, die gegeneinanderlaufen und sich fast berühren, um auf die dazwischenliegende Faserschicht die beschriebene zerteilende und gleichrichtende Wirkung auszuüben. Der Nadelbelag zweier Walzen, der mit Rücksicht auf die „kratzende" Wirkung als Kratzenbelag oder kurz Kratzen bezeichnet wird, kann in der verschiedenartigsten Weise zusammenwirken, wie die Abb. 12—18 zeigen; von wesentlichem Einfluß sind dabei folgende drei Faktoren:

1. die Richtung der Zähne gegeneinander an der Berührungsstelle der Walzen,

2. die gegenseitige Drehungs- oder Bewegungsrichtung,

3. die Geschwindigkeit beider Walzen, bzw. die Relativgeschwindigkeit der Kratzen an der Berührungsstelle.

Die Nadeln oder Zähne erhalten im allgemeinen keine radiale, sondern eine zum Walzenumfang geneigte Stellung, damit die Fasern besser erfaßt und festgehalten werden, weil sonst die leichten Faserflöckchen bei der schnellen Umdrehung der Walzen abgeschleudert werden können. Die Häkchen müssen die Faserflocken nicht bloß sicher mitnehmen, sondern auch die erfaßten Fasern gegen die entgegengesetzt gerichtete, zerziehende Wirkung der zweiten Walze festhalten. Je nachdem nun die Zähne an den Berührungsstellen gegeneinander oder voneinander weg gerichtet sind, werden die dazwischenliegenden Faserflocken einer verschiedenen Wirkung ausgesetzt.

In erster Linie sollen diejenigen Fälle behandelt werden, wo die Zähne an den Berührungspunkten gleichgerichtet stehen. Wenn z. B. nach Abb. 12 die untere Walze T die anhängenden Faserflöckchen mitführt, und die berührende Oberwalze O in gleicher Richtung, aber langsamer als die untere Walze umläuft, so werden die hervorstehenden Enden der Flocken von den entgegenstehenden Zähnen der Oberwalze aufgefangen. Da aber die Unterwalze schneller läuft, werden die beiderseitig von den Kratzen erfaßten Flöckchen auseinandergezogen und zerteilt, indem etwa die Hälfte derselben mit der Unterwalze weiterlaufen, während die andere Hälfte an der langsamer laufenden Oberwalze hängenbleiben und von dieser fortgeführt werden. Würde die Oberwalze dagegen die gleiche Geschwindigkeit haben wie die untere Walze, so würde sich keine Wirkung auf die durchgeführten Fasern ergeben, also keine Teilung der Flocken durch Auseinanderziehen der Fasern stattfinden. Wenn bei der gleichen Ausführung der Kratzen die beiden Walzen entgegengesetzte Bewegungsrichtung haben, so findet nach Abb. 13 derselbe Auflösungsvorgang wie nach Abb. 12 statt; während aber in letzterem Falle eine Zerteilung der Faserflöckchen erst beim Auseinandergehen der Zahnspitzen stattfindet, wird bei der Anordnung nach Abb. 13 eine zerteilende Wirkung auf die Fasern bereits vor der Berührungsstelle der Kratzen eintreten, weil der freie Teil der Flocken schon vorher erfaßt und in entgegengesetzter Richtung mitgenommen wird. Wenn man das Verhältnis der Umfangsgeschwindigkeiten beider Walzen betrachtet, so ergibt sich, daß nach Abb. 12 für die zerteilende Wirkung der Kratzenbeschläge auf die Faserflocken bloß der Unterschied der beiden Umfangsgeschwindigkeiten maßgebend ist — d. h. je langsamer die Oberwalze läuft, desto energischer erfolgt das Zerziehen durch die Zähne der schnellen Unterwalze. Bei der Arbeitsweise der Walzen nach Abb. 13 kommt dagegen die Summe der Geschwindigkeiten für die Schnelligkeit, mit der das Zerteilen der Faserflocken vor sich geht, in Betracht. Die Wirkung der Kratzen ist also nach Abb. 13 wesentlich kräftiger und schneller als nach Abb. 12, und da die zu Flocken vereinigten Fasern infolge ihrer Adhäsion dem Auseinanderziehen einen gewissen Widerstand entgegensetzen, so folgt daraus, daß bei der Anordnung nach Abb. 13 viele der verschlungenen Fasern, soweit sie dem Zerziehen einen genügenden Widerstand bieten, zerrissen werden müssen.

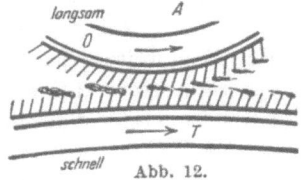

Abb. 12.

Abb. 12 bis 18. Kratzenwalzenarbeit.

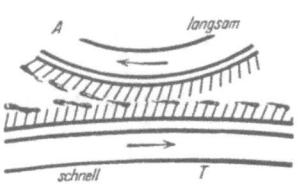

An die Stelle der oberen Kratzenwalze kann nun auch eine endlose Kette von Kratzenstreifen treten, die dann dicht um die Umfangsfläche der unteren, die Fasern zuführenden Walze gelegt wird. Diese Anordnung zeigt Abb. 14: die dicht hintereinander angeordneten, als

Deckel bezeichneten Kratzenstreifen oder Leisten D können, wie in den beiden vorher beschriebenen Fällen, eine Bewegungsrichtung im Sinne der unteren Hauptwalze T oder entgegengesetzt zu dieser ausführen. Es findet wieder die beschriebene Wirkung statt, daß also bei einem entgegengesetzten Lauf der Deckelkette die Wirkung kräftiger wird. Durch den geringen Abstand zwischen den während längerer Zeit zusammenwirkenden Kratzenflächen und ihre gegeneinander gerichtete Neigung wirken die Deckelkratzen auf die darunter wegstreichenden

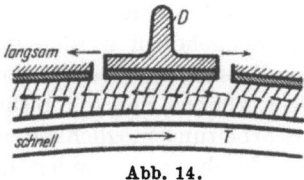

Abb. 14.

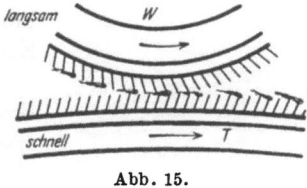

Abb. 15.

Faserflocken intensiver ein, ohne doch die längeren Fasern von den Häkchen des Trommelbeschlages abzuheben, so daß ein als Auskämmen zu bezeichnendes Glattstreichen und Gleichrichten der wirren Faserschleifen stattfindet.

In dem Falle, daß bei den sich berührenden Kratzenwalzen die Zahnspitzen **gleichgerichtet** sind, also vom Berührungspunkte aus nach

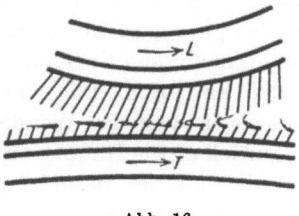

Abb. 16.

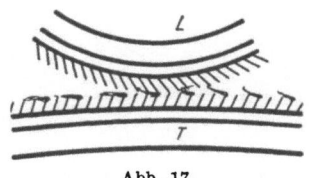

Abb. 17.

ein und derselben Richtung weisen, wie Abb. 15 zeigt, werden die auf der Oberwalze W an den Zahnspitzen hängenden Faserflöckchen von der schneller laufenden Unterwalze T abgenommen. Diese Wirkung findet statt, ob nun die Oberwalze gleiche oder entgegengesetzte Drehrichtung mit der Unterwalze inbezug auf die Berührungsstelle besitzt. Es könnte natürlich nach Abb. 16 die Unterwalze T wie vorher die Faserflocken heranbringen; da die Oberwalze in entgegengesetzter Richtung umläuft, ist die allein maßgebende Relativgeschwindigkeit gleich der Summe der Einzelgeschwindigkeiten, so daß ein Abheben der Fasern von der unteren durch die Nadeln der oberen Walze erfolgt. Ist aber bei gleicher Drehrichtung, wie nach Abb. 15, der Unterschied der Umfangsgeschwindigkeiten nur ein geringer, so vermag nach Abb. 17

gegebenenfalls die nur wenig schneller laufende Walze L die Flöckchen von der Walze T nicht vollkommen abzunehmen, sondern wird die Faserenden nur etwas anheben und dabei auskämmen.

Ein solches Anheben der Faserflocken aus den Beschlagzähnen heraus an deren Spitzen, wird bei gegeneinander gerichteten Zähnen nach Abb. 18 auch dann erzielt, wenn die Walze L schneller als die die Faserflocken tragende Walze T umläuft. Die anhängenden Flöckchen werden in diesem Falle gewissermaßen an die Zahnspitzen gestrichen oder aus dem Kratzenbeschlag gebürstet, wenn diese Fasern tiefer in den Beschlag hineingeglitten sind, so daß sie erst an die Zahnspitzen hochgehoben werden müssen.

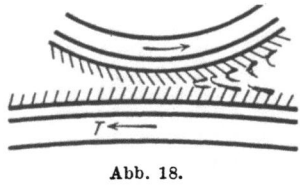

Abb. 18.

Durch ein Zusammenarbeiten von drei Kratzenwalzen können nun die bisher betrachteten Bearbeitungsmöglichkeiten eines Faserstoffes durch aufeinanderwirkende Kratzenflächen in der mannigfaltigsten Weise kombiniert werden. Abb. 19 soll diesen Fall erläutern: Die auf dem Beschlag der schnellaufenden Haupttrommel T mitgeführten Fasern werden von der langsamlaufenden Oberwalze (Arbeiter) A nach dem auf Abb. 12 dargestellten Verfahren abgenommen; von dieser Walze nimmt die schneller laufende kleine Walze W_1 (Wender) die Fasern bei gleichgerichteten Kratzenzähnen nach dem Vorbilde Abb. 15 wieder ab. Schließlich gelangen die Fasern von der Wenderwalze W_1 zurück an die Haupttrommel T, weil die an der Berührungsstelle gleichgerichteten Häkchen der Unterwalze eine größere Umfangs-

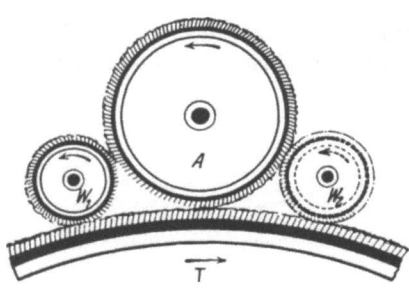

Abb. 19. Zusammenarbeiten von Kratzenwalzen.

geschwindigkeit haben als die Kratzenspitzen der Wenderwalze. Durch dieses Zusammenwirken der drei Walzen findet eine wiederholte Zerteilung der Faserflöckchen statt, denn die an der Walze A hängenbleibenden Fasern gelangen durch die Übertragung mittels der Walze W wieder an die Hauptwalze und erfahren bei der erneuten Berührung mit der Arbeiterwalze A, falls es nötig ist, noch eine weitere Zerteilung. Die Übertragungswalze W kann übrigens auch hinter der Oberwalze — im Sinne der Bewegungsrichtung der unteren Walze angeordnet sein, wie bei W_2 punktiert angegeben ist. Bei dieser Anordnung ist aber die wiederholte Zerteilung der Faserbüschel nicht möglich, weil die von der Oberwalze A erfaßten Flöckchen ohne weiteres von der Walze W_2 abgenommen und an die Unterwalze T abgegeben werden, ohne wieder in den Bereich der Kratzen der Oberwalze zu gelangen. Die Bezeichnung der kleinen Walze W als Wender ist dadurch gerechtfertigt, daß die schichtweise von der Walze A abgehobenen Fasern tatsächlich bei der Übertragung auf die Walze W umgewendet werden.

Die Wirkung einer solchen Walzenzusammenstellung kann nun durch Hintereinanderschaltung mehrerer Arbeitswalzenpaare vervielfacht werden, ein Verfahren, das bei der wichtigsten Maschine für die Vorbereitung aller Gespinstfasern, der Krempel verwirklicht ist (Abb. 20), die in dieser Ausführung nach den zahlreichen zusammenwirkenden Walzen auch Walzenkrempel genannt wird, im Gegensatz zu der im Abschnitt „Baumwollspinnerei" noch näher zu besprechenden Deckel-

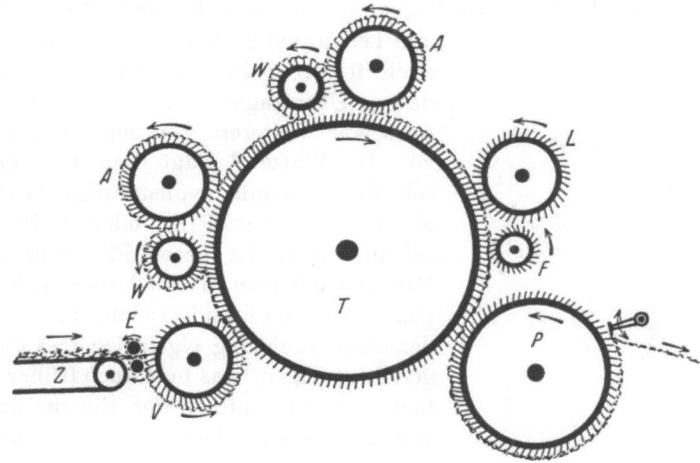

Abb. 20. Walzenanordnung der Krempel.

krempel. Zu der mit mehreren Arbeitswalzenpaaren A, W umgebenen Haupttrommel T treten bei dieser Krempel noch Vorrichtungen für die selbsttätige Zuführung des losen Faserstoffes und Abnahme des gekrempelten Faservlieses. Ein endloses Tuch Z führt die aufgeschütteten Faserbüschel einem Zylinderpaar E zu, das in der Bewegungsrichtung des Lattentuches langsam umläuft. Die Vorwalze V oder Vorreißer erfaßt die Faserflocken nach dem Vorbild Abb. 10 bzw. 11, wobei schon eine vorläufige grobe Zerlegung der dichten und wirren Fasermasse erfolgt. Von dieser Vorwalze nimmt die Haupttrommel T, der Tambour, die Faserflocken zufolge seiner größeren Umfangsgeschwindigkeit in derselben Weise wie auf Abb. 15 gezeigt, wieder ab und führt sie nun den Arbeitswalzen A und W zur gründlichen Auflösung und Zerteilung nach dem vorher erläuterten Vorgange gemäß Abb. 19 zu. Die an den Zähnen der Walze T hängenden und durch die mehrmals wiederholte Bearbeitung etwas zwischen die Häkchen des Beschlages hineingezogenen

Fasern werden dann durch die schnellaufende Walze L nach dem Vorbilde Abb. 18 an die Beschlagspitzen angehoben, um die endgültige Abnahme des ganzen Faserflores von der Haupttrommel vorzubereiten. Etwa dabei ausgeworfene Fasern werden durch die Walze f aufgefangen und von dieser an die Walze L zurückgegeben. Die nun lose auf dem Umfang der Walze T liegenden Fasern werden schließlich von dem Beschlag der Walze P, der entgegengesetzt gerichtete Spitzen und geringere Umfangsgeschwindigkeit hat, aufgenommen (vgl. Abb. 12). Infolge der wesentlich geringeren Geschwindigkeit, mit der diese Abnehmerwalze P umläuft, erfolgt bei der Übertragung des Faserflores eine Zusammenstauchung desselben auf eine soviel kleinere Oberfläche, daß die vom Abnehmerbeschlag aufgenommene Faserschicht ein Vlies von bedeutend größerer Dichte und damit auch festerem Zusammenhang darstellt, dessen Übertragung in Pelz- oder Bandform zur weiteren Bearbeitung möglich ist. Die Walze P trägt dann eine Faserschicht mit ziemlich vollständig entwirrten Fasern, die mit Flor oder Vlies bezeichnet wird. In diesem Flor sollten die Fasern nach dem oft wiederholten Krempeln und Auseinanderziehen in ein und derselben Richtung eigentlich fast gleichgerichtet liegen, was man auch früher vielfach annahm; infolge der Elastizität der von Natur mehr oder weniger gekrümmten und gekräuselten Fasern gleiten die in dem losen Flor sich selbst überlassenen Fasern aber größtenteils in eine andere als die gestreckte Lage, die sie nur zwischen zwei zusammenwirkenden Kratzen für Augenblicke einnehmen, zurück. Daher zeigt ein solcher Krempelflor bei genauerer Untersuchung keine gleichgerichtete gestreckte Faserlage, sondern wirr verschlungene Fasern, die sich aber von der Fasermasse vor dem Krempeln dadurch unterscheiden, daß sie sehr gleichmäßig im Vlies verteilt sind und keine zusammenhängenden Faserflocken mehr aufweisen. Diesen nur lose zusammenhängenden Faserflor aus der Krempel herauszubringen, d. h. von der Walze P abzunehmen, gelingt nach Abb. 21/22 durch einen schwingenden Kamm h, den sog. Hacker. Der Hacker trägt eine feingezahnte Schiene, die mit geringem Hub außerordentlich schnell auf- und abschwingt und beim jedesmaligen Niedergang einen schmalen Florstreifen vom Abnehmerbeschlag abnimmt. Die Hackerbewegung muß dabei so geregelt sein, daß die Faserschicht von der Abnehmerwalze restlos abgekämmt

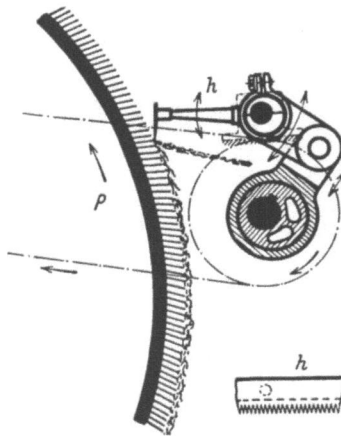

Abb. 21/22. Florabnahme durch Hacker.

wird, und daß die bei jedem Hub mitgenommenen Florstreifen trotzdem im Zusammenhang bleiben, damit sich der Flor im ganzen abziehen und dann weiter verarbeiten läßt.

Eine andere Art der Florablösung von der Abnehmerwalze P zeigt Abb. 23: Die kleine Walze a läuft in entgegengesetztem Drehsinne wie P und besitzt radial abstehende ziemlich lange und etwas nachgiebige Nadeln, die den Flor von dem Abnehmerbeschlag abstreifen, ohne die Fasern infolge der radialen Nadelstellung selbst wieder mitzunehmen, so daß sich der Flor in der angegebenen Richtung zusammenhängend abziehen läßt.

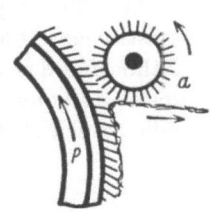

Abb. 23. Florabnahme durch Kratzenwalze.

Die Einzelteile der Krempel nach Abb. 20 werden gewöhnlich folgendermaßen bezeichnet: Die große Walze, an deren Umfang die kleinen Walzenpaare angeordnet sind, heißt Haupttrommel oder Tambour, die Walzen A und W, die das Zerteilen der Faserflocken im wesentlichen ausführen, Arbeiter und Wender, die am schnellsten umlaufende kleine Walze L, die das Faservlies an die Beschlagspitzen heranheben soll, Schnellwalze, Läufer oder Volant. Der Abnehmer P schließlich wird namentlich in der Wollspinnerei meistens noch mit dem französischen Ausdruck Peigneur oder Filet bezeichnet.

Die Kratzenwalzen der Krempeln tragen die Nadeln, Stifte oder Drahthäkchen des Kratzenbeschlages nicht unmittelbar in den gußeisernen oder mit einem Gipsüberzug versehenen Walzenkörper selbst eingesetzt, sondern die Kratzen werden auf die genau rundgedrehten Trommeln in Band- oder Drahtform aufgezogen oder in Holzbrettchen eingesetzt, die dann auf dem Trommelumfang befestigt werden. Dieser Beschlag kann nach Abb. 24 je nach der Art des Faserstoffes und der gewünschten Kratzenwirkung verschiedenartig ausgeführt werden: Die Muster A bis E zeigen U-förmig gebogene Drahthaken, die von rückwärts

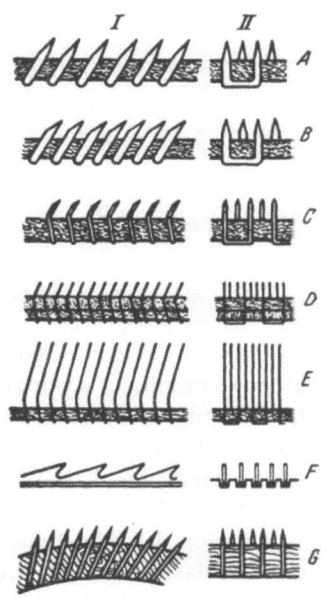

Abb. 24. Verschiedene Arten von Kratzenbeschlägen.

in die Kratzenbänder eingesetzt sind; ihre Spitzen sind kegelig geschliffen (A), schräg abgeschnitten (B) oder bei feinerem Draht, der wie bei Muster D und E hakenartig gebogen wird, nach dem Aufziehen des Kratzenbandes durch Schleifwalzen zugeschärft. Die Bänder bestehen aus mehreren halbwollenen oder halbleinenen Gewebeschichten, die mittels dünner Kautschuklösung zusammengeklebt sind und manchmal noch mit einer Gummischicht oder Filzdecke (vgl. D) zum Schutze gegen das Eindringen von Öl oder Fett abgedeckt werden. Will man ganz nachgiebige Kratzen haben, wie es z. B. für die Schnellwalze L in Abb. 20 nötig ist, dann werden die Häkchen sehr lang und aus dünnem elastischem Draht hergestellt, wie Muster E zeigt. Widerstandsfähigere Zähne für das Auflösen grober Faserbüschel erzielt man dadurch, daß man sägezahnartig ausgeschnittenen Draht in den Walzenkörper ein- oder aufzieht (vgl. F), oder einzelne stärkere Drahtstifte mit zugespitzen Enden nach Muster G in Holzbretter einsetzt. Der verwendete Draht selbst kann runden oder auch elliptischen Querschnitt (großer Durchmesser in der Laufrichtung) haben.

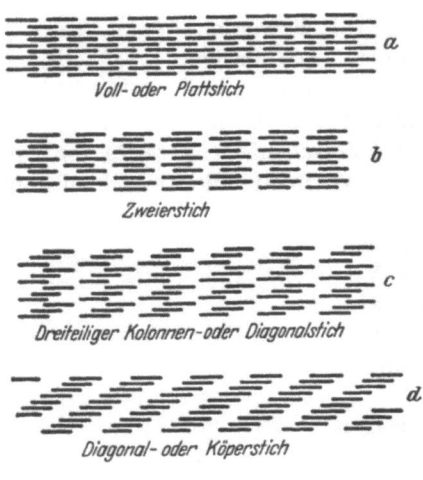

Abb. 25. Kratzensticharten[1].

Die Dichte des Kratzenbezuges richtet sich, ebenso wie die Drahtstärke, Länge usw. ganz nach der Beschaffenheit des Faserstoffes und der auszuübenden Krempelwirkung. Einige Beispiele des sog. Kratzenstichs zeigt Abb. 25: Die Art, wie die Häkchen bei a) eingesetzt sind, nennt man Voll- oder Plattstich, der sich durch besonders dichte Stellung und deshalb intensive Krempelwirkung auszeichnet; die anderen Sticharten bezeichnet man als b) Zweierstich, c) Diamantstich, d) Diagonal- oder Köperstich. Der Drahtbezug wird weiter nach Nummern bezeichnet, die angeben, wieviel Spitzen sich auf 1 cm² bzw. 1"² befinden und gleichzeitig für die Drahtstärke maßgebend sind, da mit dichterer Stellung der Häkchen auch die Stärke des verwendeten Drahtes abnimmt (vgl. S. 56).

Die von der Abnehmerwalze in ihrer ganzen Breite gelieferte Faserschicht, das Vlies, ist infolge der Verdichtung auf dem Abnehmer soweit widerstandsfähig, daß sie von dem Beschlag abgehoben werden kann, ohne zu zerreißen. Für das weitere Spinnverfahren muß dieses Vlies noch vergleichmäßigt und verfeinert werden, und es sind drei verschiedene Verfahren üblich, um das Krempelvlies in eine zur weiteren Bearbeitung geeignete Form zu bringen:

1. Aufwickeln in mehrfacher Schicht auf eine Trommel: Pelzbildung,

[1] Nach Preu, R.: Kammgarnspinnerei, 2. Aufl. 1928.

Krempeln oder Kardieren.

2. Zusammenfassen zu einem gerundeten Band: **Bandbildung**,
3. Unterteilen in schmale Bändchen und Runden oder „Nitscheln" dieser Faserstreifen zu Fäden: **Vorgarnbildung**.

Nach dem ersten Verfahren wird das Vlies auf eine Trommel, die dieselbe Breite wie der Abnehmer hat, in übereinanderliegenden Schichten aufgewickelt; durch den Druck einer kleinen Walze d wird, wie Abb. 26 zeigt, der erzeugte Pelz festgedrückt. Wenn eine bestimmte Anzahl von Schichten in dieser Weise aufgewickelt sind, wird der Pelz in der Richtung der Walzenachse aufgeschnitten oder aufgerissen. Dadurch erhält man ein rechteckiges Faserstück, dessen Länge gleich der Walzenbreite und dessen Breite gleich dem Walzenumfang ist, vermindert um einen Betrag, der der Verkürzung infolge der elastischen Zusammenziehung des Pelzstückes gleich ist.

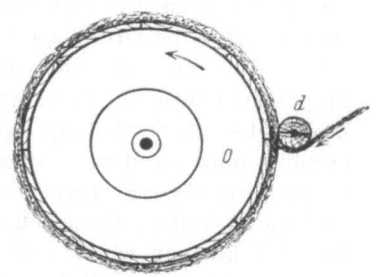

Abb. 26. Pelzbildung an der Krempel.

Da durch die festen Abmessungen der Trommel O die Fläche dieses Pelzes bedingt ist, so kann man in bezug auf seine Länge auch von einer **Nummer** sprechen, die nach den im Abschnitt „Eigenschaften der Gespinste" folgenden Erklärungen durch die Anzahl von Metern der Pelzlänge definiert ist, die auf ein Gramm Gewicht gehen. Wegen der großen Fasermasse, die im Vergleich zum fertigen Gespinst in 1 m dieses Pelzes enthalten ist, kann man seine Nummer nur durch einen Bruchteil der Garnnummer ausdrücken, der erfahrungsgemäß einige Tausendstel der Nummereinheit beträgt.

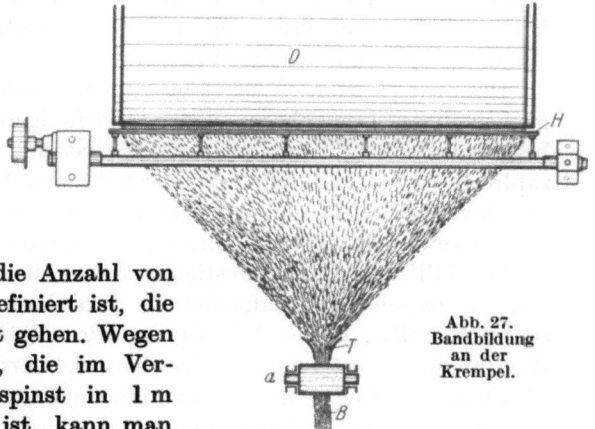

Abb. 27. Bandbildung an der Krempel.

Bei dem als Bandbildung bezeichneten zweiten Verfahren wird der Flor nach Abb. 27, nachdem er durch den in Abb. 21/22 dargestellten Hacker vom Abnehmer abgekämmt worden ist, mittels eines Trichters T zusammengefaßt zu einem **Faserband** B, das je nach der Form des Trichters runden oder flachen Querschnitt hat. Ein Walzenpaar a, die Abzugswalzen, bewirkt dabei die stetige Abführung des aus dem Vlies gebildeten Bandes, das auf Spulen aufgewickelt, oder in Kannen auf-

Rohn-Meister, Spinnerei. 2. Aufl.

gefangen werden kann. Auf diese Weise erhält man also eine ununterbrochene Lieferung eines gleichmäßigen Faserbandes, während das erste Verfahren mit Unterbrechungen arbeitet, die durch das Abnehmen des Pelzes von der Trommel bedingt sind. Von dem gelieferten Bande kann man ebenso wie von dem Pelzstück die Einheitsnummer bestimmen, was in der Spinnerei auch regelmäßig geschehen muß, weil das Band oder der Pelz die Grundlage für das sich anschließende Spinnverfahren bildet, das sich, wie schon erwähnt, immer nach einem bestimmten Spinnplan vollzieht. Diese weitere Bearbeitung verfolgt zunächst den Zweck, die von der Krempel gelieferten Bänder oder Pelzstücke in Vorgespinst umzuwandeln, und besteht in einem Ordnen und Richten der in den Grundfaserkörpern noch wirr liegenden Fasern, sowie in einem Verfeinern, Teilen, Verziehen oder Strecken. Zur Durchführung dieser Arbeit kann man wieder eine Krempel benutzen, indem man das von der ersten Krempel gelieferte Vlies oder mehrere nebeneinanderliegende Bänder einer zweiten Krempel vorlegt, die daraus wiederum einen dünnen Faserflor bildet, der erneut aufgewickelt oder zu einem Band zusammengenommen werden kann. Auf diese Weise wird der Arbeitsvorgang des Krempelns vervielfacht und dadurch dank der wiederholten Aufteilung, Trennung und Gleichrichtung der Faserflöckchen ein immer gleichmäßigeres Vlies erzielt.

Das dritte Verfahren, den Flor vom Abnehmer in eine für die weitere Verarbeitung brauchbare, widerstandsfähigere Form umzuwandeln, beruht auf einer Unterteilung desselben in seiner Breitenrichtung in zahlreiche schmale Bändchen. Diese dünnen Faserbändchen sind aber so schwach, daß sie ohne unterstützende Unterlagen nicht fortgeleitet und aufgewickelt werden könnten. Man bedient sich deshalb eines sinnreichen Hilfsmittels zur Festigung dieser dünnen Florstreifen, indem man sie zwischen mitlaufenden sog. Lederhosen unter leichtem Druck zusammenrollt. Dieses Nitscheln oder Würgeln (vgl. Abb. 32) zur Rundung und Festigung der Faserbändchen ermöglicht erst deren Aufwicklung auf Spulen in sich kreuzenden Lagen, in welcher Form die Vorgarnfäden auf die Feinspinnmaschinen zur endgültigen Ausspinnung unter Drehungserteilung übertragen werden können. Die Teilung des Vlieses in schmale Faserstreifen, das Nitscheln und Aufwickeln der gerundeten Fäden, erfolgt auf dem Florteiler, über dessen Konstruktion im Abschnitt „Baumwollgrobspinnerei" weitere Einzelheiten zu finden sind (vgl. Abb. 97).

3. Strecken und Doppeln.

Ein Verfahren, das in der Spinnerei weitgehende Anwendung findet, ist das Strecken oder Verziehen der Faserbänder oder Vorgarnfäden. Durch Erteilung des sog. Verzuges werden die Fasern eines Bandes auseinandergezogen und dadurch ein feineres Band mit höherer Nummer erzielt. Auf diese Weise wird auch das nach dem im vorigen Abschnitt an zweiter Stelle beschriebenen Verfahren aus dem Krempelvlies gebildete Band verfeinert: wie Abb. 28 zeigt, dienen dazu mehrere Walzenpaare A, B, C, von denen jedes folgende Paar mit höherer Umfangsgeschwindigkeit umläuft als das vorhergehende. Zur Einleitung eines solchen Verzuges sind also mindestens zwei Walzen- oder Zylinderpaare, die Einzugs- und die Streckzylinder, erforderlich. Die Oberwalzen werden infolge ihres Eigengewichtes oder durch zusätzliche Belastung auf die Unterwalzen gepreßt, um den nötigen Flächendruck zur Mitnahme der Fasern zu erzeugen. Wenn demnach die Umfangsgeschwindigkeit (u_2) der Walzen B größer ist als diejenige der Walzen A (u_1), so findet ein Verziehen des Bandes zwischen A und B statt, wobei die durch Adhäsion zusammenhaftenden Fasern aneinander vorbeigleiten, ohne daß das Band zerreißt, wenn die Verzugsgeschwindigkeit ($u_2 - u_1$) so niedrig gehalten wird, daß die Lösung der im Bandquerschnitt nebeneinanderliegenden Fasern sich vollziehen kann, ohne daß es zum Bruch der Fasern kommt. Der Verzug selbst wird bestimmt durch das Verhältnis $\frac{u_2}{u_1}$.

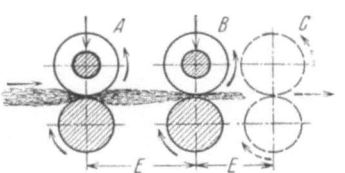

Abb. 28. Verziehen oder Strecken durch Zylinderpaare.

Es wurde bereits erwähnt, daß der Klemmdruck zwischen Ober- und Unterwalze genügend groß sein muß, um die Fasern durch die erhöhte Reibung an der Zylinderoberfläche bzw. zwischen den einzelnen Fasern sicher mitzunehmen. Daraus folgt, daß der Abstand zwischen zwei Walzenpaaren E größer sein muß als die Faserlänge, wenn man vermeiden will, daß Fasern beim Verzugsvorgang zerrissen werden. Bei den technischen Faserstoffen, deren Einzelfaserlänge oft zwischen weiten Grenzen schwankt, muß man dabei die größte vorkommende Faserlänge berücksichtigen, wenn jede Faserkürzung ausgeschlossen sein soll; — man begnügt sich aber meistens damit, den Walzenabstand E etwas größer als die mittlere Faserlänge zu nehmen. Denn andererseits hat ein zu großer Walzenabstand den Nachteil, daß die ganz kurzen Fasern dann in dem Bandstück zwischen den beiden mit verschiedener Geschwindigkeit laufenden Walzenpaaren eine kurze Zeit ohne Führung mitgezogen werden und bald von längeren Fasern, die noch von den Einzugswalzen gehalten werden, bald von solchen Fasern, die schon durch die Streckwalzen erfaßt worden sind, eine Verzögerung oder Beschleunigung erfahren können. Auf diese Weise erfolgt ein unregelmäßiges Verziehen des Faserbandes, und das stoßweise Mitreißen oder Zurückbleiben von solchen „freischwimmenden" Fasern kann zu dünnen Stellen (Schnitten) oder Faseranhäufungen (Kracher) im Garn führen[1]. Eine Möglichkeit bei größeren Unterschieden in der Länge der zu verziehenden Fasern auch den kürzeren Fasern eine sichere Führung zu geben, ohne den Abstand zwischen Einzugs- und Streckwalzen mit Rücksicht auf die längsten Fasern zu verringern, ist in neuerer Zeit durch die Einschaltung leichter Führungswalzen zwischen den Streckwalzen gefunden worden (vgl. Hochverzugsstreckwerke in der Baumwollspinnerei, S. 78 ff.). Derartige Oberwalzen von kleinem Durchmesser und geringem Gewicht geben zusammen mit ihrer Unterwalze den Fasern im Streckfeld eine gewisse Führung und erhöhen durch die zusätzliche Reibung den Widerstand der kurzen Fasern gegen das stoßweise Mitreißen durch längere, von den Streckwalzen beschleunigte Fasern.

Neben der Verwendung leichter Zwischenwalzen sind Mehrzylinderstreckwerke von jeher üblich gewesen, um höhere Verzüge in einem Streckvorgang zu ermöglichen. Wenn man nämlich, wie in Abb. 28 gestrichelt angedeutet ist, noch ein drittes Walzenpaar anordnet, das ebenfalls den vollen Klemmdruck erzeugt, so wird das Faserband zwischen den Walzen B und C noch einmal verzogen, vorausgesetzt, daß nur u_3 wiederum größer als u_2 ist. Bei solchen Dreizylinderstreckwerken gibt man gewöhnlich durch entsprechende Wahl der Geschwindigkeitsverhältnisse zwischen Einzugs- und Mittelwalzen einen verhältnismäßig niedrigen, nur vorbereitenden Verzug bei größerem Walzenabstand und dann zwischen Mittel- und Streckwalzen erst höheren Verzug bei kürzerem Streckfeld. Zur Erhöhung der Reibung und besserem Festhalten durch die Walzen erhält die obere Druckwalze häufig einen nachgiebigen Lederüberzug, während die untere Walze geriffelt wird, wie das Streckzylinderpaar B_o, B_u auf Abb. 29 zeigt.

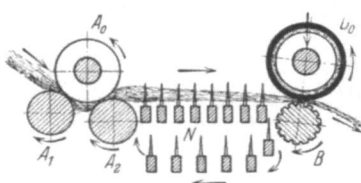

Abb. 29. Strecken mit Ausrichten durch bewegte Nadelstäbe.

Zugleich mit dem Strecken oder Verfeinern strebt man auch ein Gleichrichten oder Parallellegen der Fasern an, die in dem Krempelband z. B. noch ziemlich wirr durcheinanderliegen. Eine Streckung der einzelnen Fasern in der Richtung des dem Verzug ausgesetzten Bandes wird schon durch die beschleunigende Wirkung der Streckwalzen und durch den Widerstand, den die gestreckten Fasern beim Auseinanderziehen des Bandes an den benachbarten Fasern finden, erreicht; erhöhen kann man diese Wirkung aber namentlich bei langen Fasern noch durch die Einschaltung von hemmenden Nadeln oder

---

[1] Vgl. Johannsen, Baumwollspinnerei 1 (1902). — Ders.: Leipz. Mon.-Schr. f. Text. **1924**.

Stiften in das Streckfeld. Durch ein derartiges **Nadel- oder Hechelfeld** (Abb. 29) erfolgt ein Ordnen, Gleichrichten und Vergleichmäßigen der Faserschicht und zugleich ein Ausscheiden von daran haftenden Fremdkörpern und ganz kurzen Fäserchen oder Faserknoten. Die zwischen den beiden Walzenpaaren — die Einzugswalzen können auch zur Erhöhung des Reibungswiderstandes aus 2 Unter- und 1 größeren Oberwalze bestehen —, angeordneten Nadelstäbe N werden dabei in der Richtung des durchgezogenen Faserbandes fortbewegt, um einerseits nicht zu stark hemmend auf die Fasern einzuwirken und andererseits die Fasern beim Austritt aus den Einzugswalzen in der Weiterbewegung zu unterstützen. Aus dieser fortschreitenden Bewegung der Nadelstäbe ergibt sich, daß sie in irgendeiner Weise zu dem Anfang des Streckfeldes zurückgeführt werden müssen, wie Abb. 29 auch andeutet. Die Fortbewegung der Nadelstäbe im Streckfeld hat zweckmäßig mit einer zwischen den Umfangsgeschwindigkeiten der Einzugs- bzw. Streckwalzen liegenden mittleren Geschwindigkeit zu erfolgen, während ihre Rückführung unabhängig davon wesentlich schneller vonstatten gehen kann. Wichtig ist ferner, daß das Einstechen

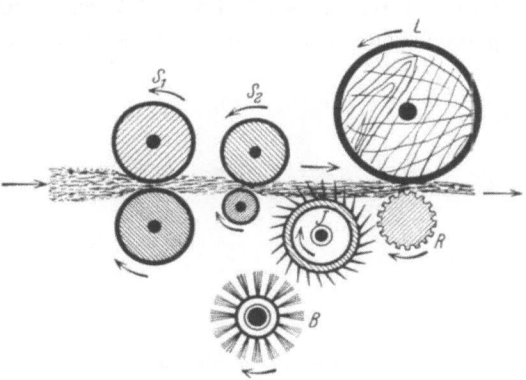

Abb. 30. Strecken und Gleichrichten mit Nadelwalze.

der Nadeln in das Faserband und ebenso das Herausziehen vor den Streckwalzen möglichst so erfolgt, daß die Fasern dadurch nicht aus ihrer Lage gebracht werden; die Nadeln sollen also schlank zugehende Spitzen haben und annähernd senkrecht zur Faserrichtung ein- und abgeführt werden.

An Stelle dieser einzelnen, durch eine Kurvenbahn oder endlose Kette im richtigen Abstand gehaltenen Nadelstäbe kann man auch zur Erzielung desselben Zweckes eine **Nadelwalze** nach Abb. 30 verwenden. Die Nadelwalze hat vor den Nadelstäben den Vorzug der einfachen Bauart und der billigeren Herstellung, sowie geringen Platzbedarfes, falls kurze Walzenabstände nötig sind. Andererseits ist der Ein- und Austritt der Nadeln in bezug auf die Lage der Fasern ungünstiger als bei den Nadelstäben; man kann aber z. B. das Hochdrücken der Fasern beim Eintreten der Nadeln nach Abb. 30 dadurch im wesentlichen verhindern, daß man dicht vor der Nadelwalze J zwischen den Streckzylindern S_1 bzw. L, R noch ein drittes Walzenpaar anordnet, dessen Unterwalze bei etwas vorliegender Oberwalze sehr kleinen Durchmesser erhält, damit die Klemmlinie zwischen diesen Walzen möglichst dicht an die Eintrittsstelle der Nadeln herangerückt wird. Der Austritt der Nadeln erfolgt fast senkrecht nach unten, also sehr günstig, aber die Austrittsstelle kann nicht ganz so nahe an die untere Streckwalze R herangelegt werden wie bei den senkrecht nach unten fallenden Nadelstäben. Die Nadelwalze nimmt kurze Fasern oder kleine Fasernester (Noppen) mit, die durch eine in entgegengesetzter Richtung umlaufende Bürstwalze B von den Nadeln abgebürstet werden.

Die Vorrichtungen für das Verziehen der Faserbänder, die nach ihrem Verwendungszwecke kurz „Strecken" genannt werden, werden allgemein noch der Vergleichmäßigung dieser Bänder nutzbar gemacht, indem durch ein wiederholtes Übereinander- oder Zusammenlegen und gemeinsames Verstrecken der Faserbänder ein Ausgleich der dünneren oder dickeren Stellen erfolgt. Dieses Verfahren bezeichnet man als Doppeln oder Dublieren und macht davon auch sonst in der Spinnerei ausgedehnten Gebrauch. Welchen Einfluß die Doppelung auf die Gleichmäßigkeit von Faservliesen, Bändern usw. hat, läßt sich durch ein Zahlenbeispiel nach Abb. 31 am besten klarmachen: Betrachtet man zwei Faserstücke, die an den sechs bezeichneten Stellen im Querschnitt die angegebene Faserzahl oder ein Vielfaches davon haben, so wird durch diese Zahlen — im oberen Bande zwischen 17 und 21, im unteren zwischen 16 und 20 —, die in dem Verlauf des Faserstückes vorhandene Ungleichmäßigkeit ausgedrückt. Wenn man nun die beiden ungleichmäßigen Bänder aufeinanderlegt und, um wieder dieselbe Dicke des Faserkörpers zu erhalten, das zweifache Band um das Doppelte verzieht, d. h. seine ursprüngliche Länge verdoppelt, so erhält man nach der an dritter Stelle gegebenen Darstellung einen neuen Faserkörper, der zwar noch ungleich ist, bei dem aber die Unterschiede in der Dicke geringer geworden sind. Während nämlich oben bei den getrennten Stücken der Unterschied in der Faserzahl der 6 Querschnitte beide Male 4 beträgt, ist er bei dem übereinandergelegten oder gedoppelten Stück, wie die Differenz der arithmetischen Mittel zeigt, nur noch 3. Daraus folgt, daß bei einer Wiederholung dieses Zusammenlegens unter gleichzeitigem Verziehen dieser Unterschied immer geringer

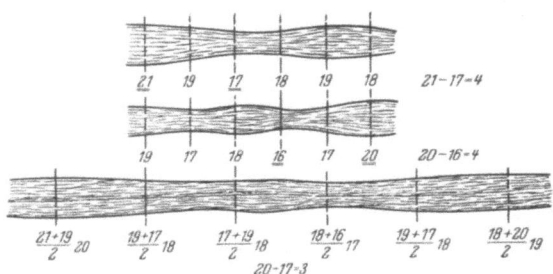

Abb. 31. Vergleichmäßigende Wirkung des Doppelns.

werden muß; je geringer aber diese Differenz wird, um so gleichmäßiger wird der Querschnitt auf der ganzen Länge des Faserbandes. Ferner ist klar, daß man dieses Doppeln auch vervielfachen kann, indem man statt 2 Bändern oder Pelzen eine größere Anzahl Schichten über- oder nebeneinanderlegt: entsprechend der größeren Zahl wird dann auch der Unterschied der Dicke (Nummerndifferenz) immer geringer. Das Doppeln ist also ein einfaches und sicheres Mittel zur Vergleichmäßigung in der Spinnereipraxis, und es wird in um so häufigerer Wiederholung angewendet, je größer die Ansprüche sind, die an die Gleichmäßigkeit des Garnes gestellt werden. Die Zahl der wiederholten Doppelungen kann man in ihrer Wirkung auf die Gleichmäßigkeit durch das Produkt aus den einzelnen Doppelungszahlen darstellen, denn bei einfacher Doppelung erhält man eine doppelt so große Gleichmäßigkeit, bei einer nochmaligen Dublierung dann eine Vergleichmäßigung, die gleich $2 \cdot 2 = 4$ ist, usw. Das Produkt aus der Anzahl der angewendeten Doppelungen ergibt also einen Maßstab für die erzielte Gleichmäßigkeit.

Das vergleichmäßigte Faserband bedarf nun, bevor es weiter verfeinert werden kann, wegen des nur losen Zusammenhalts der Fasern noch der Festigung. Ein Mittel, eine solche vorübergehende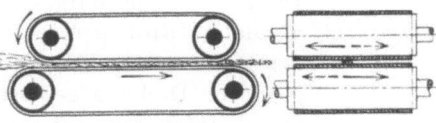

Abb. 32. Nitschelzeug.

Festigung zu erreichen, ist, wie schon auf S. 18 angegeben worden ist, die Verdichtung des Faserbandes durch das sog. Nitscheln oder Nudeln. Wie Abb. 32 zeigt, wird dabei das Faserbändchen (Vorgespinst o. dgl.) zwischen zwei rauhen Führungsledern durchgeleitet, die von zwei endlos umlaufenden Lederriemchen gebildet werden. Diese Lederhosen machen gleichzeitig hin- und hergehende Bewegungen senkrecht zu der Laufrichtung, wobei sie das Faserbändchen infolge ihrer rauhen Oberfläche mitnehmen und es durch das Hin- und Herrollen runden und verdichten, so daß es sich in dieser Form weiterleiten und aufwickeln läßt.

4. Vorspinnen und Feinspinnen.

Das zweite Mittel, ein schwaches, nur lose zusammenhaltendes Faserband oder Vorgarn so zu festigen, daß es weiter verzogen und dann aufgewickelt werden kann, ist die Erteilung einer Drehung. Abb. 33 zeigt ein Verfahren, durch das z. B. einem Vorgarnstück beim weiteren Verziehen eine vorübergehende Hilfsdrehung erteilt wird: Der Vorgarnfaden wird nämlich durch ein sich drehendes Röhrchen R hindurchgeführt und dabei um einen an dem Röhrchen befestigten Haken oder Finger F geschlungen, durch den das Vorgarn mit dem umlaufenden Röhrchen mitgenommen wird. Dabei wird der Vorgarnfaden um seine eigene Längsachse gedreht, die Drehungen verlieren sich aber nach dem Durchlaufen der beiden Führungsstellen wieder, weshalb man von einer nur vorübergehenden Drehungserteilung oder **falschem Draht** spricht. Durch dieses Mittel kann also, da die Zusammendrehung der Fasern und damit die Festigung des Fadens keine dauernde ist, noch kein fester Faden, der eine größere Zugbeanspruchung aushält, gebildet werden.

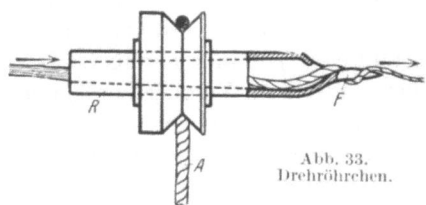

Abb. 33. Drehröhrchen.

Einen gleichmäßig festen Faden, ein Garn, kann man dagegen nur durch **bleibende Drehung** und gleichzeitige Aufwindung erzeugen. Das Werkzeug, dessen man sich dazu bedient, ist die **Spinnspindel**, die in verschiedenen Ausführungen zum Fertigspinnen, aber auch manchmal zum Vorspinnen mit geringem Draht benutzt wird. Die auf Abb. 34 dargestellte, nur für das Handspinnen verwendete **Handspindel** ermöglicht es, den Faden während der Drehungserteilung aufzuwickeln, wodurch die dem Faden gegebene Drehung gewissermaßen festgelegt wird. Die Spindel S trägt am unteren, stärkeren Ende einen fest aufgezogenen Schwungring R und an der Spitze einen losen kleinen Ring r, der dazu dient, das Fadenende an der Spindelspitze festzulegen. Wenn man nun die Spindel am oberen Ende mit den Fingern anfassend wie einen Kreisel dreht, so wird der festgeklemmte Vorgespinstfaden, der bei V mit der anderen Hand festgehalten wird, mit seinem durch den Ring R festgeklemmten Teil an den Drehungen der Spindel teilnehmen und dadurch von der Klemmstelle aus Draht erhalten. Die dem Faden erteilte Drehung verteilt sich von dem Klemmring r nach dem Festpunkt V hin abnehmend, und man dreht so lange weiter, bis der ausgespannte Vorgarnfaden auch bis zu diesem Punkte fest genug gedreht ist; dann wird der Ring r von der Spindel abgezogen und das fertige Fadenstück auf die Spindel kreuzweise aufgewunden. Nach Aufwicklung des fertiggesponnenen Fadenstücks wird das Ende desselben wieder mit dem Klemmring auf der Spindelspitze befestigt, worauf durch Drehung der Spindel ein weiteres Stück des Vorgespinstes in Garn verwandelt wird.

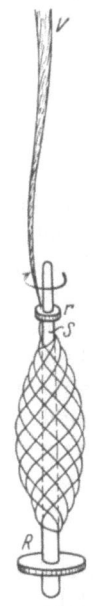

Abb. 34. Handspinnspindel.

Bei dem beschriebenen Vorgang ist wichtig, daß die Spindel den Faden bei ihrer Drehung mitnehmen muß (durch den Klemmring r, Abb. 34), damit dem Gespinst, das gleichzeitig bei V mit der Hand

Vorspinnen und Feinspinnen.

festgehalten wird, eine bleibende Drehung erteilt werden kann. Bei der Einführung der Maschinenspinnerei, die in ununterbrochenem Arbeitsgang erfolgen, also die fortlaufende Aufwicklung des gesponnenen Garnes ermöglichen sollte, mußte man nun ein Mittel finden, um den Faden während der Drahtgebung durch die Spindel mitnehmen zu können. Die auf Abb. 35 dargestellte Flügelspindel trägt zu diesem Zweck einen Arm A, und an dessen Ende ein durch einen Haken o. dgl. gebildetes sog. Fadenauge F, durch das der Faden über den Flügelarm an die zur Aufwicklung dienende Spule H herangeführt wird. Den Arm A bezeichnet man wegen seines schnellen Umlaufes auch als Flügel und bildet ihn, wie auf Abb. 35 gezeigt ist, doppelarmig mit gleichen Abmessungen und gleichem Gewicht der beiden Arme aus, so daß der Schwerpunkt in die Drehungsachse zu liegen kommt. Bei dem Umlauf der Flügelspindel findet also ebenso wie bei der Handspindel durch den vom Fadenauge mitgenommenen Faden eine Drehungserteilung an den Faden selbst statt. Während aber bei der Handspindel der fertiggesponnene Faden nachträglich aufgewickelt wird, erfolgt bei der Flügelspindel die Aufwindung auf den Garnträger (Spule H) in demselben Maße, in dem Vorgespinst nachgeliefert wird. Die Spule sitzt dabei lose auf der Spindel und wird bei

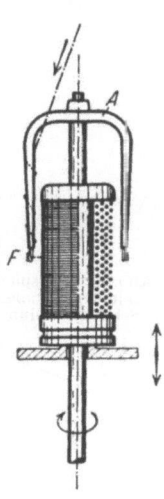

Abb. 35.
Flügelspindel.

der Drehung des Flügels von dem Faden mitgenommen; sie bleibt aber infolge ihrer Trägheit oder durch besondere Hilfsmittel vergrößerter Reibung um soviel zurück, als Faden zugeführt wird, so daß sich der Faden unter einer gewissen Spannung auf die Spule fest aufwindet. Um dabei eine gleichmäßige Bewicklung der Spule in regelmäßigen Schichten zu erzielen, muß die Spule auf- und abbewegt werden, wodurch das Aufwickeln in auf- und abgehenden Lagen erfolgt. Zur Begrenzung dieser Schichten ist die Spule beiderseits mit Scheiben versehen. Diese Scheibenspule heißt auch Laufspule, weil sie beim Abwickeln des Fadens in Umlauf versetzt werden muß. Für gewisse Zwecke wünscht man jedoch,

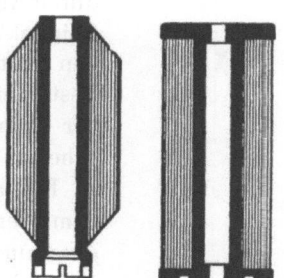

Abb. 36/37. Spulen mit zylindrischer Schichtenbewicklung.

Garnkörper ohne derartige Spulenränder wikkeln zu können, und muß dann dem Garnkörper in sich die nötige Festigkeit geben. Das läßt sich nach Abb. 36 dadurch erreichen, daß die Aufwindung des Fadens in zylindrischen Lagen erfolgt, deren Höhe von dem Kern aus beiderseits allmählich abnimmt, so daß die fertiggewickelte Spule nicht wie auf Abb. 37 ebene, sondern kegelige Endflächen erhält.

26 Grundlagen der Spinnerei.

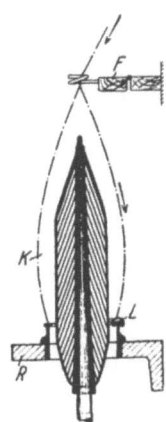

Abb. 38. Ringspindel mit kegelförmiger Schichtenbildung.

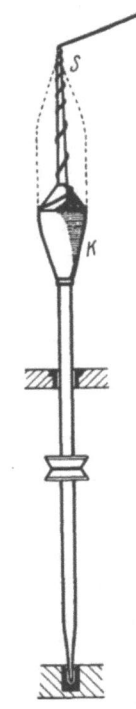

Abb. 39. Selfaktor- (Koppen-) Spindel.

Eine zweite Art, Garnkörper oder Kötzer auf Spulen ohne Scheibenränder zu bilden, besteht nach Abb. 38 darin, daß die Aufwindungsschichten selbst kegelmantelförmig übereinandergelegt werden. Bei dieser Aufwindungsart nimmt der Kötzer bei seiner Bildung nicht wie bisher im Durchmesser sondern in der Höhe zu, weil sich Schicht nach Schicht in der gleichen, durch den kleinsten und größten Spulendurchmesser begrenzten Kegelfläche übereinander aufbaut. Von einer solchen Schleifspule läßt sich das Garn über die Kötzerspitze weg in axialer Richtung abziehen, ohne daß die Spule dabei gedreht zu werden braucht. Diese Art der Aufwindung wird z. B. angewendet bei der Ringspindel (Abb. 38), die man sich aus der Flügelspindel dadurch entstanden denken kann, daß das an dem Flügel sitzende Fadenauge als freilaufende Klammer (Läufer oder Traveller) auf einem feststehenden kreisförmigen Ring R umläuft. Die Spindel schleppt also den das Fadenauge ersetzenden Läufer nicht mehr mittels des starren Flügels, sondern mittels des durch den Läufer geschlungenen Fadens bei ihrem Umlauf mit. Der Faden kann dabei auf die Spindel selbst, auf eine Papierhülse oder Holzspule nach Abb. 38 oder Abb. 36/37 aufgewickelt werden. Garnträger oder Spulen sind im allgemeinen erforderlich, um dem Kötzer für die Beförderung die nötige Haltbarkeit zu verleihen; nur die durch Aufwindung in kegeligen Schichten auf die nackte Spindel gebildeten Kötzer mit kurzer Papierhülse für den Kötzeransatz können schon an sich eine solche Festigkeit besitzen, daß das Abziehen der Kötzer von der Spindel und ihre Weiterbeförderung ohne durchgehende feste Spule möglich ist.

Ein anderes Spinnverfahren erläutert Abb. 39, bei dem der Vorgarnfaden durch die Spindel selbst mitgenommen wird, und zwar ist hier die Spindel dadurch in den Stand gesetzt, dem Faden Drehung zu erteilen, daß sie in einem stumpfen Winkel geneigt zur Richtung des Fadens angeordnet ist. Bei der Drehung der schräggestellten Spindel S würde das frei ausgespannte, einerseits von dem schon aufgewundenen Garn, andererseits von dem Zylinderstreckwerk festgehaltene Fadenstück auf die Spindel aufgewickelt werden, wenn es nicht über die runde Kuppe der Spindel abschnappen würde. Dabei erhält das ausgespannte Fadenstück, ähnlich wie bei der Handspindel, bei jeder Drehung der Spindel eine Drehung um seine Längsachse und dazu durch das immer wiederkehrende Abspringen von der Spindelspitze noch schwingende Erschütterungen, die die gleichmäßige Verteilung der Drehungen auf die ganze Fadenlänge in günstiger Weise beeinflußt. Die für dieses Spinnverfahren benutzte Spindel nennt man Koppen- (Cop-) oder Mulespindel, oder auch nach der gleichnamigen Feinspinnmaschine Selfaktorspindel. Von der Flügelspindel (Abb. 35) und Ringspindel (Abb. 38) unterscheidet sich die Selfaktorspindel dadurch, daß keine ununterbrochene Zuführung des Vorgespinstes und gleichzeitige Aufwindung des Fadens stattfinden kann; es muß vielmehr zuerst, ebenso wie bei der Handspindel (Abb. 34), ein Fadenstück fertiggesponnen werden, d. h. vollkommenen Draht erhalten; dann muß das auf den oberen Teil der Spindel gewundene Fadenstück durch Rückdrehung der Spindel wieder abgewunden werden, worauf schließlich die Aufwicklung des fertigen Fadenstückes auf die Spindel erfolgen kann. Während also bei der Flügel- oder Ringspindel ein ununterbrochener Arbeitsgang des Spinnens und Aufwindens verwirklicht wird (Durchspinnen oder kontinuierliches Spinnen), ergibt sich beim Arbeiten mit der Selfaktorspindel ein absetzendes oder wechselweises Spinnen und Aufwinden.

II. Eigenschaften der Gespinste (Garne).

Der gesponnene Faden oder das Garn hat folgende Eigenschaften, die für die Weiterverarbeitung von besonderer Bedeutung sind:

Dicke (Stärke, Feinheit),
Gefüge (Zusammensetzung),
Oberflächenbeschaffenheit,
Festigkeit,
Dehnbarkeit (Elastizität),
Gleichmäßigkeit.

Die Bestimmung der Dicke eines Fadens erscheint sehr einfach, wenn man es mit einem gleichartigen Körper zu tun hätte, der wie ein Draht oder Band von unveränderlich festen Abmessungen mit den üblichen Meßwerkzeugen gemessen werden könnte. Da aber ein gesponnener Faden infolge der im Querschnitt ungleichmäßig verteilten Fasern in bezug auf seine Stärke durchaus nicht gleichmäßig ausfällt, muß in diesem Falle ein besonderes Verfahren zur Festlegung und Unterscheidung der Fadenstärken angewendet werden. Man bestimmt nämlich die mittlere Stärke von einem längeren Garnstück, weil der Faden eben wesentliche Unterschiede in seiner Dicke aufweist, und nimmt als Maßstab das Gewicht dieser Fadenlänge. Die Nummer des Garnes gibt dann an, wieviel Längeneinheiten auf das Einheitsgewicht gehen (Längennummer).

Durch die metrische Nummer Nm wird also z. B. bezeichnet, wieviel Kilometer des betreffenden Gespinstes genau 1 kg wiegen, oder wieviel Meter auf 1 g gehen.

$$N_m = \frac{L \text{ km}}{G \text{ kg}}.$$

Umgekehrt kann man auch die Feinheitsnummer durch die Zahl der Gewichtseinheiten — oder kurz gesagt: das Gewicht — der Längeneinheit des Fadens definieren. Diese Gewichtsnummer gibt das Gewicht eines Fadens von bestimmter Länge (= 1) an:

$$T_i = \frac{G}{L}.$$

Beide Nummerungsarten, die Längen- und die Gewichtsnummer, werden zur Feinheitsbestimmung von Garnen angewendet; die erste ist vorherrschend, die zweite dient z. B. zur Numerierung von Seide und Kunstseide. Bei beiden Verfahren zur Feinheitsbestimmung sind verschiedene Maßsysteme und verschiedene Einheiten für Länge und Gewicht üblich, so daß eine ganze Reihe von Nummerungsarten nebeneinander bestehen.

Bekanntlich halten England und Nordamerika noch immer an ihrem eigenen Maßsystem fest, infolgedessen müssen auch diejenigen Länder, die selbst das metrische Maßsystem allgemein bei sich eingeführt haben, bei der großen Bedeutung Englands und Amerikas in der Textilindustrie die auf englischen Maßen aufgebaute „englische Nummerung" anwenden. Insbesondere rechnet man in der Baumwollindustrie fast allgemein noch mit der englischen (Baumwoll-) Nummer N_e, die ausdrückt, wieviel Strähne oder Gebinde des Garnes von je 840 Yards (= 768,096 m) Länge auf 1 Pfund engl. (= 453,59 g) gehen. Da die englische Nummer ebenso wie die metrische eine Längennummer ist, kann sie leicht durch Multiplikation mit der Verhältniszahl zwischen den beiden Einheiten in die metrische Nummer umgerechnet werden:

Dieser Faktor ist $\frac{768 \text{ m} \cdot 1 \text{ g}}{1 \text{ m} \cdot 453{,}6 \text{ g}} = 1{,}69$, so daß die Umwandlung der Nummern ergibt:

$$N_m = 1{,}69\, N_e \quad \text{und}$$
$$N_e = 0{,}59\, N_m.$$

Andere Numerierungen, wie die englische für Flachs-, Hanf- u. a. Garne und die französische für Baumwollgarne, sollen im Abschnitt III bei den besonderen Spinnverfahren für die verschiedenen Faserstoffe noch besprochen werden.

Aus der Definition der Nummer eines Garnes geht hervor, daß diese Nummernbestimmung unabhängig vom Querschnitt des Fadens erfolgt. Die Bedeutung dieser Tatsache für die praktische Anwendbarkeit der Numerierung kann durch einige Beispiele klargelegt werden:

Verglichen werden sollen die beiden Garne 1 und 2 (Abb. 40), die beide aus dem gleichen Fasermaterial gesponnen sein sollen; Garn 1 mit fester Drehung, Garn 2 dagegen nur lose oder weich gedreht. Der mittlere Durchmesser beider Garne ist annähernd gleich, dann ist es ohne weiteres klar, daß bei dem fester gedrehten Garn 1 wesentlich mehr Fasern im Garnquerschnitt enthalten sind als bei dem loser gedrehten Garn 2. Garn 1 ist gewissermaßen dichter, wird also auch schwerer sein als Garn 2; es muß deshalb trotz der gleichen Dicke oder Stärke eine andere Nummer erhalten als das leichtere Garn 2. Tatsächlich gehen nach der bekannten Definition der Längennummer vom Garn 1 weniger Längeneinheiten auf das Einheitsgewicht — dieses Garn 1 wird demnach eine niedrigere Nummer bekommen als Garn 2.

Auf die Tatsache, daß die Garne auf größeren Längen wesentliche Unterschiede in ihrer Dicke aufweisen, ist schon hingewiesen worden; da die Nummernbestimmung unabhängig von der Dickenmessung erfolgt,

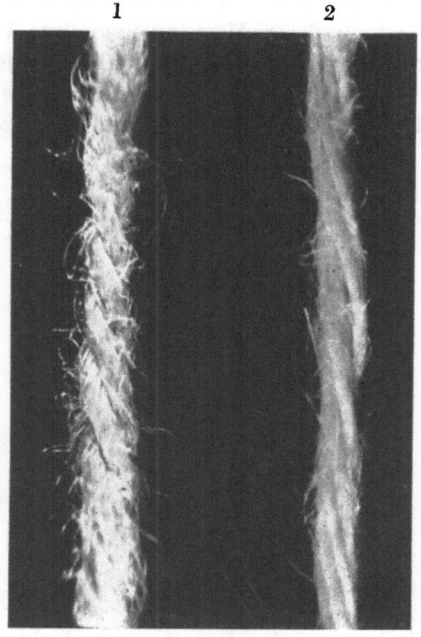

Abb. 40. Darstellung der Feinheit oder Stärke eines Garnes.

sind diese Unterschiede auf die Ermittlung der Nummer ohne Einfluß. Ferner würde die Messung der Garnstärke auch aus dem Grunde praktisch unmöglich sein, weil der Querschnitt eines Garnes meistens sehr unregelmäßig ist und bei sehr weichen oder rauhen Garnen auch nicht mit annähernder Genauigkeit gemessen werden könnte.

In allen diesen Fällen wird jedoch durch das Abwiegen einer bestimmten Länge des Fadens eine exakte Vergleichsmessung ermöglicht; ja man kann sogar nach diesem Verfahren irgendein fortlaufendes Gespinst von beliebiger Breitenausdehnung durch Wägung und Längenmessung „nummern", wobei nur an ein loses Krempelvlies oder ein lockeres Streckenband erinnert zu werden braucht. Für den praktischen Spinnereibetrieb hat deshalb das erläuterte Nummerungsverfahren eine so große Bedeutung, weil man auf diese Weise beim Aufstellen des sog. Spinnplanes die allmählich zunehmende Verfeinerung des Gespinstes vom Pelz bis zum Band, Vorgespinst und Garn durch eine Folge von Nummern bezeichnen und aus deren Verhältnis die Verfeinerung oder den Verzug berechnen kann.

Zur Bestimmung der Feinheitsnummer eines Garnes muß eine bestimmte Länge desselben abgemessen und dessen Gewicht festgestellt werden. Da es sich dabei um sehr große Fadenlängen handelt, sind für deren Messung besondere Verfahren ausgebildet worden: man bedient sich dazu eines drehbaren, meistens sechsseitigen Gestells oder Windekreuzes, auf dessen Umfang nach einer bestimmten Anzahl von Um-

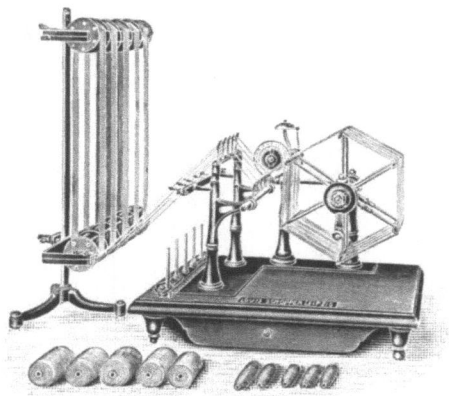
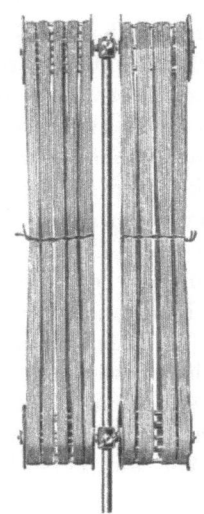

Abb. 41. Garnweife oder Sortierhaspel[1]   Abb. 42. Gefitzte Garnsträhne.

drehungen eine konstante Fadenlänge aufgewunden ist, die dann abgenommen und gewogen werden kann. Eine solche Normalweife oder Sortierhaspel zeigt Abb. 41: Das Garn kann zum Weifen von Kötzern, Kreuzspulen oder vom Strähn abgewickelt werden und zwar gleichzeitig 5 Garnsträhne nebeneinander. Durch ein Zählwerk werden die Haspelumdrehungen gezählt und nach Aufwicklung einer bestimmten Garnlänge (= 1 Schneller) ein Glockensignal ausgelöst. Der Faden wird durch hin- und hergehende Fadenführer beim Aufwinden selbsttätig ausgebreitet, und die nebeneinander gehaspelten Fadenlängen oder Zahlen werden vor dem Abnehmen vom Haspel durch einen kreuzweis durchgezogenen Faden gefitzt, wie Abb. 42 erkennen läßt. Ein solches aus mehreren gefitzten Garnsträhnen oder Zahlen bestehendes Fadengebind wird zopfartig zusammengedreht und am Haken einer Zeigerwaage gewogen. Abb. 43 zeigt einen sog. Nummerbestimmungsapparat, der eine genaue Weife mit Zähl- und

---

[1] Bauart: Louis Schopper, Leipzig.

Schlagwerk zum Haspeln einer bestimmten Garnlänge (100 m oder 120 Yards) und eine Präzisionswaage mit mehreren Skalen zur unmittelbaren Ablesung der Garnnummer vereinigt. Für die metrische Numerierung beträgt der Haspelumfang 1 m, das Zählrad hat 100 Zähne, so daß bei einem Umgang desselben von 5 Kötzern zusammen 500 m aufgehaspelt werden. Soll der Sortierhaspel zur Bestimmung der englischen Baumwollnummer dienen, so muß ein ganzer Schneller = 840 Yards aufgewunden werden; bei einem Haspelumfang von 1 Yard und gleichzeitigem Haspeln von 7 Kötzern hat das Zählrad dann 120 Zähne, so daß 7 · 120 = 840 Yards aufgehaspelt werden.

Weitere wichtige Eigenschaften eines Gespinstes sind sein Gefüge und die Oberflächenbeschaffenheit. Das Gefüge oder die Zusammensetzung kann man am besten mikroskopisch untersuchen, um Aufschluß über die Beschaffenheit und Anzahl der Einzelfasern im Querschnitt zu erhalten, sowie ihre gegenseitige Lage im Gespinst zu ermitteln. Die Oberflächenbeschaffenheit spielt in der Weiterverarbeitung des Garnes eine große Rolle; je nach der verwendeten Faserart er-

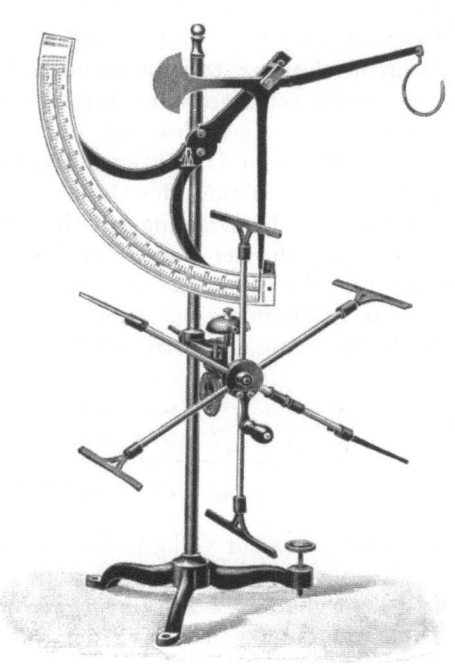

Abb. 43. Garnzeigerwaage (Nummerbestimmungsapparat)[1].

hält das Garn auch eine rauhere oder glättere Oberfläche (z. B. Flachs und Baumwolle), ebenso wird ein Garn aus gekräuselten Fasern rauher ausfallen als ein solches aus schlichten Haaren (z. B. Streichgarn und Kammgarn). Auch die Länge der Einzelfasern ist natürlich von Einfluß auf die Glätte des Garnes, da die kurzen Fasern, zumal wenn sie noch dazu spröde sind, sich schlechter zu einem glatten runden Faden zusammendrehen lassen als lange geschmeidige Fasern oder Haare. Im ersteren Fall spießen dann die Enden solcher kurzen Fasern aus der Oberfläche des Fadens heraus und geben dem Garn ein rauhes Aussehen. Auch die Art des Spinnverfahrens übt einen Einfluß auf

[1] Vgl. S. 30.

die Oberflächenbeschaffenheit des Garnes aus, wie z. B. in der Flachsspinnerei durch das Naß- oder Trockenspinnen glatte oder rauhe Garne erzielt werden können. Schließlich kann man einem Garn auch nachträglich eine glattere oder glänzendere Oberfläche durch verschiedenartige Verfahren geben, um es besser weiterverarbeiten oder verkaufen zu können.

Beide zuletzt genannten Garneigenschaften werden aber in jedem Falle entscheidend beeinflußt durch den Grad der Drehung, der dem Gespinst bei seiner Entstehung auf der Spinnmaschine erteilt wird. Denn bei festerer Drehung werden die Fasern sich an der Oberfläche und im inneren Kern eines Garnes enger aneinanderschmiegen, so daß die Oberfläche geschlossener und glatter aussieht. Diese Drehung, auch Draht oder Drall (engl. Twist) genannt, hat ferner großen Einfluß auf die Festigkeit des Garnes, wie später noch gezeigt werden soll. Als Maß für die Drehung gilt die Anzahl der schraubengangförmigen Windungen, die der Faden auf eine bestimmte Länge, von z. B. 1 cm oder 1 m oder 1" engl., enthält.

Zur Bestimmung des Drehungsgrades bedient man sich besonderer Meßinstrumente, der Drahtzähler, mittels deren eine bestimmte

Abb. 44. Darstellung des Faserzusammendrehens.

Fadenlänge bis zur völlig gestreckten Lage der Einzelfasern aufgedreht wird, wobei gleichzeitig die Anzahl der erforderlichen Rückdrehungen an einem Zählwerk abgelesen werden kann. Sollen Fäden gleichen Drehungsgrades gebildet werden, so muß der dickere Faden weniger Drehungen auf die Längeneinheit erhalten als der dünnere Faden. Durch die schematische Darstellung des Faserzusammendrehens nach Abb. 44 ist dieser Vorgang veranschaulicht: die vier umeinandergeschlungenen oder zusammengedrehten Fasern ergeben da, wo sie nur lose gedreht sind, einen verhältnismäßig großen Fadendurchmesser D, und an dieser Stelle kommen nur wenige Drehungen von der Länge $= L$ auf die Längeneinheit. Am rechten Ende (in der Abb. 44) sind die 4 Fasern schärfer zusammengedreht und bei gleichem Neigungswinkel der Schraubenlinie gehen dann bedeutend mehr Drehungen auf die Längeneinheit, wie aus der geringen Länge l eines Schraubenganges folgt. Die Anzahl der Drehungen T, T_1 steht also im umgekehrten Verhältnis zur Fadendicke d, d_1, wenn als Maßstab für den Grad der Drehung die Anzahl der schraubengangförmigen Windungen auf die Einheitslänge gilt; es ist also $\frac{T}{T_1} = \frac{d_1}{d}$. Bei Besprechung des Grund-

Eigenschaften der Gespinste (Garne).

gesetzes der Numerierung von Garnen wurde gezeigt, daß als Maßstab für die Feinheit eines Garnes nicht der Durchmesser d desselben, sondern die Gewichtsmenge des Stoffes (Materials) auf einer bestimmten Länge oder bei gleichem Material und gleicher Länge die Querschnittsfläche des Fadens $= \frac{d^2}{4} \cdot \pi$ gilt. Daraus folgt, daß die Feinheitszahlen oder Nummern sich umgekehrt verhalten wie die Quadrate der Fadendicken, oder da die Drehungen pro Längeneinheit sich umgekehrt verhalten wie die Fadendicken, ergibt sich, daß sich die Drehungen pro Längeneinheit direkt verhalten wie die Quadratwurzeln aus den Nummern: $\frac{T}{T_1} = \frac{\sqrt{N}}{\sqrt{N_1}}$.

Der praktische Drehungsgrad, den man einem Garn in der Spinnerei gibt, richtet sich nach der Länge und sonstigen Beschaffenheit der Fasern, sowie nach dem Verwendungszweck des Garnes. Man wird ein Garn nicht schärfer drehen, als es die Rücksicht auf die Festigkeit usw. erfordert, denn ein weicher gedrehtes Garn füllt im Gewebe einen größeren Raum, „deckt besser", und das hergestellte Gewebe oder die Strickware wird ebenfalls weicher. So werden Strickgarne weicher gedreht als die größeren Beanspruchungen ausgesetzten Webgarne, und bei letzteren wiederum Schußgarne weicher als Kettgarne. Den jeweils richtigen Drehungsgrad kann man nicht errechnen, sondern nur durch praktische Erfahrung finden.

Die Drehungen im Garn können entweder im Sinne einer rechtsgängigen Schraube verlaufen oder umgekehrt; im ersten Fall, wenn die Windungen also, in der Längsrichtung des Fadens gesehen, nach rechts oben verlaufen, nennt man die Drehung Rechtsdraht, im anderen Falle Linksdraht. Das einfache Garn in der Spinnerei erhält im allgemeinen Rechtsdraht, ein daraus hergestellter Zwirn dann entsprechend Linksdraht.

Die Festigkeit und die Dehnbarkeit eines Garnes sind stark abhängig von seinem Drehungsgrad. Ein Faden, dessen Einzelfasern von geringer Länge gestreckt nebeneinanderliegen, also keine Drehung besitzen, hat eine Reißfestigkeit von ganz geringer Größe, weil der Widerstand, den die Fasern dem Auseinanderziehen entgegensetzen, der Adhäsion der ohne Druck aneinanderliegenden Fasern entspricht. Durch das Zusammendrehen wird jedoch diese Adhäsion proportional dem Drehungsgrad vergrößert, wodurch im gleichen Verhältnis die Reißfestigkeit des Fadens zunimmt. Genauer gesagt ist die Festigkeit eines Garnes eine Funktion der Faserreibung; die Faserreibung ist aber abhängig von der Faserbeschaffenheit und dem Drehungsgrad des Garnes. Je rauher und schmiegsamer die Fasern und je schärfer sie zusammengedreht sind, um so fester ist das daraus gesponnene Garn. Die Zugfestigkeit der einzelnen Fasern ist bei allen Textilfasern eine so hohe, daß sie weit über der erreichbaren Reißfestigkeit der aus zusammengedrehten Fasern bestehenden Garne liegt.

Die Festigkeit eines Fadens nimmt aber mit dem wachsenden Drehungsgrad nur bis zu einem bestimmten Punkte, dem „kritischen Drehungsgrad" zu. Bei Überschreitung des kritischen Drehungsgrades nimmt die Festigkeit des Garnes schnell ab, bis schließlich Fadenbruch eintritt. Die Ursache dieser Festigkeitsabnahme liegt nach E. Müller[1] darin, daß die äußeren Fasern beim weiteren Zusammendrehen infolge ihrer Spannung auf den inneren Fadenkern einen zunehmenden Druck ausüben, bis schließlich der Gegendruck des elastischen Fadenkerns die äußeren Fasern zum Zerreißen bringt. Durch den Bruch dieser äußeren Fasern wird die Gesamtfestigkeit des Fadens dann so geschwächt, daß er vollends reißt. Praktisch geht man natürlich bei der Drahtgebung nicht bis zu diesem Punkt, sondern bleibt wesentlich darunter.

Als Maß für die Festigkeit benutzt man nun nach internationalem Übereinkommen bei allen faserigen Gebilden (z. B. auch beim Papier) die sog. Reißlänge, die definiert wird als **diejenige Fadenlänge, die durch ihr Eigengewicht den Bruch des Fadens herbeiführen würde.** Wenn R die Reißlänge in Kilometern, P die Bruchbelastung in Kilogramm, N die metrische Nummer und L die Länge in Kilometern ist, so folgt:

$$R = P \cdot \frac{L}{G}, \text{ oder da } N = \frac{L}{G}$$
$$R = P \cdot N.$$

Die in der Festigkeitslehre allgemein gebräuchliche Bruchbelastung, ausgedrückt durch kg pro mm² Querschnitt, kann man jedoch auch in Beziehung zu der Reißlänge von Garnen usw. setzen, wenn man noch das spezifische Gewicht des Garnes einführt. Es sei F die Summe der Querschnitte aller im Garnquerschnitt liegenden Fasern, dann ist das Gewicht einer Fadenlänge L:

$G = L \cdot \gamma \cdot F$, und die Gleichung für die Reißlänge
$R = P \cdot \dfrac{L}{G}$ geht über in $R = \dfrac{P \cdot L}{F \cdot \gamma \cdot L} = \dfrac{P}{\gamma \cdot F}$

und da $\dfrac{P}{F}$ die Zugfestigkeit k_z für die Flächeneinheit ist, folgt:

$$k_z = \gamma \cdot R.$$

Das Einheitsgewicht der Fasern läßt sich bestimmen, und wenn die Zugfestigkeit solcher Einzelfasern auch ermittelt werden kann, so kann daraus die Reißlänge der Einzelfaser (technischen Faser) $R = \dfrac{K_z}{\gamma}$ berechnet werden. Durch dieses Verfahren hat man ermittelt, daß die

---

[1] Müller, E.: Handbuch der Spinnerei.

Zugfestigkeit der Textilfasern mit derjenigen mancher Metalle verglichen werden kann und nur vom Stahl wesentlich übertroffen wird.

Abgesehen von der Festigkeit ist die Dehnbarkeit eines Garnes für die Beurteilung seiner Verwendbarkeit für bestimmte Zwecke von Bedeutung. Von dem Grade der „Dehnung", wie man in der Spinnereipraxis die Elastizität nennt, hängt die Schmiegsamkeit eines Garnes und auch des daraus hergestellten Gewebes wesentlich ab. Zur Bestimmung dieser Dehnung kann man ein Garnstück von 30—40 cm Länge, dessen Enden man festhält, allmählich anspannen und so auf Grund von längerer Erfahrung einen ungefähren Maßstab für die Dehnbarkeit finden. Soll ein genaueres Verfahren angewendet werden, so muß man die zur Feststellung der Zerreißfestigkeit dienenden Garnprüfer zu Hilfe nehmen; man kann damit die Bruchdehnung, aber auch bei Vorhandensein einer Zeichenvorrichtung den Verlauf der Dehnungskurve bis zum Eintritt des Fadenbruches ermitteln. Man gibt die Dehnung in vom Hundert der Fadenlänge an, und es läßt sich nachweisen, daß der Drehungsgrad und die Dehnung eines Garnes im umgekehrten Verhältnis zu einander stehen.

Die Gleichmäßigkeit eines Garnes läßt sich bisher durch kein Verfahren einwandfrei bestimmen. Man kann darunter die Gleichförmigkeit in bezug auf das Aussehen, die Oberflächenbeschaffenheit und Dicke des Fadens verstehen, aber auch enger begrenzt nur die Gleichmäßigkeit in bezug auf die Nummer oder in bezug auf die Reißfestigkeit. Der Gleichheitsprüfer von L. Schopper dient dazu, das Garn auf eine Mustertafel in gleichmäßigen Windungen aufzuwickeln und dann am besten durch Vergleich mit einem ebenso aufgewickelten Garn von bekannten Eigenschaften durch den Augenschein die äußere Gleichmäßigkeit zu beurteilen. Andere Verfahren versuchen, unabhängig von dem Urteil des Beobachters, die Gleichförmigkeit der Garndicke durch Abtasten mit einem Fühlhebel (und Rolle) unmittelbar festzustellen und aufzeichnen zu lassen (Apparat von R. Herzog), aber die Schwierigkeit, den wahren mittleren Garnquerschnitt durch die Messung zwischen fester Unterlage und beweglichem Taster zu erfassen, ist auf diese Weise noch nicht gelöst worden.

Am brauchbarsten für die Beurteilung der Gleichmäßigkeit ist immer noch das indirekte Verfahren, bei dem entweder aus einer Reihe von Nummernbestimmungen oder von Zerreißversuchen die Abweichung des sog. Untermittels von dem Mittelwert in vom Hundert des Gesamtmittels berechnet wird. Also

$$\text{Ungleichmäßigkeit} = \frac{(\text{Gesamtmittel} - \text{Untermittel}) \cdot 100}{\text{Gesamtmittel}},$$

wobei das Untermittel den Mittelwert aus denjenigen Versuchswerten darstellt, die nach ihrem Zahlenwert unterhalb des Gesamtmittels liegen.

Sämtliche besprochenen Eigenschaften eines Garnes sind nun noch abhängig von dem jeweiligen **Feuchtigkeitsgehalt** des Faserstoffes, der sich innerhalb weiter Grenzen ändern kann, da alle Textilfasern stark hygroskopisch sind. Infolge dieser Eigenschaft nehmen die Fasern oder daraus hergestellten Garne aus der umgebenden Luft Feuchtigkeit auf oder geben sie wieder ab, je nachdem ob die Luft einen höheren oder niedrigeren Feuchtigkeitsgehalt hat. Durch die Feuchtigkeitsaufnahme erhöht sich das Gewicht der Textilien, wodurch sich die Nummer ändert; ferner werden die Geschmeidigkeit der Fasern, die Festigkeit und Dehnbarkeit der Garne usw. mehr oder weniger stark beeinflußt. Die Aufnahmefähigkeit an Feuchtigkeit ist bei der Schafwolle besonders groß (bis 40 vH).

Die Bestimmung des Feuchtigkeitsgehaltes ist deshalb für den mit Faser-Rohstoffen ebenso wie mit Garnen, die nach Gewicht gekauft werden, geführten Handel von internationaler Bedeutung. Die in jedem Falle zulässige Höhe des Feuchtigkeitsgehaltes ist durch internationale Vereinbarung festgelegt und wird durch das **Konditionier-Verfahren** auf die Weise bestimmt, daß das Trockengewicht ermittelt und der zulässige Feuchtigkeits-Zuschlag hinzugerechnet wird, der für die verschiedenen Faserstoffe beträgt:

Feuchtigkeits-Zuschlag	in vH vom Trockengewicht	in vH vom Gesamtgewicht
Schafwolle, reingewaschene Wollabfälle, Streich- und Kunstwollgarne . . .	17,0	14,53
Kammzug, Kammgarn	18,25	15,43
Mischgarn aus Wolle und Baumwolle .	10,0	9,09
Baumwolle, Baumwollgarn	8,50	7,83
Leinen-, Hanf-, Ramiegarn	12,0	10,71
Jute, Jutegarn	13,75	12,09
Natur- und Kunstseide	11,0	9,91

Die Nummer eines Garnes, das den normalen Feuchtigkeitsgehalt hat, nennt man „Handelsnummer"; ist der Feuchtigkeitsgehalt bei der Nummerbestimmung höher oder niedriger, so ist die ermittelte Längennummer zu niedrig bzw. zu hoch.

III. Wichtigste Spinnereizweige.

Die der Menschheit von der Natur gebotenen für die Textilindustrie brauchbaren Faserstoffe zeigen, wie schon in der Einleitung hervorgehoben worden ist, ganz verschiedene Eigenschaften der Einzelfasern in bezug auf die Länge, Feinheit, Kräuselung, Glätte, Geschmeidigkeit usw.; sie müssen deshalb auch einer durchaus verschiedenen mechanischen Behandlung zur Vorbereitung des eigentlichen Spinnverfahrens unterworfen werden. So mannigfaltig aber auch die Eigenschaften der Textilfasern sind, ihre Bearbeitung kann doch im allgemeinen nach gleichen Grundsätzen im Rahmen des auf S. 3 wiedergegebenen

Spinnplanes erfolgen. So können die Vorrichtungen zur Umwandlung eines Faserrohstoffes in ein Gespinst bei sämtlichen Spinnverfahren ganz allgemein in drei Bearbeitungsabschnitte gegliedert werden:
1. die Vorbereitung des Rohstoffes,
2. das Ordnen der Fasern zwecks Herstellung eines Grundkörpers für das Spinnverfahren,
3. das eigentliche Spinnen.

Die verschiedenen Spinnverfahren („Spinnen" im technologischen Sinn), so vielseitig sie je nach der Beschaffenheit des Rohstoffes und dem Verwendungszweck der daraus hergestellten Garne und in bezug auf die in den Spinnereien üblichen Maschinen sind, stimmen also in ihren Grundzügen durchaus überein und können auf gleiche technologische Verfahren zurückgeführt werden.

Bei der in den nächsten Abschnitten folgenden Darstellung der Verarbeitung der wichtigsten Faserstoffe zu Garn wird sich daher auch wiederholt Gelegenheit finden, auf die gemeinsamen Richtlinien für die Konstruktion und Anwendung der Spinnereimaschinen, die im einzelnen natürlich der Eigenart jedes Faserstoffes angepaßt sein müssen, hinzuweisen. Die Reihenfolge, in der die Faserarten besprochen werden, ergibt sich dabei aus ihrer wirtschaftlichen Bedeutung; ein kurzer Überblick über Vorkommen, Gewinnung usw. der Faserstoffe ist jedem Abschnitt vorangestellt.

A. Baumwolle.

Mit Baumwolle bezeichnet man die Samenhaare der Frucht einer Staudenpflanze, die in tropisch feuchtem Klima am besten gedeiht. Die wichtigsten Baumwollanbauländer sind die Vereinigten Staaten von Nordamerika, Ostindien und Ägypten. Die Baumwollfrucht bildet eine Kapsel, die bei der Reife aufspringt, wobei die an den Samenkernen hängenden langen Fasern in dicken Büscheln hervorquellen. Die Einzelfasern sind schwach gekräuselt, weisen vielfach korkzieherartig verlaufende Drehungen um die Längsachse auf und haben im reifen Zustand Längen von etwa 10—40 mm. Wie die Mikrophotographie (Abb. 45) zeigt, ist der Faserquerschnitt nicht etwa kreisförmig, sondern mehr oder weniger flachgedrückt, und der an der breitesten Stelle der Faser gemessene Durchmesser beträgt zwischen 12—40 μ; jede Faser stellt eine Einzelzelle dar, deren Zellwand den lufterfüllten Hohlraum (Lumen) umschließt (vgl. Abb. 45). Außer den technisch verwertbaren Langfasern sind die Samenkerne noch mit einer dichten, nur wenige Millimeter langen Grundwolle überzogen, die bei einigen nacktsamigen Arten aber fehlt. Die Länge, Färbung, Glätte und Geschmeidigkeit der Baumwollfasern sind je nach der Pflanzengattung und den besonderen Boden- und klimatischen Verhältnissen außerordentlich verschieden[1]. Die Handelssorten der Baumwolle werden eingeteilt nach dem Herkunftsland in mehrere große Gruppen, die wiederum zahlreiche Klassen enthalten; die Klasseneinteilung erfolgt im wesentlichen nach der mittleren Faserlänge (Stapel) — wobei allerdings nur die längeren Fasern berücksichtigt werden–, der Gleichmäßigkeit des Stapels, ferner nach der Stärke der Fasern, die nur geschätzt wird, nach der Färbung und dem häufigen Vorkommen von Flekken, sowie nach dem Grad der Verunreinigung durch Blatt- und Schalenreste, Sand und Staub. Die richtige Schätzung einer Baumwollsorte erfordert sehr große Übung und erfolgt am besten durch Vergleich mit anerkannten Mustern[3].

Abb. 45. Baumwollfasern[2]. Das einzelne Haar ist bandartig flach, stellenweise gefaltet und gedreht, an den Seiten wulstig begrenzt und an der Oberfläche rauh. — Vergr. 200.

Die einwandfreie Stapelmessung der Baumwolle und anderer Textilfasern für wissenschaftliche Zwecke erfolgt bisher nach Verfahren, die so zeitraubend sind, daß daran ihre praktische Verwendungsfähigkeit scheitert[4]. Nur die Herstellung von solchen Stapeldiagrammen er-

---

[1] Vgl. v. Wiesner: Die Rohstoffe des Pflanzenreiches, 4. Aufl. 1928.
[2] Nach Heermann: Enzyklopädie (1930).
[3] Johannsen, O.: Handbuch der Baumwollspinnerei. 1902.
[4] Müller, E.: Verfahren zur Bestimmung der mittleren Faserlänge in Gespinsten. Leipz. Mon. Schr. f. Text. 1894. — Frenzel, W.: Ebenda 1922. — Johannsen, O.: Ebenda 1914 u. 1916. — Schmidt, E.: Ebenda 1928. — Balls, W. L.: Studies of Quality in Cotton. London 1928. — Dr. Sommer: Die Bestimmung der mittleren Faserlänge und des Stapeldiagramms langfaseriger Gespinste. Mell. Text. Ber. 1929. — Matthes, M.: Vergleich sämtlicher Verfahren für die Wollstapelmessung. Diss. 1930.

möglicht aber die genaue Beurteilung einer Baumwollsorte nach wirklicher Faserlänge und Häufigkeit.

Die Handelssorten der Baumwolle können im allgemeinen keine große Gleichmäßigkeit haben, weil die in sog. Losen zusammengestellten Ballen Baumwolle aus verschiedenen Anbaugebieten enthalten, die deshalb nicht immer die gleichen Eigenschaften aufweisen kann. Die große Menge der nordamerikanischen Baumwollsorten (Uplands, Mobile o. dgl. Sorten) hat einen Stapel von 24—28 mm, weiße bis gelbliche oder grauweiße Farbe; die geringeren Sorten sind unrein und enthalten meistens viel unreife Fasern. Aus diesen Sorten spinnt man mittlere Garne von guter Festigkeit bis etwa $N_e = 40$. Nur vereinzelte Sorten, wie die Sea Island oder lange Georgia haben einen bedeutend längeren Stapel mit größten Faserlängen über 40 mm und eignen sich aus diesem Grunde und auch wegen ihrer Geschmeidigkeit und Gleichmäßigkeit hervorragend für feine hochwertige Garne ($N_e = 200$ und höher). Der Durchschnitt der ägyptischen Baumwollsorten hat ebenfalls einen guten Stapel, die Sakel (Sakellaridis) z. B. 38—42 mm; sie ist cremefarbig, während sehr viele ägyptische Sorten (Mako) bräunlich sind und

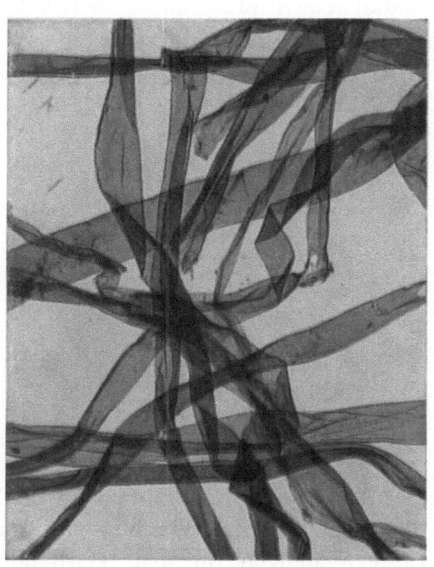

Abb. 46. Tote Baumwolle[1]. Auffallend dünnwandige Haare mit zahlreichen Faltungen. — Vergr. 200.

fast sämtlich einen seidigen Glanz haben. Es gibt aber auch rein weiße ägyptische Baumwolle (Abassi). Bei ägyptischer Baumwolle ist es besonders schwierig im Handel gleichmäßige, nicht mit geringeren Sorten gemischte Baumwolle zu erhalten. Unter den ostindischen Sorten gibt es nur wenige, die sich mit besseren nordamerikanischen vergleichen lassen, — die meisten haben einen wesentlich kürzeren Stapel (16—22 mm), sind ungleichmäßiger, härter und stark verunreinigt. Man benutzt deshalb ostindische Baumwolle meistens nur für gröbere Garne oder zur Mischung mit nordamerikanischen Sorten.

Der Preis der Baumwolle richtet sich nach dem Stapel und den anderen bereits aufgezählten Eigenschaften der Fasern. Für die Spinnbarkeit ist die Länge und Gleichmäßigkeit des Stapels von besonderer

---

[1] Nach Heermann: Enzyklopädie (1930).

Bedeutung, diese Eigenschaften sowie der Preis bestimmen deshalb die Verwendbarkeit einer jeden Sorte für einen bestimmten Verwendungszweck. Die Baumwolle hat unter allen Faserstoffen die mannigfaltigste Verwendung in der Textilindustrie gefunden, und die in den letzten Jahren immer noch steigenden Welternten haben bisher stetigen Absatz gefunden. Außerhalb der genannten drei größten Baumwolländer sind noch folgende wichtigere Anbaugebiete zu erwähnen: Rußland (Buchara), China, Südamerika (Brasilien, Peru), neben denen in neuerer Zeit besonders in West- und Ostafrika (ehemaliges Deutsch-Ostafrika) sowie im Sudan neue Anpflanzungsgebiete unter günstigen Bedingungen entstehen.

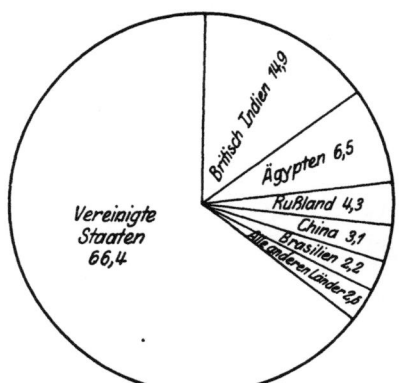

Abb. 47. Baumwollerzeugung der einzelnen Länder in vH der Welterzeugung

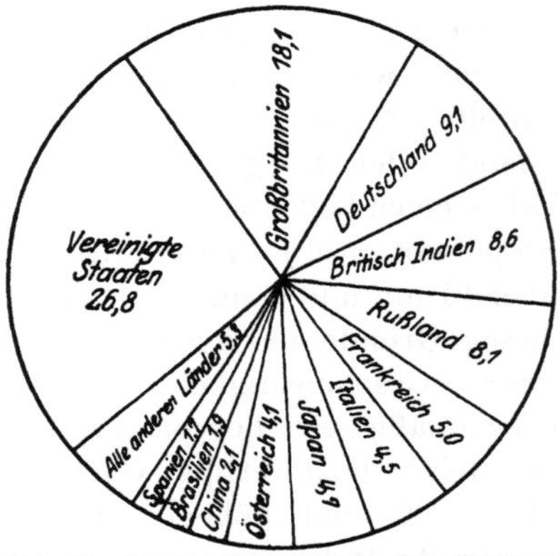

Abb. 48. Baumwolleverbrauch der einzelnen Länder in vH des Weltverbrauches.

Die Bedeutung dieser Länder für die Baumwollkultur tritt jedoch gegenüber den von den Vereinigten Staaten von Nordamerika gelieferten riesigen Mengen für den Welthandel noch ganz in den Hintergrund.

Die beiden Diagramme Abb. 47 und 48 zeigen Erzeugung und Verbrauch von Baumwolle in den einzelnen Ländern[1]. In der Erzeugung stehen die Vereinigten Staaten weit über allen anderen Ländern und haben ihren Anteil seit 1911 noch stark erhöht. Im Verbrauch von Baumwolle sind in den Nachkriegsjahren noch keine stetigen Verhältnisse eingetreten, so daß auch hierfür die Ziffern von 1911 angegeben sind. Die Weltspindelzahl ist seit dem Kriege um etwa 14 vH gestiegen, doch bietet sie keinen brauchbaren Maßstab für den Verbrauch, weil zahlreiche Baumwollspinnereien seitdem stark eingeschränkt arbeiten oder ganz stilliegen (namentlich in England, vorübergehend auch in Deutschland, USA. usw.). Die neu aufgestellten Spindeln fallen größtenteils auf Amerika, Indien, Japan und China.

Das Diagramm Abb. 49 zeigt ferner die Garnausbeute aus geernteter Baumwolle, die durchschnittlich nur 30—40 vH. beträgt; der

---

[1] Veröffentlichung des Reichskolonialamtes (1911).

Rest entfällt auf die Samenkerne, aus denen nach der Trennung von den anhaftenden Fasern das wertvolle Baumwollsamenöl gewonnen wird. Die Samenkerne werden bei der Ernte der Baumwolle zunächst zusammen mit den daranhängenden Faserbüscheln aus den aufgesprungenen Kaspeln herausgepflückt. Für diese sehr zeitraubende Arbeit sind zwar schon brauchbare Pflückmaschinen erfunden worden, sie wird aber trotzdem noch überwiegend mit der Hand ausgeführt, besonders aus dem Grunde, weil beim Ernten mit der Maschine zuviel Stengel- und Laubteile mit in die Baumwolle gelangen, deren restlose Entfernung auf den Reinigungsmaschinen in der Spinnerei Kosten und praktische Schwierigkeiten bereitet. Die geerntete Rohbaumwolle kommt zunächst zur Trennung der Fasern von den Kernen auf die Entkernungs- oder Egreniermaschine. Eine solche Maschine

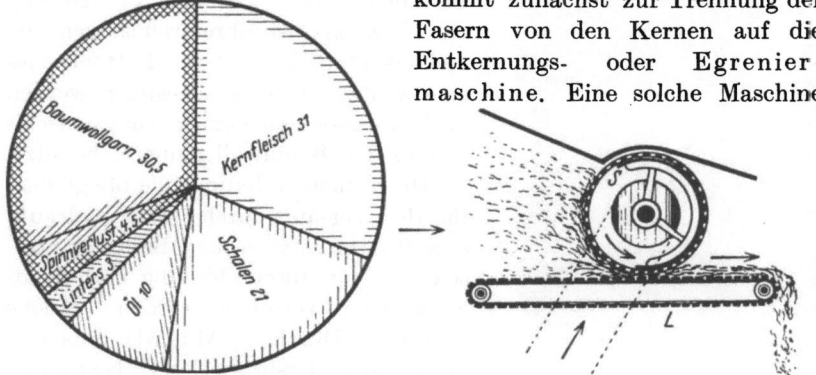

Abb. 49. Garnausbeute aus Rohbaumwolle.   Abb. 50. Abführeinrichtung mit Siebtrommel.

mit sägeartig gezahnten Scheiben, die danach Sägeegreniermaschine genannt wird, ist bereits auf Abb. 6/7 gezeigt und in ihrer Wirkungsweise beschrieben worden. Durch das etwas gewaltsame Abraufen der langen Fasern von den durch den Rost zurückgehaltenen Kernen kann bei diesen Maschinen leicht eine Schädigung der Fasern durch Knicken oder Zerreißen eintreten, weshalb sie trotz ihrer großen Leistungsfähigkeit nur für verhältnismäßig kurzstapelige Baumwollen benutzt werden. Für wertvollere langstapelige Sorten wird eine andere Bauart, die sog. Walzenegreniermaschine, der Sägeegreniermaschine vorgezogen. Bei dieser Maschine, die man namentlich in Ägypten, aber auch in Nordamerika für die langen Baumwollen findet, werden die Kerne und Schalenteilchen zwischen zwei Messern, einem feststehenden und einem auf- und abbewegten, von den Fasern abgestreift, ohne daß dabei die Fasern, die dann durch eine mit gerauhten Lederstreifen bezogene Walze von den Messern abgenommen werden, beschädigt werden. Die von den Entkernungsmaschinen gelieferte lose Baumwolle kann durch eine besondere Abführeinrichtung in der Ausführung wie Abb. 50 zeigt, in verdichteter gleichmäßiger Schicht aus der Maschine abgeführt werden. Ein Transportband L führt die Faserbüschel unter eine Siebtrommel S, an die die Fasern durch einen mit dem Innenraum der Siebtrommel in Verbindung stehenden Exhaustor angesaugt werden. Die sich langsam in der Fortbewegungsrichtung des Lattentuches drehende Trommel drückt die anhaftenden Faserbüschel auf dem Abführtuch zusammen und gibt sie dann frei, weil ein Schieber den nach außen liegenden Teil der Siebtrommel abdeckt, so daß hier keine Saugwirkung stattfindet. In gleichmäßig verdichteter Schicht führt das Lattentuch dann die Baumwolle der weiteren Bearbeitung zu. Derartige Abführeinrichtungen, die vielfach statt des unteren Lattentuches eine zweite Siebtrommel besitzen, werden auch an manchen Vorbereitungsmaschinen in der Baumwollspinnerei benutzt.

Die entkernte Baumwolle pflegt man für den Versand durch starke hydraulische Pressen in viereckige Ballen zu pressen, die mit Juteumhüllung und Bandeisenringen versehen werden. Solche Baumwollballen (Abb. 51) haben je nach dem Ursprungsland bestimmte Durchschnittsgewichte und Abmessungen; z. B. beträgt das Bruttogewicht bei Baumwollballen aus Nordamerika rund 500 engl. Pfd., bei Rundballen 250 Pfd., bei Ballen aus Ägypten, die besonders stark zusammengepreßt sind, 700 Pfd., aus Indien 400 Pfd. — Außer den beim Egrenieren gewonnenen verhältnismäßig langen Baumwollfasern bleiben an den Kernen noch ganz kurze Fasern hängen, die ebenfalls noch gewonnen werden können und in dünnen Wattestücken in den Handel kommen. Diese sog. Linters bilden einen sehr gesuchten Rohstoff z. B. für die Kunstseiden- und Schießwollherstellung, sowie als Polstermaterial und zur Watteherstellung; ihr Anteil an der Gesamtfaserausbeute schwankt je nach der Einstellung der Egreniermaschinen (vgl. Diagramm der Garnausbeute, Abb. 49).

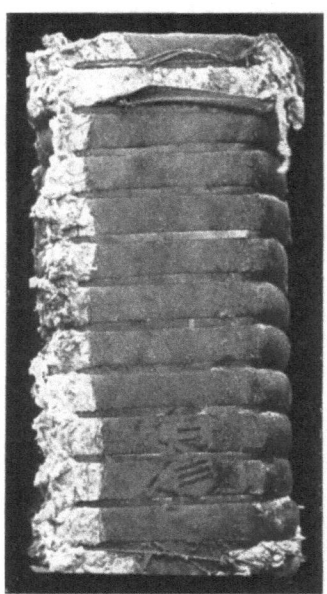

Abb. 51. Baumwollballen (ägyptischer Herkunft).

1. Baumwollspinnerei (Feinspinnerei).

Die Entkernung der Rohbaumwolle findet allgemein in den Ursprungsländern möglichst nahe bei den Baumwollpflanzungen oder auch in den Seehäfen statt, wobei zahlreiche Egreniermaschinen in größeren

Anstalten vereinigt sind, in denen die entkernte Baumwolle unter sehr hohem Druck zu Ballen gepreßt wird. In den Spinnereien kommt also die Baumwolle in stark gepreßtem Zustand an, und es gilt zunächst, sie wieder in lose flockige Form zu verwandeln. Da die Baumwolle in den Ballen schichtenweise eingebettet ist, kann sie leicht in ganzen Lagen von Hand abgenommen werden; die weitere Zerteilung und Auflockerung der großen Baumwollstücke erfolgt dann auf dem **Ballenbrecher**, auf dem gleichzeitig durch Übereinanderlegen von Schichten aus verschiedenen Ballen ein teilweises Mischen der Baumwolle zur Erzielung größerer Gleichmäßigkeit stattfinden kann.

Für diese Arbeit verwendete man früher allgemein den auf Abb. 52 dargestellten **Walzenballenbrecher**, bei dem mehrere Walzenpaare, die mit von Walze zu Walze zunehmender Umfangsgeschwindigkeit umlaufen, in einem Kasten hintereinander angeordnet sind. Die schichtweise abgelösten Baumwollfladen werden auf einem Lattentuch Z zugeführt und von der ersten Speisewalze erfaßt. Sämtliche Oberwalzen sind mit starken Stacheln besetzt und werden unter hohem Federdruck auf die geriffelten Unterwalzen gepreßt.

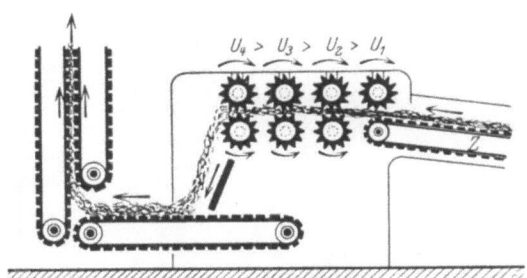

Abb. 52. Walzenballenbrecher.

Durch die zunehmende Walzengeschwindigkeit werden die Baumwollstücke zwischen den Walzenpaaren auseinandergerissen, so daß die Baumwolle in verhältnismäßig lockeren Büscheln den Ballenbrecher verläßt und auf Lattentüchern der weiteren Auflösung der Faserbüschel zugeführt werden kann. Abb. 52 deutet dabei an, wie die Baumwolle zwischen zwei parallel geführten Lattentüchern auch senkrecht hochgeführt werden kann. Mit einem solchen Ballenbrecher können 200—250 Ballen pro Woche verarbeitet werden.

Verbreiteter ist heute eine andere, schonendere Art der Auflösung von Baumwolle durch den **Kastenballenöffner** (Hopper Bale-Breaker), der wegen seiner die Fasern schonenden Arbeitsweise auch Ballenaufzupfer genannt wird. Statt der Riffelwalzenpaare wird hier zur Zerteilung der zusammengepreßten Baumwollstücke ein schräg aufsteigendes Spitzenlattentuch S (Abb. 53) verwendet, dem die schichtenweise aufgelegte Baumwolle mittels eines Bodenlattentuchs L oder durch einen Füllschacht, der unmittelbar auf dem Kasten sitzt, zugeführt wird. Das Nadelleistentuch S greift aus dem Baumwollvorrat mit den fast senkrecht stehenden spitzen Stiften einzelne Faserbüschel heraus und nimmt sie mit nach oben, wodurch bereits eine Zerteilung der größeren Baumwollklumpen erfolgt. Oberhalb der Umkehrstelle des Nadelleistentuches wird ein Teil der anhaftenden Faserschicht durch eine entgegenlaufende Flügelwalze a wieder zurückgestrichen, so daß nur eine gleichmäßig dicke Schicht weitergeführt und schließlich durch eine Abstreifwalze c von den Nadeln abgenommen und in einen Kasten oder auf ein Lattentuch geworfen wird. Zur Reinigung der Regulierwalze a von anhaftenden Faserbüscheln kann noch eine in entgegengesetzter Richtung umlaufende Flügelwalze b vorgesehen werden, die diese Fasern ebenfalls in den Vorratskasten zurückwirft. — Durch dieses Herauszupfen einzelner Faserbüschel aus dem

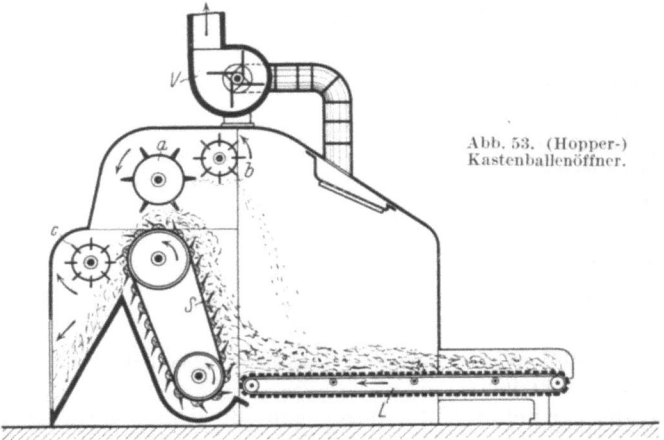

Abb. 53. (Hopper-) Kastenballenöffner.

großen Vorrat, die hochgehoben und zum Teil wieder zurückgeworfen werden, tritt eine vorzügliche Durchmischung der Baumwolle ein, sodaß bereits beim Ballenöffnen ein Ausgleich in der Rohstoffbeschaffenheit erzielt wird. Der Kraftbedarf der Maschine ist im Gegensatz zum Walzenballenbrecher sehr gering, und die Fasern erleiden keine unzulässig hohe Zugbeanspruchung. Gleichzeitig erreicht man auf dem Ballenöffner die Abscheidung von mitgeführtem Sand und Staub aus der Baumwolle; zu diesem Zweck ist auch auf dem Kasten ein Exhaustor V angebracht, der aus dem oberen Kastenraum den Staub absaugt und nach einem Staubabscheider drückt, während der Sand beim Aufzupfen der Faserbüschel in den unteren Kastenraum fällt. Die wöchentliche Leistung bekannter Bauarten beträgt 300—400 Ballen amerikanischer Baumwolle.

Auf diese Weise wird die Baumwolle durch den Ballenöffner in der Spinnerei in annähernd dieselbe lose, flockige Form zurückverwandelt, die sie nach der Ernte beim Verlassen der Egrenieranstalt gehabt hat.

Baumwollspinnerei (Feinspinnerei).

Daran anschließend beginnen die eigentlichen **Vorbereitungsarbeiten** der Spinnerei, die eine Reinigung und vollständige Auflösung der wirren Faserflocken bezwecken. Beim Pflücken der Baumwollbüschel aus den Samenkapseln sind Schalenteile, Blattreste und einzelne kleine Samenkörner mit daranhängenden Fasern mit in die geerntete Baumwolle gekommen; ferner hängt Sand und Staub an den Fasern, der teils bei der Ernte, teils beim Transport aufgenommen worden ist. Diese Fremdkörper müssen zunächst aus der aufgelockerten flockigen Baumwolle entfernt werden, was bei dem leichten Staub und den kleineren Fremdkörpern durch Absaugen gelingt, während die schwereren Schmutz- und Schalenteilchen usw. durch Ausschütteln oder Abstreichen von den leichten Fasern getrennt werden können. Zu einer wirksamen Durchführung dieser Reinigungsarbeit ist eine weitere Zerteilung oder Öffnung der Faserflocken erforderlich, weshalb man die dazu dienende erste Vorbereitungsmaschine der Baumwollspinnerei mit **Öffner** oder **Voröffner** bezeichnet. Die im Öffner oder mehreren solchen hintereinander angeordneten Maschinen gereinigten und zerteilten Baumwollflocken sind aber immer noch nicht von den fest anhaftenden Schalenteilchen gänzlich befreit, die durch die schnell umlaufenden Schlagschienen der **Schlagmaschine (Batteur)** abgestreift werden, wobei auch eine weitere Aufteilung von dickeren Faserflocken erfolgt. Zwei oder mehrere derartige Maschinen werden vielfach unmittelbar hintereinander stehend verwendet oder in einem Maschinengestell zu einer zusammengesetzten **Baumwollvorbereitungsmaschine** vereinigt, wie Abb. 54 veranschaulicht.

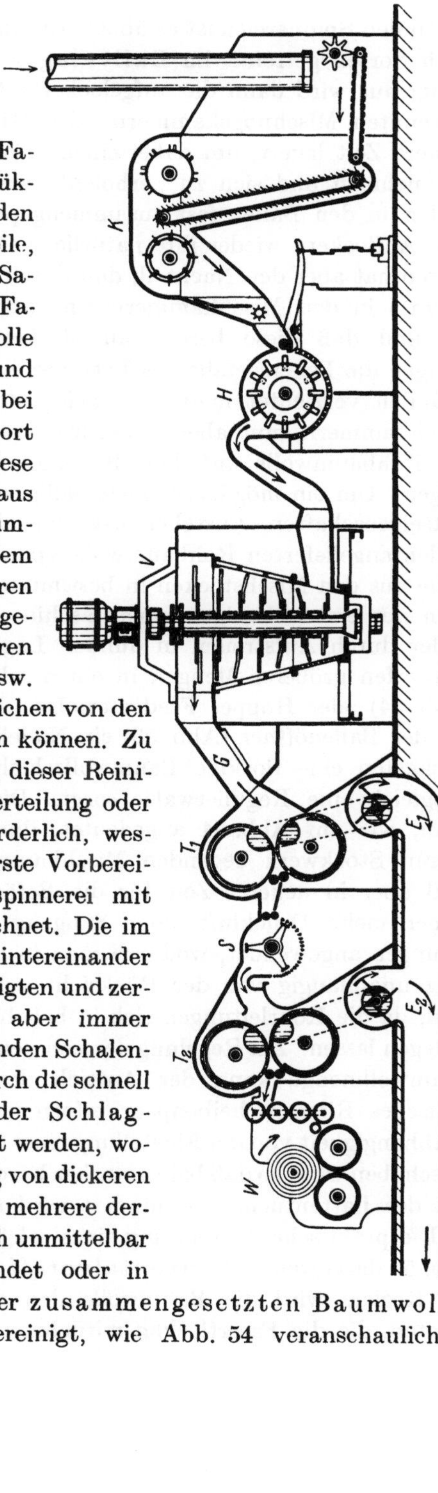

Abb. 54. Öffnersatz für Baumwolle.

In den Spinnereien ist es üblich, die angelieferte Baumwolle zunächst nach Sorten getrennt im Ballenlager zu stapeln. Von dem Ballenöffner aus wird dann die aufgelockerte Baumwolle in die nach Sorten getrennten Mischungskammern oder Mischstöcke gefördert, wo sie längere Zeit lagert, um dabei einen gleichmäßigen Feuchtigkeitsgehalt anzunehmen und sich zu „erholen", worunter man versteht, daß die vorher in den Ballen fest zusammengepreßten Faserbüschel nun nach dem Auflockern wieder ihre natürliche Gestalt annehmen. Dieses Verfahren hat aber den Nachteil, daß durch das Aufstapeln eines größeren Vorrats in den Mischkammern ein entsprechendes Kapital festgelegt ist, und daß diese bereits aufgelockerten lufttrockenen Baumwollmengen die Feuersgefahr des Betriebes wesentlich erhöhen. Aus diesen Gründen verzichtet man auch gelegentlich auf die Verwendung von Mischkammern, muß aber dann für eine besonders gute Durchmischung der Rohbaumwolle auf dem Ballenöffner oder dem Voröffner Sorge tragen. Um ein möglichst gleichmäßiges Garn mit bestimmten Festigkeitseigenschaften, Aussehen usw. aus der in Losen von 25, 50 usw. Ballen angelieferten Rohbaumwolle spinnen zu können, soll die Baumwolle aus den Mischstöcken in bestimmtem Verhältnis auf den Zuführtisch der ersten Vorbereitungsmaschine aufgegeben werden, was entweder durch Aufstreuen in dünnen Lagen von Hand oder durch das Einwerfen größerer Mengen in einen selbsttätigen Kastenspeiser K (Abb. 54) oder Hopper Feeder erfolgt. Der Kastenspeiser hat ähnlich wie der Ballenöffner (Abb. 53) ein Nadelleistentuch, das aus dem Vorratskasten eine flockige Baumwollschicht mit hochnimmt, für deren Ausgleich eine Regulierwalze sorgt. Die Füllung des Kastenspeisers kann, wie auf Abb. 54 angedeutet, durch ein Fallrohr von den im oberen Stockwerk liegenden Mischkammern aus bewirkt werden; es wird aber in neuerer Zeit für die Beförderung der losen Baumwolle immer mehr Druckluft oder Saugzug in geschlossenen Blechrohrleitungen angewendet, wodurch man in der Aufstellung der Maschinen ganz unabhängig von der Rücksicht auf die Höhenunterschiede usw. wird, da die Rohrleitungen sich in beliebiger Krümmung und Steigung verlegen lassen. Zur Regelung der von dem Kastenspeiser aufzugebenden Baumwollmenge kann der Antrieb des Nadelstabtuches durch ein konisches Riemenscheibenpaar erfolgen, bei dem der Antriebsriemen in Abhängigkeit von der Einstellung eines Speisereglers (vgl. Abb. 57—59) verschoben wird, so daß bei zu starker Förderung die Umlaufgeschwindigkeit des Lattentuches vermindert wird und umgekehrt.

Die praktische Anwendung eines solchen Speisereglers zeigt der auf Abb. 54 dargestellte Horizontalvoröffner H: durch die Tastenmulde des Reglers wird die Baumwolle den Schlagnasen des Öffners dargeboten, die die Faserflocken mitnehmen und beim Hinstreichen über

einen Rost aus Dreikantstäben von einem Teil der Schalen- und
Schmutzteilchen befreien. Die Baumwollflocken werden aus dem Voröffner durch die Saugwirkung eines Exhaustors E_1 durch einen Rohr-
kanal in den unteren Teil des Schleuder- oder Vertikalöffners V
befördert, der nach der Bauart von Crighton eine senkrechte Schläger-
welle und mehrere übereinander angeordnete Scheiben mit abgebogenen
kurzen Schlagplatten besitzt. Der Durchmesser dieser Nasenscheiben
nimmt von unten nach oben zu, und der ganze ,,Flügel" ist von einem
kegelförmigen Rost umgeben. Die Baumwollflocken werden durch die
umlaufenden Schlagarme mit zunehmender Geschwindigkeit nach oben
getrieben und empfangen dabei immer erneute Schläge, durch die sie
zerteilt und von anhaftenden Unreinigkeiten befreit werden. Die
schwereren Fremdkörper werden durch die Spalten des Rostes, an
dessen Kanten die aufgelöste Fasermenge vorbeigetrieben wird, infolge
der Fliehkraft ausgeschleudert und gelangen auf den Boden des den
ganzen Öffner umgebenden Kastens. Am unteren Teil der Kastenwand
sind noch regelbare Luftklappen vorgesehen, durch die von außen Luft
angesaugt und dadurch das Hochsteigen der Baumwollflocken beschleunigt wird. Diese Schleuderöffner haben den Vorteil, daß die
Reinigung der Fasern von Fremdkörpern und die Auflösung der Faserbüschel in möglichst schonender Weise vor sich geht, weil die Zuführung
zu der Flügelwelle in losen Flocken erfolgt, während bei den Trommelöffnern nach Bauart H die Fasern aus der von der Speisevorrichtung
zugeführten Schicht durch die Schlagnasen oder Stifte herausgerissen
werden. Ebenso schonend ist die Bearbeitung der Fasern auf dem Flug
durch den kegelförmigen Vertikalöffner, wo zwischen Flügel und Rost
genügend Spielraum zum Ausweichen der Fasern bleibt; die Faserflocken bleiben auch verhältnismäßig lange schwebend in dem Kegelöffner, so daß die Reinigungsarbeit viel gründlicher erfolgen kann als
in dem Trommelöffner, wo die Fasern von den Schlagnasen getrieben
den Öffner sehr schnell wieder verlassen. Solche Schleuderöffner können
deshalb auch zu zweit hintereinander bei unreiner Baumwolle verwendet werden, ohne daß dadurch die Fasern merkbar geschädigt
werden. Wird ein Kegelöffner alleinstehend angewendet, so wird die
Abführeinrichtung nach dem Vorbilde Abb. 50 mit Siebtrommel und
Lattentuch ausgeführt, wobei dann die Baumwolle am Ende des Lattentuches frei herunterfällt. Bei einem Doppelöffner, der z. B. auch in der
Baumwollgrobspinnerei für stark verunreinigte indische und nordamerikanische Baumwollen benutzt wird, wird der Auswurfkanal des
ersten Öffners stark abfallend in den unteren Teil des zweiten Kegel-
öffners geführt, der dann die beschriebene Abführeinrichtung besitzt.

Die aufgelockerte und gereinigte Baumwolle gelangt in einen
Gitterkasten G, dessen Boden zum Teil aus einem Rost zur weiteren

Ausscheidung von schwereren Fremdkörpern besteht. Ein solcher Kanalrost in der Ausführung nach Abb. 55/56 kann auch an irgendeiner anderen Stelle in die Baumwollförderleitung, z. B. zwischen Ballenbrecher und Voröffner eingeschaltet sein und ermöglicht die selbsttätige Abscheidung der von den Fasern mitgeführten Verunreinigungen, die durch den schräggestellten Rost R in den darunter befindlichen aufklappbaren Kasten K fallen. Mit der Länge dieser Kanalroste nimmt ihre Reinigungswirkung zu; sie können, ohne viel Raum zu beanspruchen, auf dem Boden oder an einer Wand des Fabrikraumes aufgestellt werden. Die Wirkung des Siebtrommelpaares T_1 ist bereits bei Abb. 50 beschrieben worden; sie saugen die losen Flocken an und befördern sie in einer zusammenhängenden Schicht zu der nun folgenden einfachen Schlagmaschine S. Dabei wird von den Siebtrommeln aus der Fasermasse der Staub, leichte Schmutzteilchen und kurze Fasern mittels des Exhaustors E_1 abgesaugt und durch einen Staubkanal abgeführt.

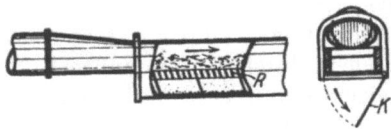

Abb. 55 u. 56. Kanalrost oder Gitterkasten.

Die Schlagmaschine wird ebenfalls nur mittels eines Walzenpaares gespeist, da eine Regelung der zuzuführenden Baumwollmenge bei dieser kombinierten Vorbereitungsmaschine bereits vor dem Voröffner H erfolgt ist. Wird dagegen die Schlagmaschine selbständig oder in zwei Einheiten hintereinander als Doppelschlagmaschine benutzt, so würde sie zur Erzielung eines gleichmäßigen Wickels mit einem Speiseregler nach Abb. 57—59 versehen werden müssen. Der Schlagflügel des Batteurs S hat zwei oder drei Schienen mit scharfen Schlagkanten, die dazu dienen, die von den Speisewalzen vorgeschobenen Faserschlingen oder Flocken von der Mulde oder unteren Walze abzuschlagen und in außerordentlich schnellem Umlauf über den zylindrischen Stabrost hinwegzutreiben. Durch langsame Umdrehung der Speisewalzen wird immer neues Fasermaterial nachgeliefert, aber die Umlaufzahl der Schlagwelle ist im Verhältnis zu diesem Vorschub der Faserschicht so groß, daß auf 1 cm Faserlänge etwa 5—20 Schläge der Schlagschienen fallen. Dieser starken Beanspruchung kann man die Fasern aussetzen, weil sie in dem Spalt zwischen den Kanten der Schlagleisten und der Speisemulde oder unteren Walze noch genügend Raum haben, um elastisch auszuweichen. Die Form der Speisemulde bzw. der Abstand vom Schlagflügel muß aber der jeweiligen Stapellänge der Baumwolle genau angepaßt sein, damit kein Zerreißen von längeren Fasern eintreten kann. Mit dem Schlagflügel, der bei 2 Schienen mit 1200—1500 Umdrehungen in der Minute bei lang- bzw. kurzstapeliger Baumwolle umlaufen soll, und dem dadurch erzeugten Luftstrom fliegen die losgeschlagenen Faserflocken an dem aus Dreikantstäben gebildeten Rost vorbei, dessen Spaltweite und Abstand von dem Schlagflügel genau einstellbar sein muß, damit ein möglichst vollkommenes Ausscheiden von Schalenresten usw. unter gleichzeitiger Schonung der Fasern und Vermeidung von Faserverlusten erreicht wird. Der Rost soll den Schlagflügel auf einem möglichst großen Teil seines Umfanges umgeben, damit eine gute Reinigung möglich ist. Bei selbständiger Verwendung der Schlagmaschine werden oft zwei Maschinen mit zwischenliegenden Siebtrommeln hintereinander in einem Gestell vereinigt, wobei man diese als **Vorbatteur**, eine weitere einfache Schlagmaschine als **Ausbatteur** oder **Wickelmaschine** bezeichnet.

Die von dem Schlagflügel des Batteurs zerteilten Flocken werden nach Abb. 54 wiederum durch ein Siebtrommelpaar verdichtet und zwischen 2 Speisewalzen einem **Wickelapparat** W zugeführt, auf dem die beim Durchlauf zwischen 4 Druckwalzen noch mehr verdichtete Baumwolle um eine Wickelstange in gleichmäßig dicker Schicht aufgerollt wird. Dieser Wattewickel muß sowohl in der Länge als auch in der Breite eine möglichst gleichmäßige Dicke besitzen, weil von der Wickelnummer ausgehend der genaue Spinnplan mit allen Verzügen und Dopplungen bis zum Feingarn aufgestellt wird, so daß durch Ungleichmäßigkeiten in der Wickelstärke die Nummer des fertigen Garnes beeinflußt wird. Deshalb sucht man die letzte Schlagmaschine gleichzeitig zur Vergleichmäßigung der Watte durch ein Doppeln der von der vorhergehenden Maschine gelieferten Wickel mit auszunutzen. Zu diesem Zwecke werden 4 Wickel hintereinander auf das Lattentuch des Ausbatteurs aufgelegt, so daß die 4 Schichten übereinandergeführt von den Einzugswalzen zusammen erfaßt und von dem Schlagflügel wieder in flockiger Form gebracht werden. Durch Siebtrommeln erfolgt die erneute Vereinigung zu einer zusammenhängenden Faserschicht und auf dem Wickelapparat die Bildung eines Wickels, dem man dadurch dieselbe Nummer wie den vorgelegten Einzelwickeln gibt, daß auf der Maschine ein vierfacher Verzug erteilt wird. Der Wickel von dieser letzten Schlagmaschine soll dabei genau die Breite haben, die der Arbeitsbreite der dann folgenden Krempel entspricht; üblich sind Breiten von (36″) 41″, 45″ (50″).

Bei der Berechnung des Verzuges auf der letzten Schlagmaschine muß ebenso wie in der Folge bei den anderen Vorbereitungs- und Spinnmaschinen selbst der während der Bearbeitung entstehende Verlust an Fasermaterial und unter Umständen auch der Riemenschlupf beim Antrieb mit berücksichtigt werden, indem das Verhältnis der Umfangsgeschwindigkeit der abliefernden Wickelwalze zu derjenigen der Speisewalze entsprechend kleiner sein muß als der gewünschte Gesamtverzug. Die Nummer der von einer Schlagmaschine gelieferten Watte wird dann durch diejenige Wickellänge bestimmt, die auf die Gewichtseinheit geht, da die Wickelbreite bei jeder Maschine eine Konstante ist. Um stets derartige Wickel von gleicher Länge der Wattenschicht zu erhalten, wird das Wickelwerk mit einer selbsttätigen Abstellvorrichtung versehen, durch die bei Erreichung des richtigen Wickeldurchmessers die Kalanderwalzen stillgesetzt und auch die Siebtrommeln und der Speisezylinder der Schlagmaschine ausgerückt werden, so daß nur der Schlagflügel und die Wickelwalzen noch im Umlauf bleiben.

Auf die Bedeutung eines möglichst gleichmäßigen Schlagmaschinenwickels für die Einhaltung einer und derselben Spinnummer ist schon

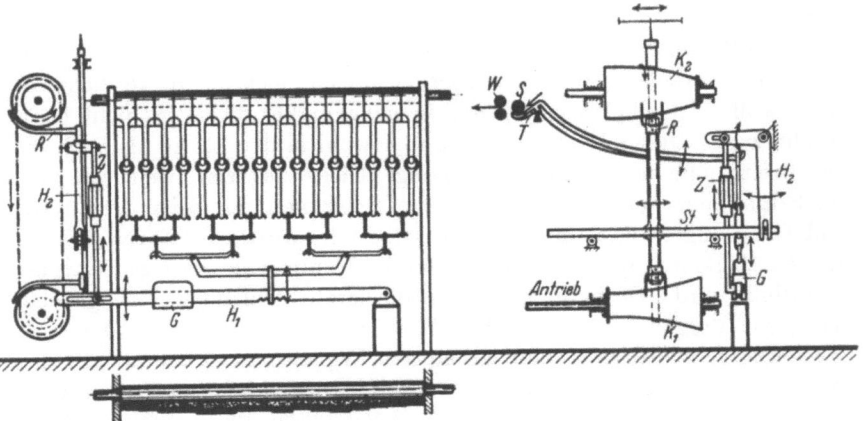

Abb 57 bis 59. Tastenmulde oder Speiseregler.

hingewiesen worden. Durch den Speiseregler (Abb. 57—59) hat man ein Mittel gefunden, die Zufuhrgeschwindigkeit der Speisewalze durch die wechselnde Schichtdicke so zu beeinflussen, daß die Schlagmaschine in der Zeiteinheit annähernd gleiche Mengen Baumwolle zugeführt erhält, so daß daraus eine Watte von gleichmäßiger Dichte gebildet werden kann. Diese Speiseeinrichtung besteht aus einer oberen Speisewalze S und einer darunterliegenden Tastenmulde T, die durch mehrere dicht nebeneinanderliegende „Pedale" oder „Pianohebel" (Abb. 57—59) gebildet wird. Der von der durchgezogenen Baumwolle veranlaßte mehr oder weniger große Ausschlag der einzelnen Pianohebel T wird nun durch ein Hebelwerk oder durch über Rollen geleitete Seilzüge auf einen gemeinsamen Gewichtshebel H_1 übertragen, der mittels einer in ihrer Länge einstellbaren Zugstange Z und eines Winkelhebels H_2 die auf Rollen gelagerte Stange St und mit ihr die doppelte Riemengabel R verschiebt. Der von der Riemengabel geführte Riemen überträgt von der unteren konischen Riemenscheibe K_1, die mit konstanter Drehzahl angetrieben wird, die Umdrehung auf die obere, entgegengesetzt konisch gestaltete Riemenscheibe K_2, von der aus der Speisezylinder angetrieben wird. Die Drehzahl des Speisezylinders ist also abhängig von der Stellung der Pedalhebel dergestalt, daß bei zu dicker Faserschicht durch größeren Ausschlag der Pedale der Riemen auf Abb. 58 nach links hin verschoben wird, wo die treibende Konoidenscheibe kleineren Durchmesser hat; dadurch verlangsamt sich die Drehzahl des Speisezylinders S, so daß die dem Schlagflügel in der Zeiteinheit zugeführte Baumwollmenge wieder geringer wird. Umgekehrt arbeitet der Speiseregler bei zu dünner Faserschicht zwischen Tastenmulde und Speisewalze im Sinne einer Beschleunigung der Baumwollzufuhr; durch diese Einrichtung kann also eine gleichmäßige Stärke der gelieferten Wickelschicht erzielt werden. — Wie auf Abb. 58 angedeutet ist, wird bei langstapeliger Baumwolle außer dem Speisezylinder noch ein zweites Walzenpaar W vorgesehen, wodurch man verhindert, daß die von den umlaufenden Schlagschienen ausgeübten Schläge die Stellung der Tastenmulde und damit die Regelung beeinflussen können.

Derartige Speiseregler werden z. B. auch an Trommelöffnern verwendet, wie Abb. 54 zeigt, wo dieser Horizontalöffner die erste Maschine hinter dem Kastenspeiser bei einer zusammengesetzten Baumwollvorbereitungsmaschine ist. Kastenspeiser, Voröffner, Horizontal- und Vertikalöffner sowie Schlagmaschine können auf verschiedene Art zu einer Gruppe vereinigt werden, ohne daß allgemeingültige Regeln für die Art und Weise derartiger Maschinenzusammenstellungen gegeben werden könnten. Als Grundsatz gilt jedoch stets, daß unter Verwendung von möglichst wenig Raum, Kraft und Kapitalaufwand beanspruchenden Maschinen eine wirksame und weitgehende Aufteilung der Faserklumpen in lose Einzelflocken und gleichzeitige Reinigung von anhaftenden oder beigemischten Fremdkörpern unter größter Schonung der Fasern selbst erfolgen soll. Je nach dem Grade der Verunreinigung der Baumwolle, nach der Faserfeinheit und -länge und je nach dem Verwendungszweck des daraus zu spinnenden Garnes können deshalb die Vorbereitungsmaschinen auf die mannigfaltigste Art zusammengestellt werden.

Eine für die Reinigung und Auflockerung der Baumwolle besonders brauchbare Maschine, die meistens in Verbindung mit einer einfachen Schlagmaschine verwendet wird, ist ferner der Saugöffner, der in einer neuen Bauart auf Abb. 60 gezeigt ist. Durch zwei kräftige Exhaustoren wird die in der Rohrleitung L zugeführte Baumwolle gleichmäßig auf die ganze Breite der langsam umlaufenden Siebtrommel T angesaugt und verteilt, wobei die Saugwirkung durch Ansaugen von

Nebenluft mittels der Regulierklappe K von Hand geregelt werden kann. Ein Walzenpaar W_1 nimmt die Faserflocken von der Siebtrommel ab, und durch ein zweites Walzenpaar W_2 erfolgt die Speisung der Schlagtrommel N, die eine Anzahl mit gegeneinander versetzten Stahlnasen versehene Scheiben trägt. Die Reinigungswirkung des die Trommel auf fast drei Viertel ihres Umfanges umgebenden Stabrostes ist außerordentlich groß, und zwar sind es hauptsächlich Sand, Schalenreste und andere schwerere Fremdkörper, die durch die Rostspalten ausgeschleudert werden, während der leichte Staub beim Ansaugen der den Schlagraum verlassenden Baumwollflocken an die Siebtrommeln S_1, S_2 durch den Exhaustor V_2 entfernt wird. Die gereinigte Baumwolle wird durch ein Lattentuch L ausgeworfen

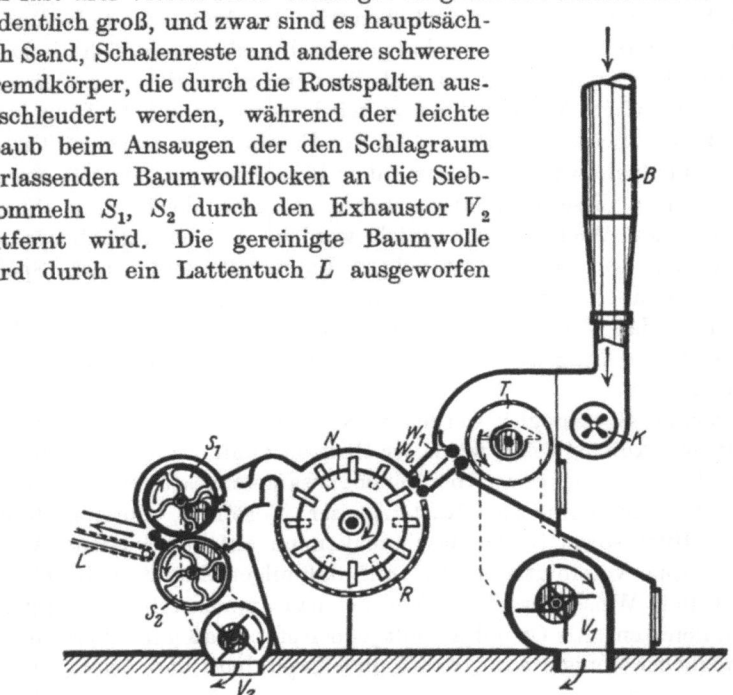

Abb. 60. Saugöffner[1].

oder unmittelbar einer Schlagmaschine mit Wickelwerk zugeführt; bei einer solchen Maschinenzusammenstellung können die erhaltenen Wickel dank ihrer Gleichmäßigkeit unmittelbar der Krempel vorgelegt werden.

Die Vorbereitung der Baumwolle bis zur Krempelei vollzieht sich in der Feinspinnerei und in der Grobspinnerei nach denselben Verfahren unter Verwendung gleicher Maschinen, wenn auch in verschiedener Zusammenstellung. Mit der Bildung eines Vorgespinstes oder Vorgarnes aus dem Krempelvlies scheiden sich aber beide Verfahren in ein solches für feinere Garne, die durch oft wiederholtes Verziehen des Krempelbandes unter gleichzeitigem Doppeln, zuletzt unter

---

[1] Bauart Dobson & Barlow Ltd.

Drehungserteilung gesponnen werden, und ein anderes für gröbere Garne, bei dem die Vorgarnfäden durch Unterteilung des Krempelflores in schmale Bänder, die durch Nitscheln gerundet werden, entstehen. Das sog. Zweizylindergarn wird bei letzterem Verfahren in einem Arbeitsgang auf der Spinnmaschine unter geringem Verzug aus dem Vorgarn gesponnen.

Die von der Schlagmaschine gelieferten Wickel enthalten die Baumwollfasern noch in dichten Flocken, die wirr zusammenhängen; für die Bildung des Vorgespinstes ist aber eine möglichst gleichmäßige, gestreckte Faserlage erforderlich. Deshalb muß zwischen die Vorspinnerei und die Schlägerei noch die Krempel eingeschaltet werden, die die Flocken fein zerteilt, die Fasern in eine gleichmäßige Lage und Verteilung im Vlies bringt und noch anhaftende Schalenteilchen sowie ganz kurze Fasern und Faserknoten ausscheidet.

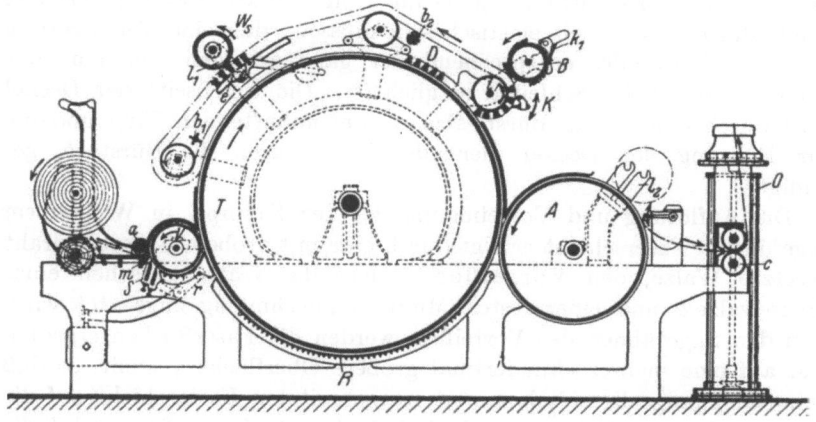

Abb. 61. Wanderdeckelkrempel.

In der Baumwollfeinspinnerei wird heute allgemein die Wanderdeckelkrempel oder kurz Deckelkrempel nach dem Schema in Abb. 61 benutzt. Der Vorgang des Krempelns einer Faserschicht zwischen zwei Kratzenbeschlägen ist bereits auf S. 9ff. ausführlich besprochen worden; auf der Baumwollkrempel vollzieht sich dieser Vorgang mehrere Male hintereinander: Die mit Kratzenband bezogene Haupttrommel (Tambour) T ist an ihrem oberen Umfang von Deckeln D mit entgegenstehenden Kratzenhäkchen nach dem Vorbilde Abb. 14 umgeben. Diese Deckel nehmen in der früher beschriebenen Weise beim Durchziehen der Faserflocken zwischen Trommel und Deckelbezug kurze Fasern usw. auf und müssen deshalb ab und zu gereinigt werden, damit sie ihre Aufnahmefähigkeit und Wirksamkeit behalten. Die Deckel sind deshalb zu einer endlosen Kette vereinigt, die langsam an dem Trommelumfang hin und dann umkehrend wieder an den Ausgangspunkt zurückgeführt werden. Die endlose Deckelkette wird von dem Kettenrad i von der Trommel weggeführt und an dieser Stelle durch einen schwingenden Kamm von den in den Kratzenhäkchen hängengebliebenen kurzen Fasern, dem Deckelausputz, befreit. Die tiefer in den Kratzen sitzenden Fremdkörper werden dann noch durch eine Bürstwalze B entfernt und an einem feststehenden Drahtkamm abgestreift. Die Laufrichtung der Deckelkette ist im allgemeinen der Drehrichtung der Trommel gleich, wobei die frisch gereinigten Deckel zuerst zusammen mit dem Trommelbeschlag in Wirksamkeit treten; an dieser Stelle haben die Deckel noch einen etwas weiteren Abstand von den Häkchenspitzen der Trommel, der sich dann bis zum Ende der Deckelaufbahn zur Steigerung der Wirkung der Kratzen bis auf etwa 0,15 mm verringert. Die Führung der Kratzendeckel um den Trommelumfang herum erfolgt auf kreisförmig gebogenen Gleitbahnen, die soweit elastisch sein müssen, daß eine Verringerung des Deckelabstandes entsprechend der ganz geringen Abnahme der Häkchenlänge beim Schleifen möglich ist. Die Innenseite der Deckel wird durch eine kleine Bürstwalze b_1 vom anhaftenden Flug und die zur Führung der Deckel dienende Kette durch die Bürste b_2 gereinigt.

Die Auflösung und Vorreinigung der der Krempel in Wickelform zugeführten Faserschicht erfolgt durch eine mit grobem Sägezahndraht besetzte Walze, den Vorreißer V, dem die Watte zwischen einer Speisewalze a und einer festen Mulde m gleichmäßig zugeleitet wird. Von den Sägezähnen des Vorreißers werden die Faserflocken ergriffen und auf eine mehrere hundertmal größere Oberfläche verteilt, so daß beim Übergang dieser schon weit ausgebreiteten Faserschicht auf die mit noch höherer Umfangsgeschwindigkeit umlaufende Trommel T die Faserschleifen oder Büschel von dem feinen Kratzenbezug des Tambours ohne Schädigung der Fasern sicher erfaßt werden können. Die grobe Vorreinigung auf der Vorreißwalze V besorgen einige unterhalb der Speisemulde m angeordnete Messer S, an deren Kanten die Samenkerne und gröberen Schalen- und Stengelteile abgestreift oder wenigstens zerdrückt werden, so daß sie zusammen mit anderen Verunreinigungen dann durch den dahinterliegenden Rost r ausgeschieden werden können. Die Einstellung der Messerkanten und der Roststäbe zu den Vorreißerzähnen muß dabei so erfolgen, daß eine wirksame Ausscheidung der Fremdkörper ohne größeren Faserverlust gewährleistet ist, was durch dauernde Überwachung des sich im Kasten unterhalb des Vorreißers ansammelnden Abfalles festgestellt werden kann. In gleicher Weise ist der untere Teil der Haupttrommel T durch einen Rost R umgeben, durch dessen enge Spalten kleinere Schmutzteile, aber keine Fasern ausgeworfen werden können. Die auf der Haupttrommel beim Vorbeistreichen an den dicht nebeneinander liegenden Deckel n immer ausgeglichene und durch Auflösung der Faserflocken feiner verteilte und von kurzen Fasern und Knötchen befreite Faserschicht wird von dem dahinterliegenden mit wesentlich geringerer Umfangsgeschwindigkeit laufenden **Abnehmer** (Doffer, Peigneur) A, der entgegengesetzt gerichtete Kratzen und an der Berührungsstelle gleiche Drehrichtung hat wie die Trommel, aufgenommen und dabei wegen der geringeren Umfangsgeschwindigkeit verdichtet, so daß die Abnahme dieses dichteren Faserflores durch den Hacker H nach Vorbild Abb. 21/22 keine Schwierigkeiten bereitet.

Das vom Hacker H abgezogene Vlies wird mittels eines Walzenpaares c und eines davorliegenden Trichters t zu einem runden Band geformt und dem **Bandsammeltopf** oder **Drehtopf** O (vgl. Abb. 62—64) zugeleitet, durch dessen mit einer trichterförmigen Öffnung versehenen Deckel D das Band B zu einem Einzugswalzenpaar W gelangt; wie Abb. 63 zeigt, wird die eine dieser Walzen durch ein Kegelräderpaar angetrieben, die andere dagegen ist schwenkbar gelagert und wird mittels einer Feder an die erste Walze angepreßt.

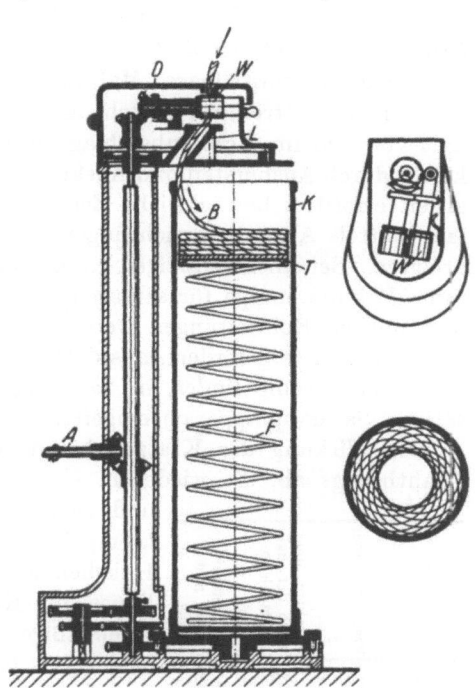

Abb. 62 bis 64. Drehtopf.

Unter dem Walzenpaar W kreist ein Bandführer L, während sich der Topf K selbst in entgegengesetzter Richtung dreht, so daß sich das Band in zykloidenförmigen Windungen in die Spinnkanne einlegt. Durch den umlaufenden Deckel L werden die losen Bandwindungen solange in den Topf hineingedrückt, bis eine bestimmte Bandlänge aufgesammelt ist. Für eine dichte Schichtung der Bandlagen sorgt der im Topf von einer Schraubenfeder F getragene Teller T, weshalb die ganze Einrichtung auch **Preßtopf** genannt wird.

Die Kratzenbeschläge der Krempelwalzen und der Deckel nutzen sich mit der Zeit ab, so daß die Drahthäkchen die Faserflocken nicht mehr so gut erfassen und festhalten können, wodurch die beabsichtigte Krempelwirkung beeinträchtigt wird. Aus diesem Grunde müssen die Kratzen öfters nachgeschliffen werden, was mittels Schleifwalzen erfolgt, die mit Schmirgelband überzogen sind. Für das Schleifen der Trommel- und Abnehmerbeschläge sind deshalb an neueren Krempeln besondere Lagerböcke l_1, l_2 (Abb. 61) angebracht, in die die Schleifwalzen eingelegt werden können. Das Schleifen der Deckel erfordert aber besondere Maßnahmen, damit sämtliche Deckelbezüge auf genau gleiche Länge und unter gleichem Winkel angeschliffen werden; die Deckel werden deshalb beim Schleifen über feste Führungsstücke e (Abb. 61) geleitet, so daß die Schmirgelwalze W_s die Drahthäkchen auf ein genau einstellbares Maß abschleift. Außerdem ist es erforderlich, die Haupttrommel sowohl als auch den Abnehmer von Zeit zu Zeit von den im Kratzenbeschlag festsitzenden Fasern und Unreinigkeiten durch Ausbürsten und Auskratzen zu befreien. Diese Reinigungsarbeit erfordert beträchtliche Zeit und wird deshalb neuerdings vielfach mittels Absaugevorrichtungen bewirkt, die unter hohem Vakuum arbeiten. Bei einer derartigen Kardenausstoßanlage[1] wird eine gemeinsame Vakuumpumpe für sämtliche Krempeln einer Spinnerei benutzt, und mittels Rohrleitungen werden die abgesaugten Abfälle in einen Sammelbehälter gefördert, aus dem der Abfall, der in Grobspinnereien noch Verwendung findet, in Säcke (gegebenenfalls mit einem selbsttätigen Sackstopfapparat) eingefüllt werden kann.

Die Wirkung der Kratzen hängt wesentlich von der Dichte des Drahtbezugs ab, die wiederum von der Drahtstärke beeinflußt wird und sich nach den Eigenschaften der zu krempelnden Baumwolle richten soll. Die Häkchen können auf verschiedene Art und Weise im Kratzentuch verteilt sein; ihre regelmäßige Anordnung nennt man Stich oder Satz (vgl. Abb. 25). Nach der Dichte und der Feinheit der Drahthäkchen hat man Nummerungsarten festgelegt, die englische und die französische Kratzennumerierung, deren Verhältnis zu der Drahtnummer nach der englischen Drahtlehre, bzw. in Millimeter die nebenstehende Zusammenstellung zeigt.

Engl. Nummer	Franz. Nummer	Drahtnummer nach der engl. Drahtlehre	Drahtstärke in mm
70	16	28	0,39
80	18	29	0,36
90	20	30	0,33
100	22	31	0,31
110	24	32	0,28
120	26	33	0,26
130	28	34	0,24
140	30	35	0,22
150	32	36	0,20

Die Garnituren werden je nach der zu verarbeitenden Baumwolle mehr oder weniger dicht, bzw. fein gewählt und haben nach der englischen Numerierung normal etwa folgende Feinheit:

---

[1] Bauart Siemens-Schuckert-Werke A.-G. Vgl. Lüdicke, A.: Spinnerei (1927).

Baumwollsorte	Trommel	Abnehmer	Deckel
Ostindische, mittlere	80	90	70
„ bessere	90	100	80
Amerikanische, mittlere . . .	100	110	100
„ bessere . . .	110	120	110
Ägyptische, gewöhnliche . .	110	120	110
„ bessere	120	130	120

Die Krempel wird, wie gezeigt wurde, mit einer in Wickelform vorgelegten Watte gespeist, aus der durch den Krempelvorgang ein Band gebildet wird; dabei entsteht ein sog. Verzug, d. h. eine Verfeinerung des behandelten Faserkörpers. Nun kann man der vorgelegten Watte sowohl als auch dem abgelieferten Baumwollband eine auf dem Gewicht ihrer Längeneinheit beruhende Nummer geben. Das Verhältnis der beiden Nummern (Eingangs- bzw. Lieferungsnummer) gibt einen Maßstab für den auf der Krempel erteilten Verzug, der sich andererseits auch aus dem Verhältnis der Umfangsgeschwindigkeit der Speisewalze zu derjenigen des Abzugswalzenpaares berechnen läßt. Um die Größe dieses Verzuges nach Bedarf ändern zu können, sind im Getriebe der Krempel Wechselräder vorgesehen, durch deren Auswechslung die Geschwindigkeit der Einzugswalzen usw. geändert werden kann. Der praktisch erteilte Verzug auf der Wanderdeckelkrempel liegt zwischen 80 bei kurzstapeliger Baumwolle bzw. gröberen Garnen und 120 bei feinen Garnen aus langer Baumwolle. Es sei noch darauf hingewiesen, daß auch bei der Krempel ebenso wie bei der Schlagmaschine der Faserverlust durch „Abgang" während des Krempelns berücksichtigt werden muß: man hat deshalb das Gewicht des vorgelegten Wickels um einen bestimmten Prozentsatz (4—6 vH) zu vergrößern, um ein Band von vorgeschriebener Nummer zu erhalten.

Die Deckelkrempel wird in der Regel in der Baumwollspinnerei nur einmal von dem Faserstoff durchlaufen, und nur, wenn besondere Ansprüche an die Reinheit und Gleichmäßigkeit des zu liefernden Garnes gestellt werden, wird zweimal kardiert. Man läßt dann die Krempelbänder von einer größeren Anzahl Abzügen nach mehrfachem Doppeln auf einer Banddoppelungsmaschine wieder zu einem Wickel vereinigen und durch eine zweite Deckelkrempel laufen, die dann Nachkrempel genannt wird. Diese Dubliermaschine ist so eingerichtet, daß sie die Lunten aus 20—60 Kannen gleichzeitig entnimmt und nach Durchlaufen mehrerer Kalanderwalzen ein Vlies in der halben oder ganzen Arbeitsbreite der Nachkrempel bildet. Diese Maschine hat ferner, damit die so hergestellten Wickel möglichst gleichmäßig ausfallen, eine eigene Abstellvorrichtung für jede einzelne Lunte, d. h. die Maschine wird beim Bruch eines Bandes selbsttätig stillgesetzt und kann erst wieder eingerückt werden, wenn das gebrochene Band angelegt, bzw. eine neue Kanne vorgesetzt worden ist.

Die Krempel liefert ein Faserband, in dem die Fasern einzeln und gleichmäßig verteilt annähernd in der Längsrichtung des Bandes liegen; das Band enthält aber kurze und lange Fasern gemischt, wie sie in der Rohbaumwolle vorhanden waren, allerdings nach Ausscheidung der ganz kurzen Fasern, Fremdkörper und Faserknoten. Für die Herstellung feinerer Baumwollgarne stören jedoch die kürzeren Fasern und vor allem die noch im Krempelband vorhandenen Knötchen oder griesigen Verunreinigungen den regelrechten Verzug auf der Spinnmaschine und verursachen dadurch dickere und dünnere Stellen im Garn, die das Aussehen und die Festigkeit des Garnes schädigen. Aus diesem Grunde schaltet man in den Spinnplan für feinere Garnnummern noch eine Maschine ein, die es ermöglicht, einen gewissen Prozentsatz kurzer Fasern sowie die Knötchen und die beim Krempeln noch nicht restlos ausgeschiedenen Schalenteilchen usw. zu entfernen. Zu dieser Arbeit ist die Kämmaschine vorzüglich geeignet, die bei der Verarbeitung der Wolle zu Kammgarnen bereits früher ausgedehnte Verwendung gefunden hat. Der Kämmaschine müssen schmale Wickel vorgelegt werden, die man unter Dopplung einer großen Anzahl von Krempelbändern auf der Banddubliermaschine herstellt, die nach demselben Verfahren wie die oben beschriebene Wattenmaschine arbeitet, aber noch mit einem Einzugswalzenpaar und einem aus 4 Zylindern bestehenden Streckwerk zur Geraderichtung der Fasern ausgestattet ist. Ein solcher auf der Banddubliermaschine gebildeter Wickel erhält die bei der Kämmaschine üblichen Wickelbreiten von 190, 220 oder 267 mm.

Die Abb. 65 zeigt eine Kämmaschine für Baumwolle nach dem System Nasmith: der Wattewickel W wird auf zwei hölzerne Abwickelwalzen r_1, r_2 gelegt, von wo das Wickelband über ein Führungsblech f dem auf der Unterzange D liegenden Speisezylinder C zugeleitet wird. Die Speisevorrichtung besteht außerdem noch aus dem Zangenoberteil F und dem Vorstechkamm G; diese Teile, sowie die Kämmwalze und die Abzugseinrichtung sind auf den Abb. 66—68[1] größer herausgezeichnet. Der Kämmzylinder hat ein Nadelsegment H_1, dessen Nadeln in der Drehrichtung zuerst stärker und dann feiner sind und dichter stehen; das 180° betragende Segment H_2 ist glatt und tritt nicht in Wirksamkeit. Die Zange mit dem Oberteil F und der Unterplatte D schwingt etwa horizontal hin und her und öffnet sich beim Vorschwingen (Abb. 67/68) zur Freigabe des ausgekämmten Faserbartes. Beim Rückgang der Zange dreht sich der Speisezylinder C rechts herum und schiebt

---

[1] Vorlagen von der Sächs. Masch.-Fabrik, vorm. Rich. Hartmann A.G.

dabei ein Stück Wickelwatte in die geöffnete Zange, so daß ein Faserbart aus der sich darauf schließenden Zange heraushängt, wie Abb. 66 zeigt. Gleichzeitig erreichen die ersten gröberen Nadelreihen den Faserbart und werden von den folgenden feineren Nadeln abgelöst, die die kurzen Fasern und anhaftenden Fremdkörper auskämmen und mitnehmen.

Die unterdessen wieder vorschwingende Zange öffnet sich, wobei sich der Vorstechkamm G senkt und die Abreißzylinder J_1, J rückwärts

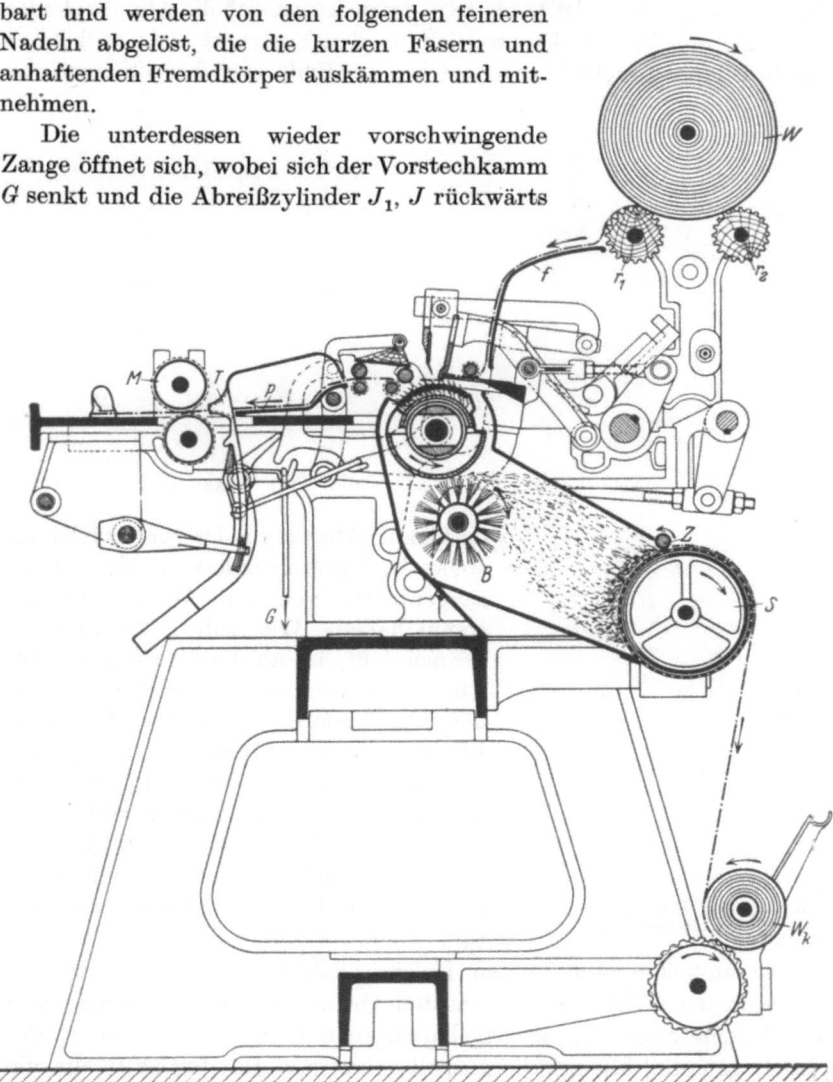

Abb. 65. Baumwollkämmaschine, System Nasmith.

drehen und dadurch ein Stück des beim vorhergegangenen Kammspiele bearbeiteten Faserbandes in den Bereich des neuen Faserbartes zurückschieben (Abb. 67).

Nun schwingt die geöffnete Zange noch so weit vor, bis die Faserspitzen des auf der Unterzangenplatte D liegenden Bartes auf den Abreißzylinder J zu liegen kommen, während der Oberzylinder J_1 nach links zurückgewichen ist (Abb. 68). Jetzt drehen sich die Abreißzylinder vorwärts, der Vorstechkamm sticht in den Faserbart ein und kämmt das bisher noch nicht bearbeitete hintere Ende aus, das die vorwärts-

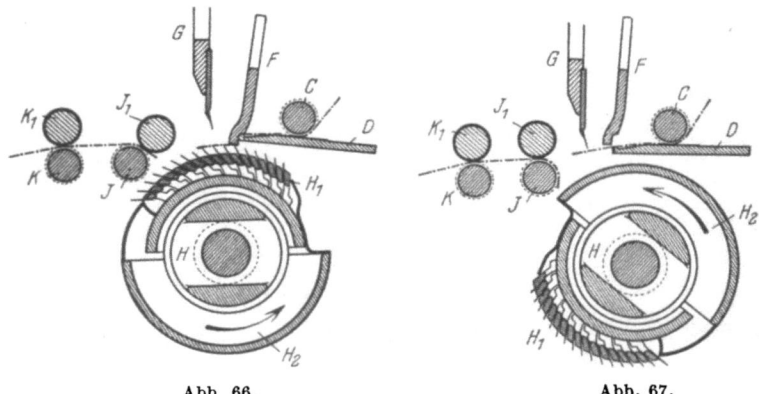

Abb. 66.   Abb. 67.

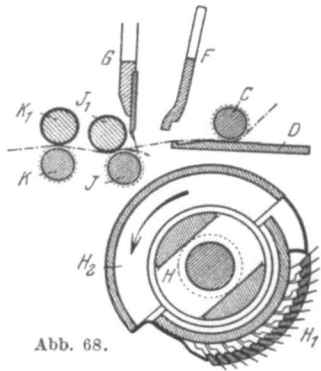

Abb. 68.

Abb. 66 bis 68. Einzelteile der Baumwollkämmaschine.

drehenden Abreißzylinder vor der Klemmstelle des Speisezylinders mit der Unterzangenplatte von dem Wickelband getrennt haben. Wie Abb. 68 deutlich erkennen läßt, ist an der Klemmstelle der Abreißzylinder der Faserbart ein Stück über das Ende des schon ausgekämmten Vlieses gelegt, wodurch der nötige Zusammenhang (das „Löten") des in kurzen Abschnitten ausgekämmten Vlieses erzielt wird, das durch den Trichter T (Abb. 65) zu einem Rundband geformt und durch die Abzugswalzen M in einen Sammeltopf geführt werden kann.

Die ausgekämmten kurzen Fasern bleiben hinter dem Vorstechkamm in der Watte zurück, um dann beim nächsten Kammspiel von dem Nadelsegment H_1 zurückgehalten zu werden. Die Säuberung des Nadelsegmentes besorgt die schnellumlaufende Bürstwalze B, die die kurzen Fasern und zwischen den Nadeln sitzenden Fremdkörper abstreicht, so daß die Fasern an die Siebtrommel S angesaugt und durch die aufliegende kleine Walze z zu einer Watteschicht verdichtet werden können. Diese Watte kann auch als Wickel W_k aufgewickelt und unter der Bezeichnung Kämmling in Grobspinnereien verarbeitet werden.

Der Prozentsatz an Kämmling kann bei Baumwollen mit ungleichmäßigem Stapel ein sehr hoher sein, so daß das mit hohem Lohnaufwand und teueren Maschinen arbeitende Kämmverfahren dann besonders unwirtschaftlich erscheint. Die Verunreinigungen und der Staub werden in das Innere der Siebtrommel abgesaugt und bedeuten ebenfalls einen Verlust vom Rohgewicht des vorgelegten Faserbandes, der bei der Berechnung des von der Kämmerei zu liefernden **Kammzuges** mit berücksichtigt werden muß.

Ebenso im absetzenden Arbeitsverfahren arbeitet auch die Kämmmaschine von **Heilmann**, bei der die Zange feststeht und der Abreißzylinder von einem belederten Segment des Kämmzylinders angetrieben wird. Diese schon ältere Kämmaschine wird auch mit zwei Nadelsegmenten als sog. **Duplexkämmaschine** zur Steigerung der Leistung gebaut. Neben anderen nach dem absetzenden Kämmverfahren arbeitenden Bauarten gibt es noch Maschinen, die ein ununterbrochenes Zugband liefern, was durch einen umlaufenden Nadelkranz geschieht und diesen Maschinen die Bezeichnung Kreis- oder **Rundkämmer** verschafft, im Gegensatz zu den **Flachkämmern**. Eine derartige Bauart wird bei der Verarbeitung der Wolle im Abschnitt Kammgarnspinnerei (Abb. 165 bis 168) noch besprochen werden.

Die Krempel und erforderlichenfalls die Kämmaschine haben eine weitgehende Auflösung der Faserflocken in Einzelfasern, sowie ein Ordnen derselben unter gleichzeitiger Ausscheidung von Fremdkörpern ergeben; die nun noch nötige Vergleichmäßigung und das Gleichrichten der Fasern bewirken die Streckwerke oder **Strecken**. Das Streckverfahren ist bereits im ersten Teil auf S. 18 ff. erläutert worden, wobei gezeigt wurde, daß solche Zylinderstreckwerke auch an Spinnmaschinen zum Verziehen des Vorgarnes Verwendung finden. An dieser Stelle handelt es sich aber um Streckwerke, die ausschließlich das Verziehen oder Verfeinern der Krempelbänder oder des Kammzuges unter gleichzeitigem Doppeln bewirken sollen, so daß die vorgelegten Bänder auch wieder in Bandform, aber vergleichmäßigt, und mit annähernd paralleler Faserlage abgeliefert werden. Eine solche Baumwollstrecke ist auf Abb. 69/70 mit ihren wesentlichen Teilen dargestellt: Die aus den Kannen O entnommenen Krempelbänder werden durch ein Einzugswalzenpaar e dem aus 3, 4 oder mehr Zylinderpaaren $c_1, \ldots c_4$ bestehenden Streckwerk zugeführt und dadurch verzogen, daß die Umfangsgeschwindigkeit der angetriebenen Unterzylinder von Paar zu Paar zunimmt. Diese Unterzylinder sind geriffelt, während die Oberzylinder, deren Zapfen durch angehängte Gewichte G (Abb. 71) belastet sind, mit Leder überzogen werden, um zwischen den Riffel- und den Lederzylindern ein festes Klemmen ohne Beschädigung der Fasern zu ermöglichen. Damit bei längeren Stillständen einer Maschine die Lederbezüge der Druckroller von den Riffeln nicht tiefere Eindrücke bekommen, werden die neuen Strecken mit einer Vorrichtung ausgerüstet, die ein sofortiges **Entlasten der Druckzylinder** beim Stillstand bewirkt. Man läßt stets mehrere Bänder zusammen in ein Streckwerk einlaufen und gleicht die so entstehende Dopplung durch gleich hohen Verzug wieder aus, so daß die Nummer des abgelieferten Bandes im allgemeinen der Einzelnummer der vorgelegten Bänder entspricht. Jedes aus dem Streckwerk austretende Band wird durch einen Trichter T

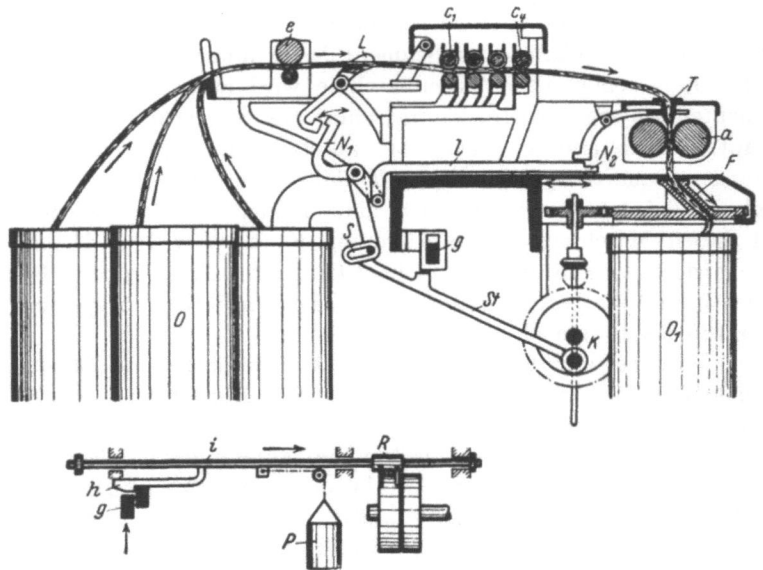

Abb. 69 u. 70. Baumwollstrecke mit mechanischer Abstellung.

von den Walzen a abgezogen und mittels eines kreisenden Bandführers F in den Drehtopf O_1 geleitet.

Sehr wichtig ist bei den Strecken die sofortige **Abstellung der Maschine** bei Bruch eines Bandes, um die nötige Gleichmäßigkeit (Nummer) der gelieferten Bänder zu gewährleisten. Diese Abstellvorrichtungen können mechanisch mittels Fühlhebeln, die beim Reißen eines Bandes ausschlagen, oder durch elektrische Kontaktvorrichtungen betätigt werden. Die wesentlichen Teile einer solchen mechanischen Abstellung zeigt Abb. 69/70. Die Bänder werden dabei sowohl zwischen den Einzugszylindern e und dem Hinterzylinderpaar c_1 als auch zwischen dem Vorderzylinderpaar c_4 und den Abzugswalzen a über Vorrichtungen geführt, die beim Bruch des Bandes an der betreffenden Stelle augenblicklich die Maschine stillsetzen. An der ersteren Stelle ist dazu ein löffelartig geformter zweiarmiger Hebel L vorgesehen, der durch das darübergezogene Band selbst niedergedrückt wird, beim Bruch des Bandes aber in die Höhe schwingt und dadurch die hin- und herschwingende Sperrklinke N_1 festhält, so daß die von der Kurbel K mitgenommene Stange St in der Schlitzführung S nach oben gleitet und so die Platte g hochdrückt. Durch dieses Hochgehen der Platte g wird der die Stange i (Abb. 70) in ihrer Stellung haltende Haken h freigegeben, und die Stange i schiebt, gezogen von dem Gewicht P, mit der Riemengabel R den die Strecke antreibenden Riemen auf die Leerlaufscheibe. Ähnlich wirkt die Abstellung bei Bruch des Bandes

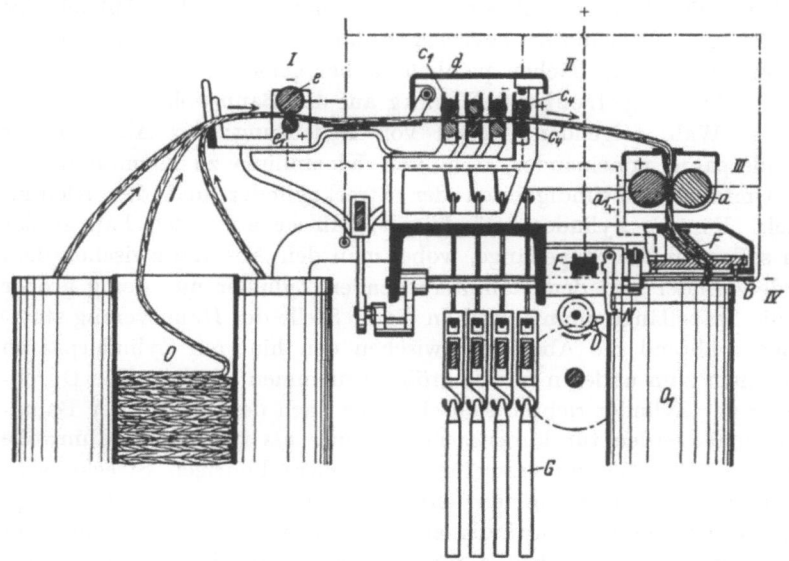

Abb. 71. Baumwollstrecke mit elektrischer Abstellung.

zwischen Vorderzylinder und Abzugswalzen, indem dann der durch den Zug des Bandes niedergehaltene Trichter T hochgeht, so daß das andere Hebelende an die Rast N_2 der hin- und herschwingenden Stange l anstößt und damit wiederum das Auslösen der die Riemengabel tragenden Stange i bewirkt.

Noch wirksamer ist die **elektrische** Abstellvorrichtung, die Abb. 71 beispielsweise zeigt. Hier wird ein Stromkreis, in dem der Elektromagnet E liegt, nur dann geschlossen, wenn z. B. die Zylinder e und e' sich infolge Bruches des durchlaufenden Bandes berühren. Der durch den Strom erregte Magnet zieht dann seinen hebelartig verlängerten Anker N an und hindert dadurch die weitere Umdrehung der Daumenscheibe D, wodurch eine nicht mit gezeichnete Klauenkupplung außer Eingriff kommt und durch die Verschiebung der einen Kupplungshälfte die mechanische Abstellung der Maschine durch Ausrückung des

Riemens mittels Riemengabel oder bei Motorantrieb die Auslösung des Stromschalters bewirkt. Bei Leerlaufen einer Kanne O veranlassen die Einzugszylinder e, e' in derselben Weise die Abstellung der Maschine; ebenso erfolgt die Abstellung, wenn sich die Zylinder a, a' infolge Bandbruches berühren, oder wenn die Kanne O_1 vollständig gefüllt ist, weil dann die unter dem Teller mit Bandführer F hängende Platte B angehoben wird und den Stromkreis durch Berühren einer Kontaktfeder od. dgl. schließt. Eine ähnliche Abstellvorrichtung bei vollgefüllter Kanne kann auch bei der mechanischen Abstellung nach Abb. 69/70 angebracht werden. Die elektrische Abstellung wird namentlich bei Antrieb der Strecke mit Einzelmotor bevorzugt; damit sie zuverlässig arbeitet, müssen die Kontaktflächen peinlich sauber gehalten werden.

Für einen regelrechten Verzug auf der Baumwollstrecke ist die richtige Wahl folgender Größen von Bedeutung: der Abstand der Zylinderpaare voneinander, d. h. von Klemmlinie zu Klemmlinie, — die Umfangsgeschwindigkeiten der Streckzylinder und der Klemmdruck. Für die Zylinderabstände gilt, daß sie auf jeden Fall größer sein sollen als die Stapellänge, wobei man den Abstand zwischen dem Vorderzylinder und dem dahinterliegenden Zylinder nur wenig größer als die Stapellänge nimmt, weil an dieser Stelle der Hauptverzug stattfindet, während die Abstände zwischen den hinteren Zylinderpaaren von einem zum anderen immer größer genommen werden. Die Durchmesser der Zylinder richten sich ebenfalls nach dem Stapel der Baumwolle und werden für kurzstapelige kleiner als für lange Baumwolle gemacht. Der Gesamtverzug auf einer vierzylindrigen Strecke wird ungefähr gleich 6 genommen, entsprechend einer sechsfachen Dopplung. Die Umfangsgeschwindigkeit und der Klemmdruck können nur auf Grund langer Erfahrung für eine bestimmte Baumwollsorte bestimmt werden.

Da namentlich an den Oberzylindern Fasern hängenbleiben, die einen gleichmäßigen Verzug gefährden und zum Wickeln des Faserbandes um den Zylinder führen können, müssen mindestens für die Oberzylinder Putzvorrichtungen vorgesehen werden; diese bestehen aus Putztüchern oder Brettchen, die in dem aufklappbaren Deckel d (Abb. 71) befestigt sind. Vorteilhafter ist die Verwendung von umlaufenden Putztüchern oder von größeren Reinigungswalzen, die mit Flanell überzogen sind und auf je zwei Oberzylindern lose aufliegen; ihr Antrieb erfolgt vom Hinterzylinder aus, also mit der niedrigsten Zylindergeschwindigkeit.

Das beschriebene Streckverfahren unter gleichzeitiger Dopplung wird nun gewöhnlich zwei- oder dreimal wiederholt, um die Vergleichmäßigung der Bänder zu vervielfachen und durch das Auseinanderziehen der Fasern eine bessere Ordnung derselben zu erreichen. Eine

Strecke hat 2—8 (gewöhnlich 4—6) Ablieferungen oder Gänge nebeneinander vereinigt, die wiederum je einen Kopf bilden; mehrere Streckköpfe werden zusammengebaut und erhalten dann gemeinsamen Antrieb. Man bezeichnet deshalb die Strecken nach der Anzahl der Köpfe, ihrer Lieferungen und der Größe der Dopplung; z. B. mit $2 \cdot 4 \cdot 6$ eine zweiköpfige Strecke mit 4 Ablieferungen und sechsfacher Dublierung. Beim Durchlaufen mehrerer Strecken hintereinander, die man dann als Vor-, Mittel- und Feinstrecke oder 1., 2., 3. Strecke bezeichnet, ist darauf zu achten, daß für den Transport der Spinnkannen von der Ablieferungsseite bis zur nächsten Strecke und andererseits von den Krempeln bzw. nach den folgenden Vorspinnmaschinen möglichst kurze Wege erforderlich sind. Durch geeignete Anordnung der Streckköpfe kann man dieser Forderung bis zu einem gewissen Grade Rechnung tragen, und hat namentlich bei elektrischem Einzelantrieb der Strecken die Möglichkeit, die aufeinander folgenden Streckwerke in der günstigsten Weise zu gruppieren. Die Bestimmung des Verzuges kann man beim Streckwerk ebenso wie bei der Krempel und der Kämmaschine aus dem Verhältnis der Zuführ- und Liefergeschwindigkeit ableiten, da diese die gelieferten Längen und folglich auch die Nummer bestimmen; die Dopplungszahl muß natürlich in die Rechnung eingeführt werden, um aus der Vorlagenummer die Lieferungsnummer errechnen zu können. Der durch das Hängenbleiben von Fasern an den Streckzylindern, sowie durch Flug entstehende Abgang muß dabei selbstverständlich entsprechende Berücksichtigung finden.

Wenn also die Nummer der vorgelegten Bänder an der Strecke N_1, N_2, N_3 usw. ist, der Gesamtverzug V und die Dopplung D sein soll, so ist das Gewicht der Längeneinheit des gelieferten Bandes

$$\frac{1}{N} = \frac{D}{V} \cdot \left(\frac{1}{N_1} + \frac{1}{N_2} + \frac{1}{N_3} + \cdots\right).$$

Wenn, wie es meistens geschieht, Krempelbänder von gleicher Nummer N_1 der Strecke vorgelegt werden, so vereinfacht sich die Formel zu

$$N = \frac{V}{D} \cdot N_1$$

Unter Berücksichtigung des Faserabgangs während des Streckverfahrens (p vH.) ergibt sich die Nummer des Lieferbandes zu

$$N = \frac{V}{D} \cdot N_1 \cdot \frac{100}{100 - p} \, .$$

Die theoretische Leistung einer Ablieferung der Baumwollstrecke beträgt in engl. Zoll:

$$L_z = n \cdot \pi \cdot d \quad \text{in 1 Minute,}$$

wenn d der Vorderzylinderdurchmesser in engl. Zoll und n die Drehzahl in 1 Minute ist. Die stündliche Leistung in Schnellern ergibt sich dann zu

$$L_{st} = \frac{n \cdot \pi \cdot d \cdot 60}{840 \cdot 36} \text{ Schneller in 1 Stunde.}$$

Die Liefermenge in engl. Pfund bei Berücksichtigung der Minderleistung infolge Bandbruches und sonstiger Stillstände durch den Wirkungsgrad x, folgt schließlich zu

$$G_{st} = x \cdot \frac{L_{st}}{N_e} = x \cdot \frac{\pi \cdot d \cdot n}{504 \cdot N_e} \text{ engl. Pfund in 1 Stunde.}$$

Durch den Streckvorgang ist das Faserband zwar nicht wesentlich schwächer geworden, weil es etwa dieselbe Nummer behalten hat, die Fasern sind aber durch das Verziehen besser geordnet und in gestreckte Lage gebracht worden, so daß dadurch die Verschlingung der Fasern untereinander aufgehoben und die Reibung zwischen denselben viel geringer geworden ist. Infolgedessen ist der Zusammenhalt eines solchen Streckenbandes zu klein geworden, um eine weitere Verfeinerung ohne häufige Bandbrüche aushalten zu können. Um also einen weitergehenden Verzug des Bandes zu ermöglichen, muß noch eine **Drehungserteilung** hinzukommen, durch die nach den im Teil I gemachten Ausführungen eine Erhöhung der Faserreibung eintritt. Die in der Baumwollspinnerei folgenden **Vorspinnmaschinen** besitzen deshalb Spindeln zur Drahtgebung an das abgelieferte Vorgespinst, das sie, wie Abb. 72 zeigt, mittels eines umlaufenden Flügels auf eine Holzspule aufwinden. Man bezeichnet diese Vorspinnmaschine meistens mit **Flyer** (engl. Flying Frame) oder auch als Spindelbank oder Spuler. Diese Spindelbänke werden stets in mehreren Einheiten hintereinander zur steigenden Verfeinerung des Vorgarnes angewendet und dann mit Grob-, Mittel-, Fein-, Doppel- und Extrafeinflyer bezeichnet.

Der Grobflyer verarbeitet die in Sammeltöpfen von der letzten Strecke gelieferten Bänder, die über eine Leitwalze in das Streckwerk der Spulenbank gelangen, das in derselben Weise wie auf den Streckbänken arbeitet. Gleichzeitig mit der Verfeinerung kann auf dem Flyer auch eine Dopplung durch das Einlaufen von 2 Bändern oder Vorgarnfäden in das Streckwerk erfolgen, die zur Vergleichmäßigung des Vorgarnes dient. Der Mittel- und Feinflyer hat zur Aufnahme der vom Grobflyer gelieferten Spulen ein Aufsteckgatter, wie Abb. 72 zeigt. Das im Dreizylinderstreckwerk Z verzogene dünne Vorgarn erhält zur Festigung von dem umlaufenden Flügel F Drehung, indem es durch die röhrenförmige Spindelspitze ein- und seitlich wieder austritt, um dann über den Flügelarm und den waagerecht beweglichen Führungsfinger J an die Spule Sp zu gelangen. Zur Unterstützung und Bremsung ist der Faden dabei mehrere Male um den Flügelarm herumgeschlungen.

Die Aufwindung des Vorgarnes auf die Spule erfolgt nun dadurch, daß die Spulen hinter der Umfangsgeschwindigkeit der Flügel um einen Betrag zurückbleiben oder besser vorauseilen, der der Lieferungslänge des Vorgarnfadens entspricht; mit anderen Worten Zylinderlieferung und Spulenaufwicklung müssen stets gleich sein.

Die Flügelspindeln und die Spulen erhalten aus diesem Grunde getrennten Antrieb durch zwei Wellen u bzw. o. Die Flügel müssen mit Rücksicht auf die gleichmäßige Drehungserteilung an das gelieferte Band mit gleichförmiger Geschwindigkeit umlaufen, infolgedessen muß man den Spulen entsprechend der Zunahme des Aufwindungsdurchmessers eine allmählich abnehmende Drehzahl erteilen (bei vorauseilenden Spulen). Zur Verwirklichung dieser Forderung erfolgt der Antrieb der Spulen durch ein Riemenkegelpaar, wie es z. B. auch bei dem Speiseregler für Schlagmaschinen nach Abb. 57—59 benutzt wird. Die Spindeln S,

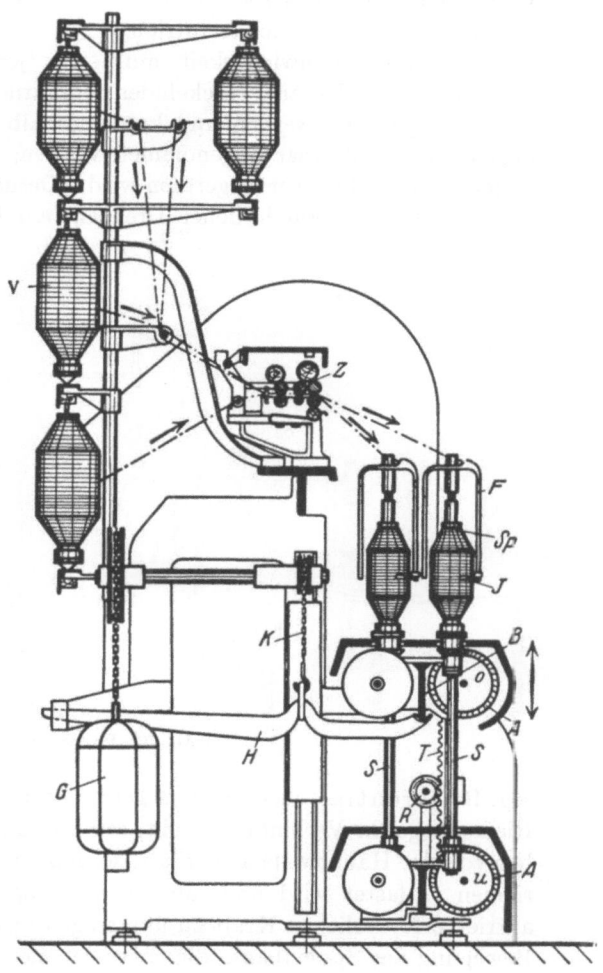

Abb. 72. Flyer oder Spulenbank.

die zur Verkürzung der Maschinenlänge in zwei Reihen gegeneinander versetzt (· · · · · ·) angeordnet zu sein pflegen, werden von den Wellen u durch Kegelräderpaare angetrieben, deren Achsen sich nicht schneiden und Kronräder (mit Hyperboloidverzahnung) genannt werden. Die Mitnehmerrohre für die darauf zu steckenden Hülsen oder Spulen Sp werden in derselben Weise von den Wellen o

5*

in Umdrehung versetzt. Die Wellen o mit den Hülsen sind in einer durch Zahnstangen T auf und nieder bewegten Brücke B (Spulenbank) gelagert und erhalten eine veränderliche Geschwindigkeit durch ein Gelenkräderwerk, das sog. **Räderknie** oder durch einen mit weniger Geräusch laufenden Kettenantrieb.

Die Spulengeschwindigkeit muß, um jede ungleichmäßige Zugbeanspruchung des aufzuwickelnden Vorgarnes zu vermeiden, äußerst genau eingehalten werden und kann deshalb nicht von dem Riemenkegeltrieb unmittelbar abgenommen werden, durch den stets ein veränderlicher Schlupf hervorgerufen wird. Deshalb dient zu dem Antrieb der Spulen mit veränderlicher Drehzahl ein Umlaufrädergetriebe, das

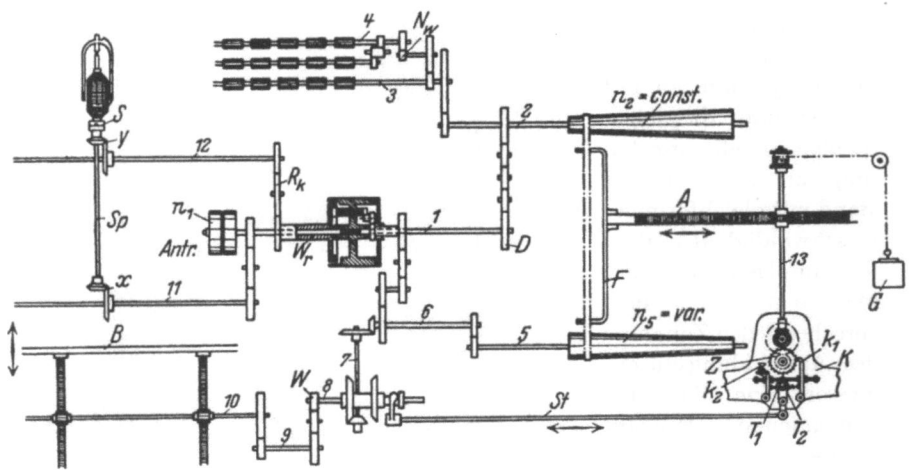

Abb. 73. Flyergetriebe.

sog. **Differential**, das mit dem getriebenen, ungleichförmig laufenden Riemenkegel in Verbindung steht, seine Grunddrehzahl aber unmittelbar von der Hauptwelle aus erhält, so daß dadurch der schmale Konusriemen entlastet wird und nur einen geringen Teil der zum Spulenantrieb erforderlichen Kraft zu übertragen hat. Auch die veränderliche Bewegung der Spulenbank, die entsprechend der Schichtenaufwicklung langsam auf- und absteigen muß, wird von dem getriebenen Riemenkegel abgeleitet und durch ein Umschalträdergetriebe auf die Zahnräder R übertragen, die in die Zahnstangen T eingreifen und die Spulenbank heben und senken. Das auf den Hebeln H ruhende Wagengewicht wird dabei durch an Kettenrädern hängende Gegengewichte G ausgeglichen.

Das Getriebe eines Flyers ist auf Abb. 73 schematisch dargestellt. Die mit konstanter Drehzahl umlaufende Hauptwelle *1* treibt über ein

Rädervorgelege, die Welle *11* und das Kronräderpaar x die Spindeln Sp mit gleichförmiger Geschwindigkeit an, ebenso wie über das Wechselrad D usw. den oberen Riemenkegel *2* und von da die Vorderzylinderwelle *3* des Streckwerkes. Unter Zwischenschaltung eines Wechselrades N_w werden auch die beiden anderen Zylinderreihen des Streckwerks von der Vorderzylinderwelle *3* aus getrieben. Mit veränderlicher Drehzahl in Abhängigkeit von der Stellung des konischen Riementriebes werden dagegen von der Rohrwelle W_r über das schon erwähnte Räderknie R_k, die Zwischenwelle *12* und Kronräderpaar y die Spulen S angetrieben. Die Wagenbewegung wird ebenfalls von dem Riemenkegel *5*, also mit veränderlicher Geschwindigkeit, abgeleitet; über die Wellen *6, 7, 8, 9* wird dabei unter Zwischenschaltung des Wechselrades W die Wagenwelle *10* getrieben, durch die die Spulenbank B gehoben und gesenkt wird. Diese Bewegung der Spulenbank wird demnach mit zunehmendem Spulendurchmesser von Schicht zu Schicht proportional der abnehmenden Spulendrehzahl verzögert, weil immer größere Fadenlängen auf eine Windung entfallen.

Außerdem muß aber am Ende jeder zylindrischen Schicht der Wagen umgesteuert werden, was auf folgende Weise geschieht: auf der Welle *8* kann ein Kegelräderpaar auf einer Büchse derart hin- und hergeschoben werden, daß abwechselnd das eine oder andere Kegelrad mit dem auf Welle *7* sitzenden Kegelrad kämmt, so daß Welle *8* und damit auch *10* bald rechts-, bald linksherum läuft. Die Verschiebung des Kegelradpaares auf *8* wird nun mittels der Stange St von dem Kehr- oder Wendezeug K aus bewirkt, das auf Abb. 73 nur angedeutet ist. Das Wendezeug vollführt in dem Augenblick, wo der Wagen umgesteuert werden soll, eine schnelle Schwingung von der einen Endlage T_1 in die andere T_2, was außer der Verschiebung der Stange St noch zur Folge hat, daß durch Abdrücken der Sperrklinke k_1 bzw. k_2 das Gewicht G die Welle *13* ein Stück drehen kann und dadurch eine Verschiebung des Riemens auf den Kegeln bewirkt. Mit der Änderung des Übersetzungsverhältnisses des konischen Riementriebes vermindert sich die Drehzahl n_5 des getriebenen Konus *5* und damit die Spulendrehzahl und die Geschwindigkeit der Spulenbank.

Die Flyerspulen sollen in zylindrischen Lagen von beiderseits allmählich abnehmender Höhe aufgewickelt werden, so daß Spulen mit Doppelkegelrand nach Abb. 36 entstehen, die als Laufspulen abgewunden werden müssen. Der Spulenwagen muß also seine auf- und absteigende Bewegung in geringer werdendem Ausmaß ausführen. Auch diese Hubbegrenzung erfolgt selbsttätig durch das Wendezeug, dessen ruckweise Umschaltung mit dem Anwachsen der Spulen immer etwas früher stattfindet. Die Umschaltung selbst wird von einer Zahnstange veranlaßt, deren eines Ende in dem Schlitz eines am Wagen befestigten

Stelleisens geführt ist. Das Stelleisen nimmt die Zahnstange mit, die dabei eine Schwinge mitdreht und durch Auslösen einer Schaltklinke das Herumwerfen des Kehrzeuges im richtigen Augenblick veranlaßt. Damit dieses Umschalten des Wendezeuges zwecks Verringerung der Schichthöhe der Spulen von einem Mal zum anderen früher eintritt, wird die Zahnstange bei jedem Ausschlag des Kehrzeuges von der Welle *13* aus ein kleines Stück in der Richtung verschoben, daß die Stangenlänge zwischen der Schwinge und dem im Stelleisen am Wagen geführten Stangenende dauernd abnimmt, wodurch die Ausschläge der Schwinge zunehmen und die Umschaltung entsprechend früher erfolgt. Durch Verstellung der Höhenlage dieses Stelleisens am Wagen, sowie Nachstellung des im Stelleisen gleitenden Zahnstangenbolzens bzw. Steines können Fehler in der Spulenform beseitigt und insbesondere der Neigungswinkel der abschließenden Kegelflächen geändert werden.

Sobald die Spulen vollgewickelt sind, also ein „Abzug fertig" ist, wird der Flyer durch eine selbsttätige Abstellvorrichtung stillgesetzt, die den Antriebsriemen von der Fest- auf die Losscheibe führt oder bei Einzelantrieb den Motorschalter betätigt. Diese Abstellung wird von der Zahnstange A des Konusriemenleiters F dadurch bewirkt, daß ein an der Zahnstange befestigter Anschlag eine Sperrklinke an der Abstellstange auslöst, so daß der Riemenleiter durch einen Gewichtszug oder eine kräftige Feder die Überleitung des Riemens auf die Losscheibe ausführt. Bei Spulenbänken mit doppelter Vorgarnaufsteckung sind ferner Vorrichtungen üblich, die beim Bruch eines Vorgarnfadens die Maschine in ähnlicher Weise abstellen, wie es bei der Baumwollstrecke gezeigt worden ist.

Die Lieferung einer Spulenbank ergibt sich aus der theoretischen Spindelleistung; die Fadendrehungen T auf eine Längeneinheit sind gleich
$$T = \frac{n_s}{L_z},$$
wenn n_s die minutliche Spindeldrehzahl und L_z die minutliche Vorgarnlieferung in engl. Zoll bedeutet. Durch Einführung des Drehungsgrades α nach Formel $T = \alpha \cdot \sqrt{N_e}$ folgt dann die theoretische Spindelleistung zu
$$L_z = \frac{n_s}{\alpha \cdot \sqrt{N_e}}.$$
Die in einer Stunde gelieferte Vorgarnlänge in Schnellern folgt dann zu
$$L_{st} = \frac{60 \cdot L_z}{840 \cdot 36} = \frac{1 \cdot n_s}{504 \cdot \alpha \cdot \sqrt{N_e}}.$$
Das Vorgarngewicht in einer Stunde ergibt sich pro Spindel in engl. Pfund zu
$$G = \frac{L}{N} = \frac{1}{504} \cdot \frac{n_s}{N_e \cdot \alpha \sqrt{N_e}}.$$

Um die praktische Leistung eines Flyers zu berechnen, muß dieser Ausdruck mit der Spindelzahl multipliziert werden und mit noch einem Faktor (0,75—0,80), der die infolge der unvermeidlichen Stillstände bedingte Minderleistung gegenüber der theoretischen Leistung in Ansatz bringt.

Der Drehungsgrad des Vorgarnes auf dem Flyer wird wesentlich niedriger als derjenige des fertigen Garnes genommen, weil das Vorgarn noch weiter verzogen werden muß und nur soweit durch Drehung gefestigt sein soll, daß es sich unbeschädigt von den Spulen wieder abziehen läßt. Den Verzug nimmt man ebenfalls nicht hoch ($V < 5$) und steigert denselben bei Anwendung mehrerer Durchgänge von einer Passage zu anderen.

Die zur Vorbereitung der Faserbänder für das eigentliche Spinnen dienenden Streckwerke und Spulenbänke bezeichnet man auch als Vorwerke; das von ihnen gelieferte Vorgespinst wird auf den Feinspinnmaschinen dadurch vollendet, daß es die erforderliche Feinheit (Nummer) und Drehung erhält. Die Spinnmaschinen sind deshalb ausgerüstet mit einem Zylinderstreckwerk, durch das der Vorgarnfaden soweit verzogen wird, daß das daraus zu spinnende Garn die gewünschte Nummer erhält, — und ferner mit Spinnspindeln, die dem Garn die nötige Drehung geben und durch Aufwickeln desselben einen Garnkörper oder Kötzer bilden. Eine Dopplung zur weiteren Vergleichmäßigung des Garnes ist dabei durch doppelte Aufsteckung der Spulen auf das Gatter in derselben Weise wie bei der Spulenbank möglich. Die Höhe des Verzuges, den man dem Garn auf der Spinnmaschine erteilen kann, schwankt je nach der Konstruktion des Streckwerks und der Faserbeschaffenheit innerhalb weiter Grenzen. Man kann deshalb aus einem Vorgarn von bestimmter Nummer Garn von sehr verschiedener Feinheit spinnen, wenn nur dafür gesorgt ist, daß durch Änderung des Drehzahlverhältnisses der Streckzylinder die Größe des Verzuges geändert werden kann. Gleichzeitig mit der Verfeinerung muß das Garn auch eine bestimmte Drehung erhalten, um ihm die nötige Festigkeit zu geben; der Drehungsgrad richtet sich nach der Beschaffenheit der verwendeten Baumwolle, nach der Feinheit und dem Verwendungszweck des Garnes. Wie schon im Abschnitt II gesagt worden ist, erhält dabei das „Kettgarn" stets einen wesentlich höheren Draht als „Schußgarn", da die Kettfäden auf dem Webstuhl stärker beansprucht werden als der Schuß; die Schußgarne macht man andererseits so weich wie möglich, damit das fertige Gewebe entsprechende Dichte erhält. Der Drehungsgrad α in der Formel

$$T = \alpha \cdot \sqrt{N_e}$$

entspricht bei Baumwollgarnen etwa folgenden Erfahrungswerten[1]:

für Kettgarn (Water twist) 4,0
für kleine Kette (Mule twist) . . . 3,75
für Schußgarn (Weft) 3,25
für Strickgarn und Zwirn 2,75
für Strumpfgarn 2,5

Für das Feinspinnen haben sich in der Baumwollspinnerei 2 Maschinengattungen nebeneinander behauptet, die nach einem grundsätzlich verschiedenen Verfahren arbeiten, — die Ringspinnmaschine und der Selfaktor oder Absetzspinner. Bei der Einführung der Maschinenspinnerei um die Wende des 18. Jahrhunderts ist der Selfaktor zuerst in England entwickelt worden, die Ringspinnmaschine wenige Jahre später in Nordamerika; die Flügelspinnmaschine wird in der Baumwollspinnerei nicht mehr benutzt und soll daher erst bei der Verspinnung der Bastfasern besprochen werden, wo sie noch weitgehende Verwendung findet.

Die Ringspinnmaschine (Trossel oder Drossel [von throstle]) hat unbestreitbare Vorzüge vor dem Selfaktor, nämlich:

einfacherer Bau, geringerer Platzbedarf,
größere Leistungsfähigkeit, geringere Abnutzung und
geringerer gleichmäßiger Kraftbedarf.

Trotzdem wird der Absetzspinner auch heute noch dem Durchspinner in allen denjenigen Fällen vorgezogen, wo es auf schwächer gedrehte, weiche Garne und größere Feinheit ankommt. Kettgarne bis $N_e = 40$ oder 50 spann man schon früher meistens auf der Ringspinnmaschine, geht aber aus den oben angeführten Gründen in neuerer Zeit dazu über, auch Kettgarne feinerer Nummern und Schußgarne, bei denen es nicht auf besondere Weichheit ankommt, bis etwa $N_e = 60$ auf der Drossel zu spinnen. Feinere und weiche Garne müssen aber noch immer auf dem Selfaktor gesponnen werden, weil bei der Ringspinnmaschine das Garn durch den ungleichmäßigen Fadenzug zu stark beansprucht wird; infolge dieses größeren Fadenzuges muß dem Garn auf dem Ringspinner auch mehr Drehung erteilt werden, so daß es härter als das Selfaktorgarn ausfällt.

Der Aufbau einer Ringspinnmaschine ist in den Abb. 74—77 veranschaulicht: Das Vorgarn wird von den Spulen V einfach oder auch doppelt dem unter einem Winkel von meistens 25—35° geneigten Streckwerk C zugeführt, gelangt von dem Vorderzylinderpaar über einen Fadenführer (Sauschwänzchen) F zu dem Läufer (Reiter, Traveller) und wird von der Spindel auf eine Hülse aufgewunden. Diese Maschinen werden allgemein doppelseitig gebaut; die Spindeln S einer

---

[1] Diese Werte sollen aber nur als Anhalt dienen und sind z. B. für längeren Stapel kleiner, für kürzeren Stapel größer als die obigen Zahlenwerte.

Seite — mehrere Hundert Stück — sind auf einer festen Brücke A gelagert, während die Ringe R, auf denen die Läufer umlaufen, auf einer durchgehenden Bank B befestigt sind und entsprechend dem Aufbau des Kötzers auf und ab bewegt werden. Auf den Spindeln sitzen Wirtel, die von 2 Trommeln T_1, T_2 durch Schnuren angetrieben werden; neuerdings bevorzugt man jedoch den Bandantrieb von einer Trommel mit Spannrollen für jedes Band, das je 2 Spindeln auf jeder Seite gleichzeitig treibt und viel weniger Schlupf als eine Schnur und längere Laufdauer hat, ohne daß ein Nachspannen und Neuanknoten erforderlich ist. Gegenüber der Flügelspindel hat die Ringspindel den Vorzug, daß sie infolge vollständig ausgeglichener Massen mit derselben hohen Drehzahl wie die Selfaktorspindel (bis rund 12000 in der Minute) laufen kann und dadurch eine wesentlich höhere Leistung ermöglicht als die Flügelspindel.

Die stündliche Leistung einer Ringspindel folgt ohne weiteres aus der Umfangs- oder Liefergeschwindigkeit des vorderen Streckzylinders, sie kann bei gegebener Spindelgeschwindigkeit n_s, bekannter Nummer N_e und gegebenem Drehungsgrad α auch in engl. Pfund nach der auf S. 70 abgeleiteten Gleichung berechnet werden zu

$$G = \frac{1}{504} \cdot \frac{n_s}{N_e \cdot \alpha \cdot \sqrt{N_e}}$$

Die effektive Leistung ist dann um einen Betrag geringer, der durch die Anzahl der Fadenbrüche und die Stillstände infolge des Abziehens der vollen Spulen bestimmt wird. Das von dem Streckwerk gelieferte Garn erhält also durch die Ringspindel mit dem Läufer die erforderliche Drehung und wird sofort auf die Spule aufgewickelt. Der Ringspinner wird deshalb im Gegensatz zum Absetzspinner auch als Durchspinner bezeichnet, weil das Garn ständig geliefert und aufgewunden wird, während beim Selfaktor das Spinnen des Garnes bei der Wagenausfahrt und das Aufwinden nachträglich bei der Einfahrt erfolgt. Daraus ergibt sich auch die größere Leistung der Ringspinnmaschine gegenüber dem Selfaktor; ein Nachteil ist aber das schwierigere Anmachen gerissener Fäden und die schon oben erwähnte größere Beanspruchung des Garnes beim Spinnen. Die empfindlichste Stelle, an der beim Ringspinnverfahren am leichtesten Fadenbrüche eintreten können, ist die Austrittsstelle des Fadens aus dem Vorderzylinderpaar; an dieser Stelle ist nämlich das Vorgarn bereits vollständig verzogen, es hat aber noch keine Drehung und infolgedessen sehr geringe Reißfestigkeit. Die von der Spindel aus erteilten Drehungen pflanzen sich zwar in dem freien Fadenstück zwischen Spindel und Vorderzylinder ungehindert fort, sie finden aber durch die größere Reibung des über den unteren Vorderzylinder ablaufenden Fadens einen solchen Widerstand, daß sie sich nicht bis an die

74   Wichtigste Spinnereizweige.

Klemmstelle der Vorderzylinder fortpflanzen können. Der Faden ist durch den Läufer durchgezogen und muß ihn bei der Drehung der Spindel mitschleppen; dabei bleibt der Läufer hinter der Spindeldrehzahl um soviel zurück, daß das nachgelieferte Garn unter einer gewissen Zugspannung auf die Spule, die fest auf der Spindel sitzt, aufgewunden wird.

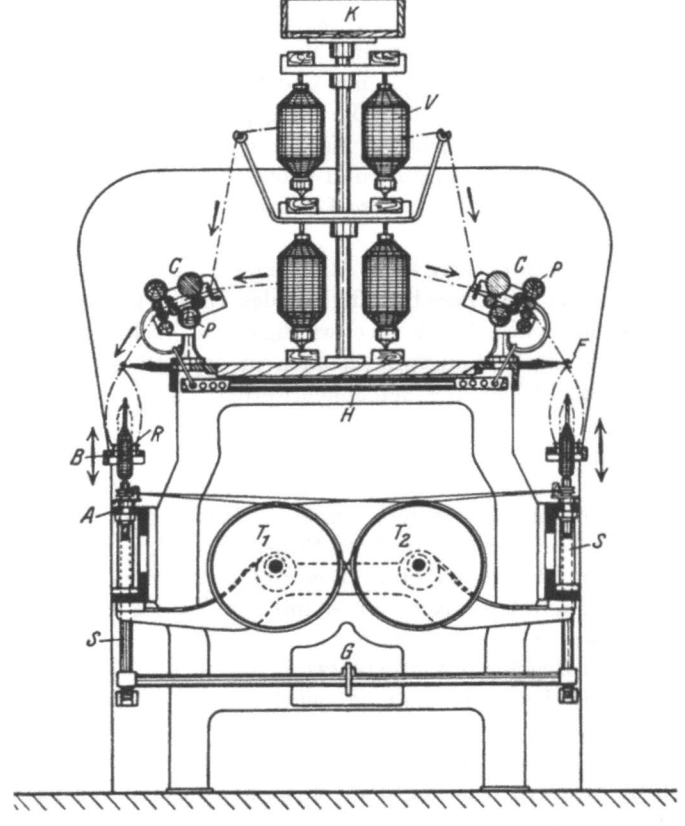

Abb. 74.
Abb. 74 bis 77. Ringspinnmaschine.

Der Faden bildet, wie auch auf Abb. 74 angedeutet ist, infolge der Zentrifugalkräfte den sog. Ballon, der eine elastische Fadenreserve darstellt, durch die die wechselnden Fadenspannungen zum Teil ausgeglichen werden. Die Fadenausbauchung ist aber beim Winden auf kleinen Spulendurchmesser und namentlich in der oberen Ringbanklage so gering, daß bei durchlaufenden Knoten im Garn kein Ausgleich der plötzlich eintretenden Spannungsschwankung möglich und ein Fadenbruch die Folge ist. Durch Fadenabweiser, die aus gepreßtem Blech oder

Leichtmetall bestehen und zwischen je zwei Spindeln geschoben werden können, verhindert man mit Erfolg, daß zwei benachbarte Fadenballons sich berühren und dadurch Fadenbrüche herbeiführen (Antiballonvorrichtung). Der Kötzer wird meistens nach dem Vorbilde Abb. 38 aus kegeligen Schichten gebildet, indem beim Aufwärtssteigen der Ringbank Fadenlage dicht über Lage gelegt und beim Heruntergehen eine steilere Windungsspirale erzeugt wird, damit durch die sich kreuzenden Lagen ein leichteres Abziehen des Garnes, ohne daß sich die Fadenlagen verwirren, möglich wird. Der Aufwindungsdurchmesser ändert sich also bei jeder Fadenlage zwischen einem größten Wert (an der Basis des Windungskegels) und einem kleinsten Wert (an der Kegelspitze). Mit dem Windungsdurchmesser ändern sich auch die im Faden auftretenden Zugkräfte, und zwar umgekehrt proportional diesem Durchmesser. Die Drehzahl der Spindeln und damit die Leistung der ganzen Maschine muß nun nach den größten im Faden auftretenden Zugspannungen, also beim Winden auf den kleinsten Durchmesser, nach oben begrenzt werden, weil sonst beim Winden auf die nackte Spule zuviel Fadenbrüche infolge der zu hohen Beanspruchung eintreten würden. Am ungünstigsten liegen die Spannungsverhältnisse bei der Bildung der kegeligen Ansätze am unteren Kötzerende und an der Spitze, wo auch erfahrungsgemäß die meisten Fadenbrüche vorzukommen pflegen. Man hat daher das Mittel ergriffen, die Spindeldrehzahl der wechselnden Fadenspannung durch periodische Regelung möglichst genau anzupassen, was sich einwandfrei beim elektrischen Einzelantrieb einer Ringspinnmaschine erreichen läßt. Andere Mittel, um den schädlichen Einfluß der wechselnden Fadenspannung auszugleichen, sind:

die feste Schräglage der Spindeln, wodurch aber nur der Fadenablauf vom Vorderzylinder günstiger wird,

die periodische Schräglage der Spindeln beim Winden auf kleinen Durchmesser,

bewegliche Fadenleitlatten, um die freie Fadenlänge zwischen dem Fadenführer und dem Läufer gleichzuhalten,

Vorrichtungen, um bei der Bildung der Kötzerspitze vorübergehend mehr Draht geben zu können,

Beeinflussung der Läufergeschwindigkeit durch verschiedene Mittel. —

Auf einem ganz anderen Wege kommt man auch zu günstigeren Verhältnissen in bezug auf die Fadenspannung, nämlich durch die neuerdings namentlich in den Vereinigten Staaten von Nordamerika, aber auch bei uns, in Verbindung mit sehr großen Hubhöhen der Ringbank (d. h. sehr langen Kötzern) sich durchsetzende Bildung der Kötzer mit Parallelwindung nach dem Vorbilde Abb. 36. Abgesehen davon sind aber praktische Erfolge mit den angedeuteten Mitteln bisher nur durch die an erster Stelle genannte periodische Regelung der Spindeldrehzahl und in gewisser Weise auch durch die feste Schräglage der Spindeln erzielt worden. Die Anpassung der Spindeldrehzahl an die bei wechselndem Aufwindungsdurchmesser sich ändernden Fadenspannungen kann bei elektrischem Einzelantrieb mit Spinnregler[1] in vollkommener Weise verwirklicht werden: man kann einerseits die großen Unterschiede beim Anspinnen, Fertigspinnen des zylindrischen Kötzerteils und Abspinnen, sowie andererseits die periodisch wiederkehrenden Fadenspannungs-Schwankungen während eines jeden Ringbankspiels ausgleichen. Dazu ist nur erforderlich, daß die Drehzahl des Antriebsmotors in Abhängigkeit von der Bewegung der Ringbank innerhalb gewisser Grenzen (etwa 15—20 vH) geregelt wird.

Die Ringbank muß für den Aufbau des Kötzers genau geregelte auf- und abgehende Bewegungen ausführen, deren Hub der Höhe einer kegeligen Schicht entspricht; außerdem muß sie noch nach dem Aufwinden jeder Schicht um einen kleinen Betrag gehoben werden, der annähernd der Fadendicke entspricht. Zur Einleitung dieser Ringbankbewegung ist ein Getriebe erforderlich, für das auf Abb. 75/76 ein Ausführungsbeispiel gezeigt ist. An der Stirnwand der Antriebsseite der Maschine ist der Schwinghebel F um den Bolzen J drehbar gelagert und wird mittels der Kettenzüge K_2, K_3 und des um Bolzen O schwingenden Doppelhebels L, N gegen die Herzscheibe E mit der im Hebel F gelagerten Rolle A durch das Ringbankgewicht angedrückt. Die Herzscheibe E (fälschlich Exzenter genannt) wird durch ein Kegelrädergetriebe in langsame Umdrehung versetzt und zwingt dadurch den Schwinghebel F zu periodisch auf- und absteigenden Bewegungen. Diese Schwingungen macht das am Hebelende befestigte Gehäuse G mit und dreht durch die auf der Kettentrommel S_1 angehängte Kette K_2 auch die Kettenscheiben S_2, S_3, so daß die Ringbank durch den Kettenzug K_3

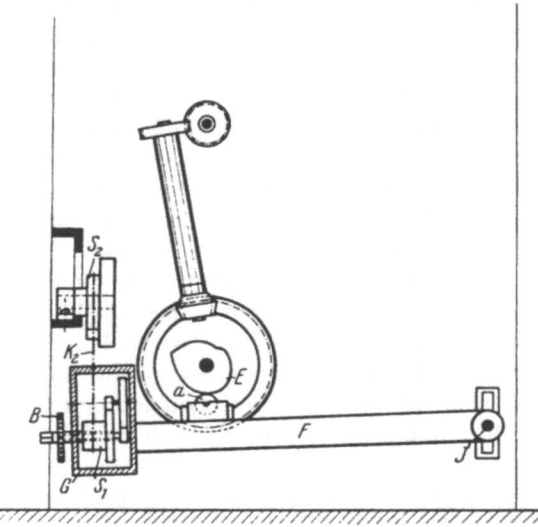

Abb. 75.

---

[1] Vgl. Stiel, W.: Elektrobetrieb in der Textilindustrie (1930).

und den Doppelhebel L der auf- und abgehenden Bewegung folgen muß. Die Ringbank wird dabei getragen von Stangen St_1, St_2, die in Hülsen H_1, H_2 geführt sind; um eine genaue Parallelführung der Ringbank zu gewährleisten, sind gleiche Führungsstangen nach je 10—15 Spindeln vorgesehen, die durch Doppelhebel ähnlich Hebel L angehoben werden. In der tiefsten Stellung der Ringbank, also beim Anspinnen des Kötzeransatzes, wird die Kette K_2 durch den auf der Kettenscheibe S_2 an-

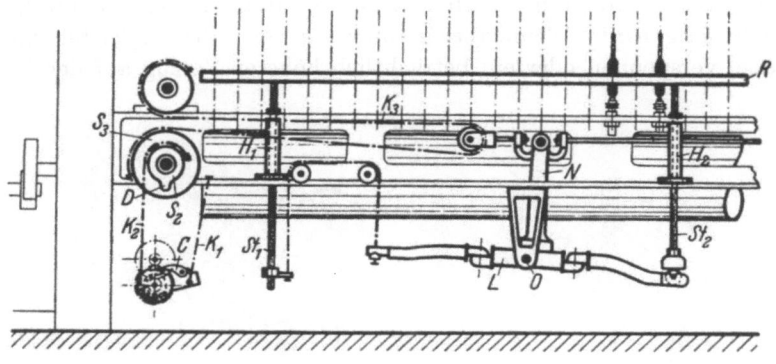

Abb. 76.

gebrachten Daumen D in eine geknickte Lage gebracht, so daß beim folgenden Senken des Schwinghebels F die Ringbank um einen geringeren Betrag steigt, solange die Kette K_2 auf dem Daumen D aufliegt. Auf diese Weise werden die Hubhöhen der Ringbank für die unteren Ansatzschichten verkürzt, so daß ein kegelig abgerundeter Ansatz für den Garnkötzer entsteht. Nun muß aber die Ringbank nach jeder Schicht um einen kleinen Betrag gehoben werden, damit sich eine Schicht gleichmäßig auf die andere auflegt; dazu dient das Schaltrad B, das mit dem Hebel F auf- und abschwingt, und der Schalthebel mit Klinke C. Der an der Kette K_1 aufgehängt gedachte Schalthebel dreht sich nämlich lose auf der Schaltradspindel, und infolgedessen gleitet die Klinke C

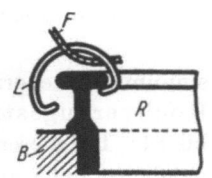

Abb. 77.

beim Hochgehen des Hebels F über einige Zähne des Schaltrades weg, während sie beim Heruntergehen des Schwinghebels in das Sperrad einfällt und das Rad um die entsprechende Zähnezahl weiterdreht. Dadurch wird aber mittels des im Gehäuse G untergebrachten Stirnradgetriebes das Kettenrad S_1 um einen sehr kleinen Winkel gedreht und die Kette K_2 ein kleines Stück aufgewunden. Die Folge ist, daß die Ringbank um einen der Hebelübersetzung entsprechenden Betrag gehoben wird, der genau dem zum Ausgleich der Schichtdicke dienenden Hub entsprechen muß.

An geeigneter Stelle im Getriebe jeder Ringspinnmaschine sind ähnlich wie beim Flyer Wechselräder vorgesehen, durch deren Austausch gegen Räder mit anderen Zähnezahlen der Verzug (Nummerwechsel), die Drehung des Garnes (Drahtwechsel) und die Ringbankbewegung (Schaltrad) verändert werden kann.

Die auf Abb. 74 dargestellte Ringspinnmaschine hat ein normales Dreizylinder-Streckwerk, mit dem man einen etwa 6—8fachen Verzug erreichen kann, ohne befürchten zu müssen, daß das Garn dadurch ungleichmäßig wird. Wenn aber Baumwolle von sehr ungleichmäßigem Stapel versponnen oder ein beträchtlich höherer Verzug auf der Ring-

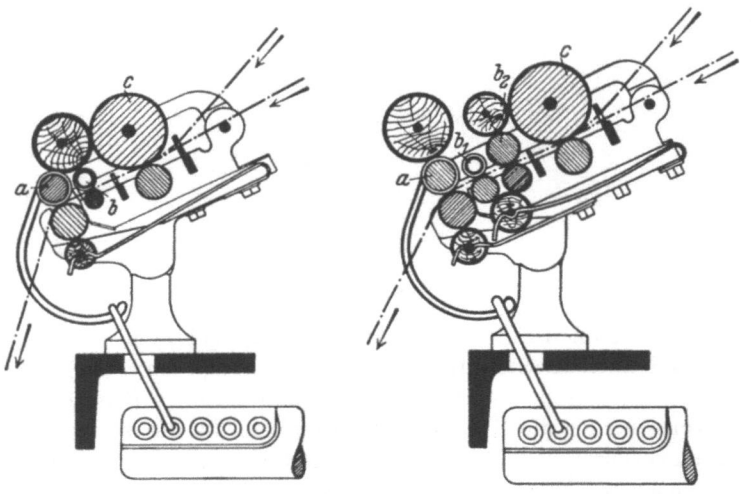

Abb. 78. Dreizylinder-Durchzugsstreckwerk.   Abb. 79. Vierzylinder-Streckwerk.
(Howard & Bullough Ltd.)

spinnmaschine erzielt werden soll, benutzt man mit Vorteil ein sog. Hochverzugsstreckwerk. Verschiedene Beispiele zeigen die Abb. 78 bis 81: Bei diesen Streckwerken ist die Klemmstelle der Mittelzylinder möglichst nahe an die Vorderzylinder herangerückt worden, was unter Umständen durch Verkleinerung der Zylinderdurchmesser ermöglicht werden kann. Auf diese Weise sind auch die kurzen Fasern während des Verzugsvorganges, der sich im wesentlichen zwischen Mittel- und Vorderzylindern vollzieht, bis dicht an den Vorderzylinder herangeführt, während sie bei einem normalen Zylinderabstand, der etwas größer als die größte Stapellänge ist, auf einem längeren Stück zwischen den längeren Fasern „schwimmen"[1]. Damit aber die langen Fasern zwischen Mittel- und Vorderzylindern bei dieser Konstruktion des sog. Durch-

---

[1] Johannsen, O.: Untersuchungen von Walzendurchzugs- und Gleitstreckwerken. Leipz. Mon.-Schr. f. Text. 1924.

zugsstreckwerks nicht zerrissen werden, macht man diese mittleren Druckroller so leicht wie möglich, z. B. hohl, wie Abb. 78 b und 79 b_1 zeigt. Die langen Fasern können dann unter dem leichten Mittelzylinder durchschlüpfen, erfahren aber doch eine genügend große Reibung, um an dem Verzug teilzunehmen. Das Dreizylinderstreckwerk mit leichtem Mitteldruckroller der D. Werke Ingolstadt ist deshalb gut geeignet, um aus kürzeren Baumwollen mit ungleichmäßigem Stapel Garne niedrigerer Nummern zu spinnen, ohne daß soviel dünne Stellen (Schnitte) oder Faseranhäufungen (Kracher) entstehen wie beim normalen Klemmstreckwerk. Besser arbeitet jedoch das Vierzylinderstreckwerk nach Abb. 79, weil bei dieser Ausführung ein regelrechter Vorverzug zwischen dem Hinterzylinder und dem normal belasteten dritten Zylinder stattfinden kann, was bei dem Streckwerk nach Abb. 78 wegen des zu geringen Mittelzylindergewichtes nicht möglich ist. Das Vierzylinderstreckwerk hat zwar den Nachteil der komplizierteren Bauart und des höheren Preises, es ermöglicht aber bedeutend höhere Verzüge als das Dreizylinderklemmstreckwerk,

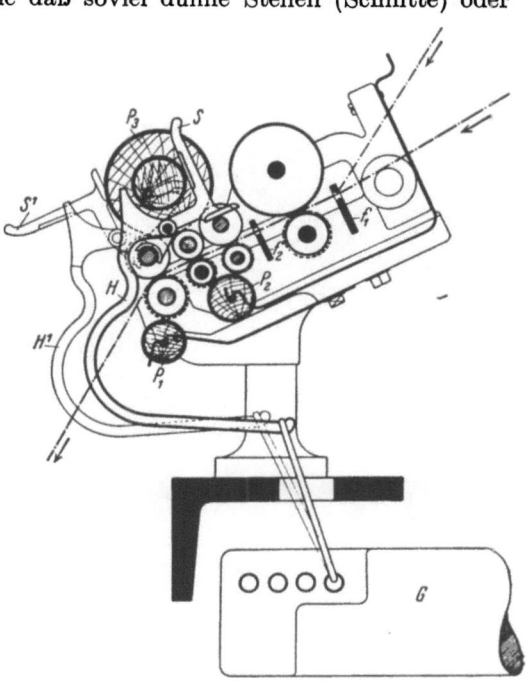

Abb. 80. Vierzylinder-Streckwerk mit Toennissensattel. (Deutsche Spinnereimaschinen A.G. Ingolstadt.)

die zwei- bis dreimal so hoch genommen werden können. Abb. 80 zeigt ein Vierzylinderstreckwerk mit einer besonderen Entlastungsvorrichtung für den dritten Druckroller (Toennissen-Sattel). Die Gewichtsbelastung des Vorderzylinders und des dritten Zylinders erfolgt gleichzeitig durch den Haken H und den doppelten Sattel S, der den Zapfen des Vorderzylinders umfaßt und zugleich auf dem Mittelzylinderzapfen ruht. Soll nun einer der beiden Mittelzylinder herausgenommen werden, so kann der Sattel S in die dünn gezeichnete Stellung S' zurückgeklappt werden, ohne daß dabei der Vorderzylinder entlastet wird, was den großen Vorteil hat, daß ein Durchziehen von unverzogenem Vorgarn verhindert wird. Bemerkenswert sind außerdem die 3 Putzwalzen, von denen P_1 den unteren Vorderzylinder, P_2 die beiden geriffelten Mittelzylinder und P_3 gleichzeitig die 3 ersten Oberzylinder sauber halten soll. Dieses Streckwerk hat ebenso wie die auf Abb. 78—80 dargestellten Durchzugsstreckwerke zwei Fadenführer f_1, f_2, während das normale Streckwerk nur einen hinterm Streckwerk angeordneten hin- und hergehenden Fadenführer besitzt.

Eine besondere Stellung nehmen die Durchzugsstreckwerke mit Lederriemchen ein, von denen in Abb. 81 das am weitesten verbreitete Streckwerk, System Casablancas als Beispiel gezeigt ist. Die drei Zylinderpaare a, b, c haben hier etwa normale Abstände, eine vorzügliche Führung der Fasern während des Hauptverzuges zwischen b und a ist aber dadurch erreicht, daß 2 Lederriemchen R_1, R_2 über Ober- und Unterwalze gezogen sind, die in der angedeuteten Weise bis dicht an die Vorderzylinder vorlaufen, so daß die Fasern sicher zwischen den Ledern gleiten und der beschleunigenden Wirkung von den Vorderzylindern einen durch den Druck der Lederhosen etwas erhöhten Reibungswiderstand entgegensetzen.

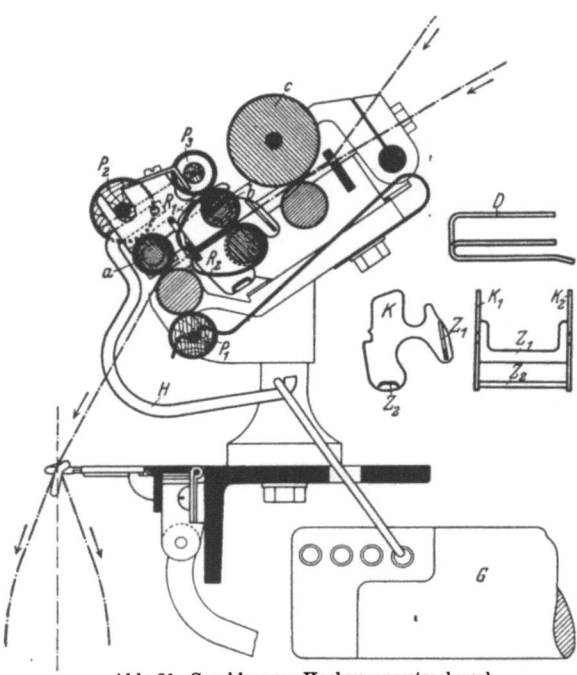

Abb. 81. Casablancas - Hochverzugsstreckwerk.
(Sächsische Maschinenfabrik, vorm. Rich. Hartmann A.G.)

Vorder- und Mittelzylinder haben Hebelbelastung durch H, G, während der Hinterzylinder in der üblichen Weise durch sein Eigengewicht den erforderlichen Klemmdruck erzeugt. Die Lederhosen werden durch eine Drahtklammer D vorn zusammengehalten und innerhalb des Messingrahmens K, Z seitlich geführt; ihre Beanspruchung ist äußerst gering, so daß sie eine mehrjährige Betriebsdauer haben. Der Abstand zwischen Mittel- und Vorderzylinder ist um etwa 10 mm größer als die längsten Fasern im Stapel, sodaß einerseits keine Fasern zerrissen werden können, andererseits beim Übergang auf eine andere Baumwollsorte nicht erst eine Neueinstellung der Zylinder erforderlich wird. Bei kurzstapeliger ostindischer Baumwolle kann man 10—15fachen Verzug, bei besserer nordamerikanischer und ägyptischer Baumwolle 15 bis 25fachen Verzug erreichen, wobei die Reißlängen solcher Garne durchschnittlich etwas höher liegen als bei Garnen, die auf Klemmstreckwerken normal verzogen worden sind. Derartige Casablancas-Streckwerke haben sich auch auf Flyern gut bewährt und geben ein gleichmäßigeres Vorgarn.

Durch die Verwendung von Hochverzugs-Streckwerken auf den Feinspinnmaschinen kann ohne weiteres ein Flyerdurchgang gespart werden, wodurch eine beträchtliche Verminderung der Lohnkosten, des Kraft- und Raumbedarfs außer der Kapitalersparnis für die Maschinen erzielt wird. Eine noch viel weitergehende Vereinfachung des ganzen Spinnverfahrens strebt neuerdings die Sächs. Maschinenfabrik, vorm. Rich. Hartmann A.-G., in Chemnitz durch ihre Ringspinnmaschine mit Verbundstreckwerk an, das auf Abb. 82 im Schnitt dargestellt ist. Mit diesem zweifachen Streckwerk kann man unmittelbar aus dem Streckband, das vorher auf einer Nitschelstrecke noch in Kreuzspulenform gebracht und verdichtet worden ist, mit einem mehr als 100fachen Verzug das fertige Feingarn spinnen, sodaß sämtliche Flyer entbehrlich werden. Dieses Verbundstreckwerk[1] besteht aus einem Dreizylinderklemmstreckwerk S_I, einem umlaufenden Drehhaken D_r und einem zweizylindrigen Lederbandstreckwerk, System Casablancas. Auf dem ersten Streckwerk kann man schon verhältnismäßig hohen Verzug geben (10—12fach), weil die Anfangsgeschwindigkeit des Streckbandes außerordentlich gering ist; durch den Drallhaken, der möglichst dicht vor dem Lederbandstreckwerk S_{II} angeordnet wird, erhält das Vorgarn eine schwache Vordrehung, die nach der einen Seite sich bis zum Klemmpunkt zwischen den Laufledern erstreckt und dadurch einen weiteren energischen Verzug ermöglicht, während die Drehung nach rückwärts bis zum Klemmpunkt des Vorderzylinderpaares 3 in entgegengesetzter Drehrichtung verläuft. Die bisherigen praktischen Erfahrungen mit der S. M. F.-Ringspinnmaschine mit Verbundstreckwerk sind in bezug auf die Gleichmäßigkeit und Reißfestigkeit des gesponnenen Garnes durchaus günstig; natürlich ist dabei die Gleichmäßigkeit des Streckbandes von entscheidender Bedeutung, da die sonst übliche mehrfache Dopplung auf den Flyern wegfällt. Eine gewisse Unbequemlichkeit der neuen Maschine stellen nur die vielen Wechselräder (9 Stück) dar, durch die der Drall des Garnes sowie die einzelnen Verzugsgrößen der beiden Streckwerke und schließlich die Fadenspannung in dem Fadenstück zwischen erstem und zweitem Streckwerk regelbar sein muß. Da aber andererseits die Bedienung keine besondere Geschicklichkeit im Vergleich zur normalen Ringspinnmaschine erfordert und der Wegfall der ganzen Vorspinnerei einen außerordentlichen wirtschaftlichen Vorteil bedeutet,

---

[1] Vgl. O. Johannsen: Leipz. Mon.-Schr. f. Text. 1929.

82 Wichtigste Spinnereizweige.

würde der Spinner gewiß den erwähnten Umstand gern in Kauf nehmen, wenn das neue Streckverfahren tatsächlich ein einwandfreies Garn im praktischen Spinnereibetrieb liefert, wie durch die bisherigen Versuche erwiesen zu sein scheint.

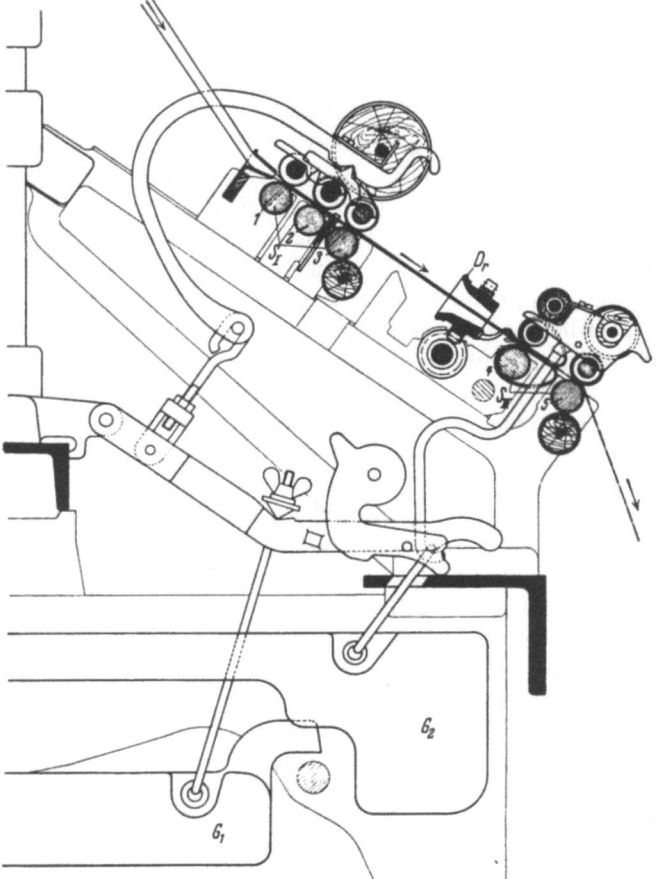

Abb. 82. S.M.F.-Verbundstreckwerk, System Casablancas.

Der Baumwollselfaktor, Wagenspinner oder Absetzspinner (Self-Acting Mule) arbeitet im Gegensatz zur Ringspinnmaschine nach dem absetzenden Spinnverfahren, indem das Spinnen und Aufwinden des Fadens in zwei voneinander unabhängigen Perioden erfolgt. Auf dem Selfaktor können alle Baumwollsorten versponnen werden, er eignet sich ebenso für gröbere weiche Garne wie für die feinsten Nummern, die überhaupt praktisch ausspinnbar sind. Der Arbeitsvorgang beim Selfaktor entspricht grundsätzlich demjenigen beim Handspinnen, wo ebenfalls in dauernder Wiederholung ein Fadenstück bestimmter Länge erst fertiggesponnen, und dann auf die Spindel oder Spule zur Bildung des Kötzers aufgewunden wird.

Die Hauptwerkzeuge eines Selfaktors sind auf Abb. 83 schematisch dargestellt: Aufsteckzeug oder Spulengatter G, Zylinderstreckwerk o, u, Wagen W mit den von der Trommel T in Umlauf versetzten Spindeln S und dem Aufwinder bzw. Gegenwinder a, g. Die Spindeln sind in einer Reihe zu etwa 600—1300 Stück nebeneinander auf dem Wagen W untergebracht und haben einen Abstand (Teilung), der durch den Kötzerdurchmesser in Abhängigkeit von der Garnnummer und von dem praktisch erforderlichen Spielraum zwischen den Spindeln gegeben ist; sie stehen geneigt nach dem Vorbilde Abb. 39 und haben eine abgerundete Spitze, über die das Garn bei der Drahterteilung abgleiten kann. Das Vorgarn wird in dem zweistufigen Streckwerk o, u auf die verlangte Feingarnnummer verzogen und gelangt frei ausgespannt an die Spindelspitze,

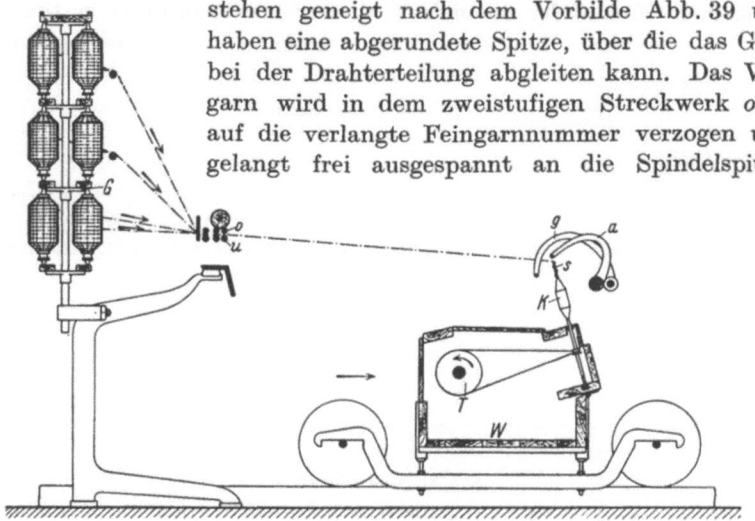

Abb. 83. Hauptteile des Baumwollselfaktors.

während sich der Wagen W z. B. in seiner Endstellung vor dem Streckwerk befindet. Wenn sich nun der Wagen bei seiner Ausfahrt von dem Vorderzylinder u fortbewegt, und dabei gleichzeitig das verfeinerte Garn mit derselben Geschwindigkeit von dem Vorderzylinderpaar nachgeliefert wird, so bleibt das länger werdende Fadenstück unter gleichmäßiger Spannung zwischen Zylindern und Spindelspitze ausgestreckt und erhält auf die bei Abb. 39 beschriebene Weise Drehung. Bei der Ankunft des Wagens in seiner vorderen Endstellung soll das gelieferte Fadenstück dann den erforderlichen Draht aufgenommen haben, andernfalls muß bei stillstehendem Wagen noch der sog. Nachdraht gegeben werden.

Bei der folgenden Einfahrt des Wagens wird das fertiggesponnene Garnstück auf die Spindel aufgewickelt; dazu müssen aber erst die auf

6*

dem oberen freien Spindelende liegenden Garnwindungen abgewickelt oder **abgeschlagen** werden, was durch kurzes Drehen der Spindeln in entgegengesetzter Richtung erfolgt. Dabei wird das zwischen Streckwerk und Spindelspitze ausgespannte Fadenstück schlaff, so daß eine Verwirrung der Fadenwindungen eintreten würde. Um das zu verhindern, ist ein an der Spindelreihe entlanglaufender, an Armen g gehaltener Draht, der **Gegenwinder**, vorgesehen, der in die Höhe schlägt und den Faden dadurch spannt. Gleichzeitig senkt sich ein zweiter, an den Armen a gehaltener Draht, der **Aufwinder**, und führt das Garn an diejenige Stelle des Kötzers, wo beim vorhergehenden Spiel die Aufwindung abgesetzt hat. Beim Rückgang des Wagens und entsprechend langsamem Umlauf der Spindeln wird das Garn dann unter bestimmter Spannung aufgewunden, wenn der Aufwinder die Führung des Fadens in auf- und abgehenden Lagen übernimmt, und der Gegenwinder

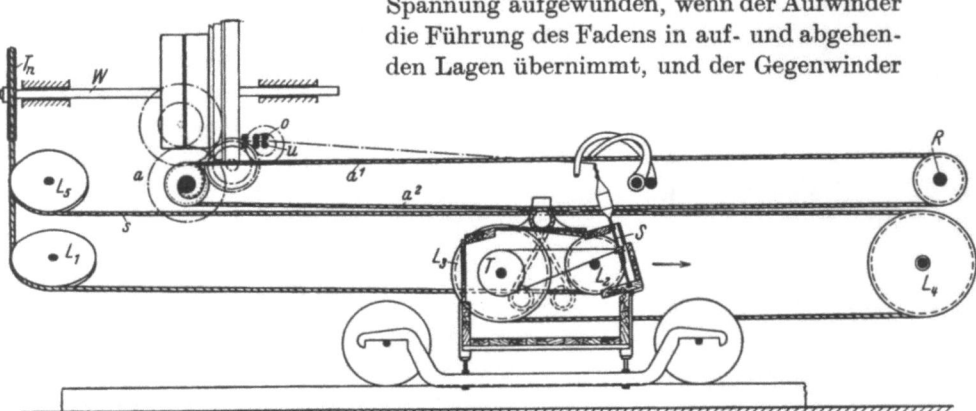

Abb. 84. Wagenausfahrt.

dabei den Faden straff hält. Die Aufwindung erfolgt in kegelig sich aufbauenden Schichten, wobei die Fadenlagen beim Hochgehen des Winders dicht aufeinanderzuliegen kommen, und beim Heruntergehen in steilen Spiralen gelegt werden, sodaß die sich kreuzenden Windungen später wieder glatt abgezogen werden können, ohne sich zu verwirren. Nachdem der Wagen mit den Spindeln dann wieder in der inneren Endstellung angekommen ist, beginnt das beschriebene Spiel von neuem.

Der Arbeitsvorgang auf dem Selfaktor vollzieht sich also in zwei Hauptabschnitten, dem **Spinnen** und dem **Aufwinden**; das Spinnen umfaßt das Verziehen des Vorgespinstes und das Drahtgeben während der **Ausfahrt** des Wagens und das **Nachdrehen**, wenn der Wagen am Ende seiner Ausfahrt angekommen ist, bevor dem Garn die zu seiner Festigung erforderliche Drehung vollständig erteilt werden konnte, — das Aufwinden beginnt mit dem **Abschlagen** bei stillstehendem Wagen und besteht aus dem Aufwickeln des fertiggesponnenen Garnes auf die

Spindel während der Einfahrt des Wagens. Man kann demnach auch, falls überhaupt Nachdraht erteilt wird, von 4 Perioden beim Absetzspinner sprechen.

Die wesentlichen Maschinenteile des Selfaktors während des Spinnens, also bei der Wagenausfahrt, sind auf Abb. 84 veranschaulicht. Die von der Hauptwelle W angetriebene Auszugsschnecke A zieht mittels des auf ihr befestigten Seiles a_1, das über die Seilrolle R am Vorderbock der Maschine geführt ist, den Wagen aus, wobei sich gleichzeitig ein ebenfalls am Wagen befestigtes Seil a_2, das Gegenseil, in demselben Maße von der entgegengesetzt gewundenen Spur der Auszugsschnecke A abwindet, so daß der Wagen zwischen zwei gespannten Seilen geführt ist. Zur genauen Parallelführung des langen Wagens sind außerdem mehrere solche Auszugsschnecken mit Seilen und Gegenseilen auf die Wagenlänge verteilt. Die Wagengeschwindigkeit ist während der Ausfahrt entsprechend der gleichmäßigen Garnlieferung durch das Streckwerk eine gleichförmige, und nur am Ende der Ausfahrt erfolgt eine Verzögerung, entsprechend dem spiralförmigen Auslauf der Auszugsschnecke. Die Spindeln erhalten während der Ausfahrt ihre Drehung auf folgende Weise: das endlose Seil s wird von der auf der Hauptwelle W sitzenden Zwirnscheibe oder Twistwirtel T_w angetrieben und nimmt durch die schleifenartige Umleitung über die Leitrollen L_1, L_2, L_3, L_4, L_5 die Schnurtrommel T mit, von der die Spindeln S durch Schnüre angetrieben werden. Gleichzeitig wird von der Hauptwelle W aus der Vorderzylinder des Streckwerks u mit gleichförmiger Geschwindigkeit angetrieben.

Bei stillstehendem Wagen erfolgt dann das Abschlagen der auf dem Spindelende liegenden Garnwindungen durch einige rückläufige Umdrehungen der Spindeln. Der Antriebsriemen wird dazu von der Festscheibe H auf die Losscheibe J verschoben, so daß die Vorgarnlieferung aufhört und der Wagen stehenbleibt. Die Spindeln erhalten gleichzeitig von der Zwirnscheibe aus dadurch in umgekehrtem Sinne Drehung, daß die Hauptwelle W durch Einrücken einer Reibungskupplung, der sog. Abschlagbremse K_a über den mit einem Zahnkranz versehenen äußeren Kupplungsteil (Abb. 85) von einer ständig in entgegengesetzter Richtung wie der Antriebsriemen umlaufenden Nebenwelle W_n aus mitgenommen wird, so daß die Spindeln, die vorher z. B. Rechtsdrehung bekommen hatten, jetzt einige wenige Linksdrehungen zwecks Abwicklung der obersten Garnwindungen erhalten. Dabei führen die Gegenwinder und Aufwinder die schon oben beschriebenen Bewegungen zwecks Straffhaltung des zwischen Streckwerk und Spindel ausgespannten Fadenstückes aus.

Das Aufwinden während der Wageneinfahrt vollzieht sich nach Abb. 85 folgendermaßen: Der Wagen wird durch Seile e_1 eingezogen, während gleichzeitig die über Leitrollen L_6 geführten Seile e_2 sich von den Einzugsschnecken E abwickeln und so den Wagen zwangsläufig führen. Die Wagenbewegung wird dabei aus der Ruhelage allmählich beschleunigt und dann wieder ebenso verzögert, was durch den schnell zunehmenden bzw. wieder abnehmenden Aufwindungsdurchmesser der Einzugsschnecken erzielt wird; an langen Maschinen sind 3 Einzugsschnecken, sonst nur 2, vorgesehen. Ihre Umdrehung erhalten die Einzugsschnecken von der kurzen Vertikalwelle W_e aus, die durch Kegelräder von der schon erwähnten Nebenwelle W_n aus angetrieben wird. Nach Einrücken der auf der Welle W_e sitzenden **Einzugskupplung** K_e wird die Einzugswelle durch ein Kegelräderpaar mitgenommen. Die Drehung der Spindeln muß sich während des Aufwindens periodisch ändern, weil der

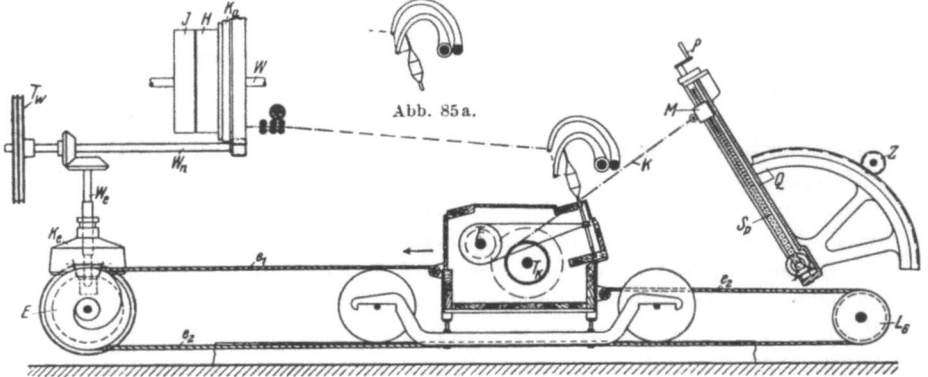

Abb. 85 u. 85a. Wageneinfahrt.

Aufwindungsdurchmesser entsprechend der Bewicklung in kegeligen Schichten ständig zu-, bzw. wieder abnimmt. Die Stellung des Aufwinders beim Winden auf den größten und kleinsten Durchmesser zeigt Abb. 85 und 85a.

Die gesetzmäßige Regelung der Spindeldrehzahl während des Aufwindens wird nun dadurch erreicht, daß sich die Kette k, die an einem schwingenden Arm, dem **Quadranten** Q, befestigt ist, während der Einfahrt des Wagens um bestimmte Längen von der Kettentrommel T_k abwickelt und dadurch die Kettentrommel selbst, die Schnurtrommel T und damit die Spindeln in Umdrehungen versetzt. Der Quadrant trägt ein Zahnsegment, in das das Ritzel z eingreift, das wiederum von der Auszugswelle angetrieben wird. Bei der Wageneinfahrt erhält also das Ritzel z eine der Wagengeschwindigkeit entsprechende veränderliche Drehzahl, so daß der Quadrantenarm dem Wagen um entsprechende Winkelbeträge folgen muß. Da aber der Anhängepunkt der Kette am schwingenden Arm, die Quadrantenmutter M, einen Kreisbogen beschreibt, erfolgt das Abziehen der Kette zuerst um geringer werdende Beträge, sodaß die Spindeldrehzahlen entsprechend der heruntergehenden Kreuzwindeschicht allmählich abnehmen. Mit der weiteren Wageneinfahrt nehmen die Kettennachlieferungen durch den nachfolgenden Quadrantenarm dann wieder ab; es werden damit längere Kettenstücke von der Kettentrommel T_k abgewickelt, also die Spindeldrehzahl beschleunigt, wie es wegen des langsam wieder abnehmenden Aufwindungsdurchmessers erforderlich ist. Da bei der Kötzeransatzbildung infolge des geringeren Durchmessers der unteren Schichten auch die Spindeldrehzahl höher als beim zylindrischen Klötzerteil sein muß, wird für die Ansatzbildung die Laufmutter M auf der Schraubenspindel Sp in die tiefste Stellung heruntergeschraubt. Dadurch wird bei der Wageneinfahrt nur wenig Kette nachgeliefert, also die Spindeldrehzahl gesteigert. Das allmähliche Höherstellen der Quadrantenmutter erfolgt nun selbsttätig, und zwar in Abhängigkeit von der durch

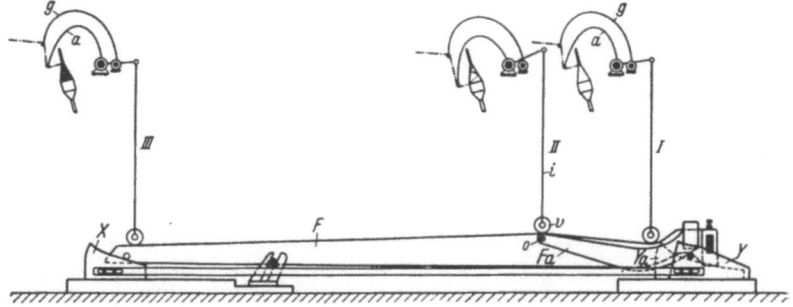

Abb. 86. Aufwindevorrichtung (Formschiene).

den Gegenwinderdraht geregelten Fadenspannung, worauf hier nicht näher eingegangen werden kann. Der Spinner hat aber die Möglichkeit, auch von Hand durch Drehen der Kurbel P die Stellung der Quadrantenmutter und damit die Fadenspannung zu ändern.

Die Bewegung des Winderdrahtes während der Wageneinfahrt geht aus Abb. 86/87 hervor; von ihr ist die Bildung der Kegelwickelflächen, aber auch die richtige äußere Gestalt des Kötzers abhängig. Die den Winderdraht tragenden Arme a sitzen auf einer durchgehenden Welle c, an der gleichzeitig mittels eines Hebels die Stange i angreift, die mit ihrer Fußfläche auf einer in dem Gleitstück j gelagerten Rolle r_0 aufsitzt, während dieses Gleitstück, das am Wagen Wa geführt ist, wiederum mit einer Rolle r auf der am Fußboden fest gelagerten Windeschiene oder Formschiene F gleitet. Wie Abb. 86 in vereinfachter Darstellung zeigt, bewirkt die ansteigende und wieder abfallende Bahn der Formschiene F durch die Rolle r und das Hebelgestänge das regelmäßige Senken und Heben des Aufwinders und dadurch die Führung des

Fadens an die richtige Kötzerstelle. Zwischen den Stellungen *I* und *II* (Abb. 86) legt der rasch abwärts gehende Winderdraht die steilen Spiralen der Kreuzwindeschicht, um dann zwischen *II* und *III* in dichten Fadenlagen die Kegelwickelfläche zu bilden. Da nun ferner mit dem Wachsen des Kötzers jede neue Schicht etwas höher angesetzt werden muß, wobei sich das regelmäßige Senken und Heben des Aufwinders immer in der gleichen Weise zu wiederholen hat, wird die ganze Formschiene allmählich gesenkt. Die Windeschiene *F* ruht deshalb auf zwei Keilstücken x, y, die durch eine Stange verbunden sind und mit dem fortschreitenden Aufwickeln des Garnkörpers wagerecht (nach

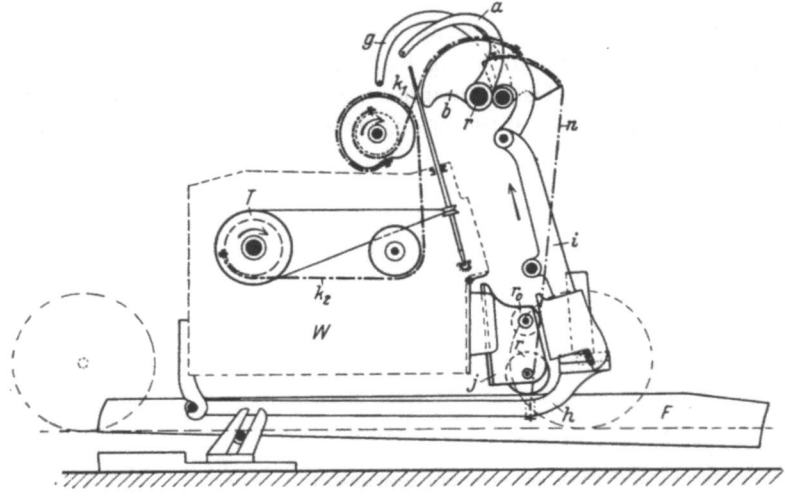

Abb. 87. Windewerkzeuge.

links, Abb. 86), verschoben werden. Von der Kurvenbahn dieser **Formplatten** wird die Gestalt des Kötzers wesentlich bestimmt; die Platte y bestimmt im wesentlichen die Form des Kötzers im Ansatz und in seinem zylindrischen Teil und wird deshalb auch Ansatzplatte genannt, die Platte x dagegen Spitzenplatte. Um die Spitzenhöhe bei der Ansatzbildung für die Kreuzwindung zwischen *I* und *II* und für die Füllschicht zwischen *II* und *III* richtig ausgleichen zu können, kann man, wie Abb. 86 zeigt, an der Formschiene eine kurze Nebenschiene F_a durch einen Bolzen o drehbar befestigen, die an ihrem anderen Ende mittels eines Zapfens auf der Formplatte y_a gleitet und bei der Ansatzbildung so hoch steigt, daß die Rolle r im Anfang auf der Nebenschiene F_a aufläuft.

Der **Gegenwinder** g (Abb. 87), dessen unter den Fäden liegender Draht die Fäden anspannen soll, wird durch Gewichtshebel h und Kette n hochgedrückt, wobei durch Änderung der Gewichtsbelastung die Fadenspannung beeinflußt werden kann. Am Ende der Wageneinfahrt wird die Stelze i von der oberen Rolle r_0 des Gleitstückes j durch einen Anschlag heruntergedrückt, sodaß der Aufwinder in die Höhe schlägt und die letzten Fadenwindungen über die Spindelspitze „aufgeschlagen" werden. Abb. 87 zeigt die Stellung von Winder und Gegenwinder in diesem Zeitpunkt, die auch während des Spinnens bei der Wagenausfahrt unverändert so bleibt. Während des Abschlagens am Ende der Wagenausfahrt wird durch die sich rückwärts drehende Spindeltrommel T der Aufwinder dann mittels des Armes b und der darauf befestigten Kette k_1, bzw. der Kette k_2 wieder auf die Rolle r_0 hereingezogen, wodurch er an diejenige Stelle des Kötzers heruntergeht, an der die weitere Garnaufwindung erfolgen soll. Gleichzeitig wird auch der bisher vom hochstehenden Aufwinder durch eine Stütze niedergehaltene Gegenwinder freigegeben und geht infolge des Zuges der Gewichtshebel h hoch.

Der Selfaktor ist eine vollständig selbsttätig arbeitende Spinnmaschine, und damit sich die beschriebenen Vorgänge während der Wagenaus- und einfahrt in der richtigen Weise vollziehen, muß noch eine Schaltvorrichtung vorgesehen sein, die Steuerwelle mit der Schaltkupplung, die am Ende der Ausfahrt bzw. Einfahrt durch Anschläge betätigt wird, was hier nur angedeutet werden kann. Das ganze Getriebe des Selfaktors ist ja so zusammengesetzt, daß der Selfaktor mit Recht als die sinnreichste aller Spinnereimaschinen gilt.

Die Leistung des Wagenspinners läßt sich nicht wie bei den anderen ununterbrochen abliefernden Spinnmaschinen unmittelbar aus der Geschwindigkeit der Lieferwalzen und der Garnnummer berechnen, sondern hier muß die Anzahl der Wagenauszüge, während denen ja nur die Garnlieferung erfolgt, und die Auszugslänge zugrunde gelegt werden. Zu einem Wagenspiel gehört die Ausfahrt, das Abschlagen und die Einfahrt, die erforderliche Zeit beträgt je nach der Nummer und dem Drehungsgrad des Garnes zwischen 20 und 10 Sekunden, sodaß also etwa 3 bis 6 Wagenspiele in der Minute zu erfolgen haben. Die Auszugslänge wird meistens in engl. Zoll angegeben und liegt zwischen 60—66″. Das Produkt aus der Anzahl der Wagenauszüge pro Minute und der Länge des gelieferten Vorgarnes, die annähernd gleich der Auszugslänge ist, ergibt die Länge des auf eine Spindel gewundenen fertigen Garnes, aus der bei bekannter Garnnummer dann das gelieferte Fadengewicht ausgerechnet werden kann. Für das Zylinderstreckwerk des Selfaktors gilt im allgemeinen dasselbe, was bei der Ringspinnmaschine ausgeführt worden ist, jedoch liegen die Verhältnisse in bezug auf den Ablauf des Garnes vom vorderen Unterzylinder beim Selfaktor günstiger als bei der Drossel. Hochverzugsstreckwerke werden bei Selfaktoren nur in seltenen Fällen eingebaut, obwohl ihre Anwendung auch bei dieser Spinnmaschine die bekannten Vorteile bietet. Außer dem Verzug durch das Streckwerk kann auf dem Selfaktor noch durch den gegenüber der Vorgarnlieferung etwas voreilenden Wagen ein gewisser Verzug (Wagenvorlauf) gegeben werden, der bei weich gedrehten Schußgarnen etwa 5—20 vH, von der Auszugslänge betragen kann, bei härteren Kettgarnen dagegen unter 5 vH liegen soll. Durch den Wagenverzug kann gegebenenfalls ein Ausgleichen von dickeren Stellen im Garn oder ein Ausziehen von kleinen Fadenschlingen erfolgen, doch darf dadurch die Fadenspannung nicht zu hoch werden. Der Gesamtverzug wird demnach beim Selfaktor aus dem Verzug im Streckwerk und dem Wagenverzug zu berechnen sein.

Der Selfaktor und die Ringspinnmaschine werden in der Baumwollspinnerei noch immer nebeneinander benutzt, aber die Ringspinnmaschine dringt immer mehr in die Gebiete ein, die früher dem Selfaktor allein vorbehalten waren. Auf dem Ringspinner kann man jetzt auch verhältnismäßig weiche Schußgarne spinnen und ist nicht mehr an die

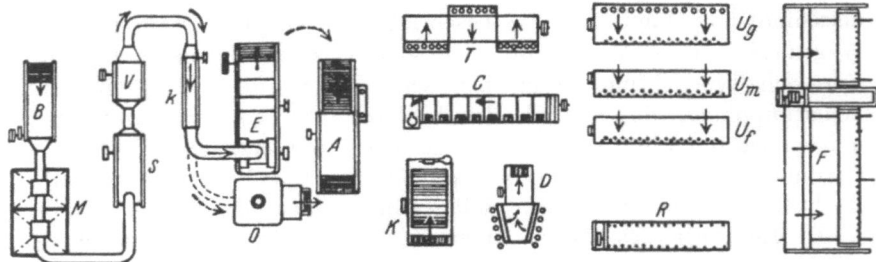

Abb. 88. Maschinenzusammenstellung der Baumwollspinnerei.

obere Grenze von $N_c = 60$—80 gebunden; so kommt es, daß z. B. in den Vereinigten Staaten von Nordamerika der Anteil von Selfaktorspindeln an der Gesamtspindelzahl nur noch rund 7,5 vH beträgt. Nur noch für Garne, an die ganz besondere Anforderungen gestellt werden, wird der Selfaktor vorgezogen, der in seiner Konstruktion viel verwickelter ist, sowie einen bedeutend größeren Aufstellungsraum und schwierigere Bedienung beansprucht. Dieselben Grundsätze gelten auch für das Spinnen anderer Faserstoffe, wo der Absetz- mit dem Durchspinner noch im Wettbewerb steht.

Eine Zusammenstellung der in der Baumwollfeinspinnerei üblichen Maschinen zeigt Abb. 88. Die von dem Ballenöffner B auf Lattentüchern oder in geschlossenen Rohrleitungen mittels Ventilators in die Mischfächer M abgelieferte Baumwolle kann auch, ohne diese zu berühren, unmittelbar in den Kastenspeiser S des Voröffners V gelangen. Die von diesem ausgeworfene Baumwolle durchfliegt den Gitterkasten k und kann entweder von da aus, wie punktiert angedeutet, in den Vertikalöffner O oder in den waagerechten Saugöffner der verbundenen Vorbereitungsmaschine E. Die auf dem Wickelapparat hergestellten Wickel kommen dann zur Dopplung auf die Schlag- und Wickelmaschine A.

Mit den bezeichneten Maschinen ist die Vorbereitung abgeschlossen und die erste Aufgabe der Spinnerei, einen Faserkörper von bestimmter Länge bei bestimmtem Gewicht herzustellen, ist damit gelöst. Auf der Krempel K, die natürlich in großer Zahl zu einer Gruppe vereinigt ist, wird aus diesem Wickel ein fortlaufendes Band von bestimmter Nummer gebildet, das entweder unmittelbar in das Streckwerk T zur weiteren Vergleichmäßigung gelangt, oder für den Fall, daß die Baumwolle gekämmt werden soll, zunächst noch die Banddopplungsmaschine D zu durchlaufen hat. Dieser Maschine werden die mit Band gefüllten Töpfe vorgestellt, damit aus den gedoppelten Bändern ein schmaler Wickel gebildet wird, der darauf einer in dieser Zusammenstellung bei C eingezeichneten Kämmaschine vorgelegt werden kann. Die von den Köpfen einer solchen Flachkämmaschine (vgl. Abb. 65) abgelieferten und wiederum gedoppelten Bänder kommen nunmehr ebenfalls in das Streckwerk T und durchlaufen dann weiter dieselben Maschinen wie die nicht gekämmten Bänder. Das Streckwerk hat mehrere Köpfe in gewöhnlich drei Abteilungen mit gemeinschaftlichem Antrieb, und es finden meistens zwei oder drei Durchgänge hintereinander statt, sodaß bei z. B. dreimaligem Durchgang und jedesmaliger vierfacher Dopplung die gesamte Dublierung $4 \cdot 4 \cdot 4 = 64$ beträgt.

Die vergleichmäßigten Bänder der Strecke werden nun der Grobspulenbank U_g vorgelegt, auf der wieder eine Dopplung stattfindet, und schließlich noch zur weiteren Verfeinerung auf die Mittel- und Feinspulenbank U_m bzw. U_f, die entsprechend der abnehmenden Größe der gebildeten Spulen und der dadurch bedingten kleineren Teilung von einer Maschinengruppe zur anderen eine größere Anzahl Spindeln bei gleicher Maschinenlänge erhalten. Da die fortschreitende Verfeinerung den Erfolg hat, daß die entstehenden Bandlängen immer größer werden und die Arbeitsgeschwindigkeit von einer Maschinengruppe zur nächsten nicht entsprechend gesteigert werden kann, so muß immer jede folgende Maschinengruppe eine beträchtlich größere Anzahl von Arbeitswerkzeugen (Spindeln) aufweisen, um die von der vorhergehenden gelieferten Bänder oder Fäden ohne Stockung weiterverarbeiten zu können. Dieser Grundsatz gilt für die Spinnerei ganz allgemein. Die Spulen von dem Feinflyer kommen schließlich zum Fertigspinnen auf den Selfaktor F oder auf die Ringspinnmaschine R, die das fertige Garn in Kötzerform abliefern.

Im vorhergehenden Abschnitt ist schon darauf hingewiesen worden, daß auf manchen Spinnereimaschinen eine Dopplung der Wickel, Bänder oder Fäden vorgenommen wird, um ein gleichmäßigeres Endprodukt, das Garn, zu erzielen. Die Dopplungszahlen der einzelnen Stufen des ganzen Spinnverfahrens multipliziert man miteinander und erhält dann durch diese Zahl einen Maßstab für die insgesamt erreichte Vergleichmäßigung. Wenn z. B. die Dopplung auf der Schlagmaschine zu 4, auf der dreifachen Strecke zu je 6, auf 2 Spulenbänken zu je 2 angenommen wird, so erhält man $4 \cdot 6 \cdot 6 \cdot 6 \cdot 2 \cdot 2 = 3456$ als Gesamtdopplungszahl des ganzen Spinnvorganges. Je größer diese Dopplungszahl ist, die bei Anwendung der Kämmaschine noch beträchtlich gesteigert werden würde, desto gleichmäßiger in seinem Verlaufe wird auch das fertige Garn ausfallen.

Der Gesamtverzug ist gleichzeitig durch das Verhältnis der Nummer des von der Feinspinnmaschine gelieferten Garnes (Vorlagenummer) zu der Nummer der Baumwollwatte der Schlagmaschine gegeben. Die Aufstellung der für das ganze Spinnverfahren bei einem gewissen Rohstoff und bei bestimmter Garnnummer erforderlichen Maschinen, sowie die Festlegung der auf jeder Maschine zu gebenden Dopplung und des jeweiligen Verzuges wird dann durch den Spinnplan bestimmt, der als Grundlage bei der Neuanlage einer Spinnerei ebenso wie zur Nachprüfung im laufenden Betriebe zu dienen hat. Bei der Aufstellung eines solchen Spinnplanes ist die praktische Erfahrung maßgebend, zufolge der man allein richtig beurteilen kann, welche Verzugsgröße z. B. auf der Ringspinnmaschine bei Anwendung eines bestimmten Streckverfahrens für die betreffende Baumwollsorte noch zulässig ist, oder ob eine doppelte Aufsteckung für ein bestimmtes Garn erforderlich ist oder nicht. Allgemein kann aber gesagt werden, daß, je feiner das Garn werden soll, eine um so größere Anzahl Dopplungen und um so höherer Verzug stattfinden muß; bei sehr feinen Garnen wendet man deshalb auch mehr Durchgänge bei den Strecken und in der Vorspinnerei an.

Die Einstellung wechselnder Verzüge an den einzelnen Maschinen wird durch austauschbare Zahnräder, die Nummerwechselräder, ermöglicht; auch der zu erteilende Drehungsgrad kann bei Vorspinn- und Feinspinnmaschinen dadurch verändert werden, daß der sog. Drahtwechsel, ein Getrieberad, ausgewechselt wird. Die in der Zeiteinheit gelieferte Band- oder Fadenlänge schließlich läßt sich ebenfalls durch Austauschen eines Lieferwechselrades einstellen.

Die Leistung einer Baumwollspinnerei wird durch die Anzahl der Spindeln der Feinspinnmaschinen bestimmt, die ja allein das fertige Garn liefern; die Zahl dieser Feinspindeln gibt deshalb ohne weiteres den Maßstab für die Größe der ganzen Spinnerei, denn man kann bei Kenntnis der mittleren Garnnummer, die der Betrieb liefern soll, aus der Feinspindelzahl auf die erforderliche Anzahl der in sich geschlossenen Vorwerke schließen. Andererseits lassen sich auch aus der Spindelzahl der Spinnerei der gesamte Kraftverbrauch und Platzbedarf annähernd nach Erfahrungszahlen berechnen und die Anschaffungskosten schätzen; aus der Anzahl der Baumwollfeinspindeln, die für eine bestimmte Garnmenge erforderlich sind, kann also die gesamte Spinnereieinrichtung überschläglich berechnet werden.

2. Baumwollgrobspinnerei.

Das Ziel der Baumwollgrobspinnerei oder -Streichgarnspinnerei ist, aus kurzstapeliger Baumwolle, vielfach gemischt mit Baumwollabfällen, weiche wollartige Garne in gröberen Nummern zu spinnen. Das Mischungsverhältnis zwischen Rohbaumwolle und Abgängen kann dabei je nach dem Verwendungszweck des Garnes innerhalb weiter Grenzen schwanken; werden z. B. überwiegend oder ausschließlich Abfälle verarbeitet, so bezeichnet man das Verfahren auch als Baumwollabfallspinnerei. Wenn die Garne für Stoffe bestimmt sind, die später gerauht werden sollen, wie Barchent, Flanell usw., so spricht man von Barchentspinnerei, — bei besonders weichen, reinen Garnen mit etwas Wollezusatz auch von Vigognespinnerei. Alle diese Spinnverfahren unterscheiden sich von der Baumwollfeinspinnerei grundsätzlich durch die Art der Vorgarnbildung: während nämlich in der Feinspinnerei aus einem Grundfaserkörper (Vlies) von bestimmter Länge und bestimmtem Gewicht durch oft wiederholtes Verziehen nur ein Faden gebildet wird, teilt man in der Grobspinnerei den Grundfaserkörper in mehrere schmale Streifen und stellt aus jedem derselben einen Faden her. Dieser Vorgang ist auf Abb. 110 bei der Woll-Streichgarnspinnerei schematisch dargestellt, und es zeigt sich, daß das Streichgarnspinnverfahren wesentlich kürzer und einfacher ist und weniger Maschinen für die Fertigstellung des Garnes aus dem Krempelflor erfordert. Eine gute Vergleichmäßigung durch Dopplung ist dabei aber auch erwünscht, was sich in der Krempelei ermöglichen läßt, indem man mehrere Krempeln hintereinander anwendet, zwischen denen mehrfach gedoppelt wird. Der Schwerpunkt der Vorbereitungsarbeit für die Spinnerei liegt also hier in der Krempelei, und das kennzeichnende Merkmal der Grobspinnerei ist die auf der letzten Krempel erfolgende Florteilung. Der Florteiler (Abb. 97) selbst liefert aus den Bändchen gebildete Vorgarnfäden von solcher Feinheit ab, daß sie nur noch eines geringen Verzuges auf der Feinspinnmaschine bedürfen. Die Zuführung der Baumwolle zu der ersten Krempel braucht in der Streichgarnkrempelei nicht in Wickelform zu erfolgen, weil durch die aufeinander folgenden Speisevorrichtungen die Grundlage für die Nummerung des Grundfaserkörpers gegeben ist; infolgedessen kann an der letzten Vorbereitungs- oder Reinigungsmaschine die Baumwolle in losen Flocken abgeliefert werden, anstatt als Wickel wie in der Feinspinnerei. Das hat u. a. den Vorteil, daß die Krempelbreite wesentlich größer als die übliche Wickelbreite an der Schlagmaschine genommen werden kann. Zum Zwecke der gleichmäßigen Materialzuführung hat die erste Krempel dann aber statt des Wickeltisches eine selbsttätige Speise- und Wägevorrichtung, wie Abb. 95 zeigt.

Das Streichgarnspinnverfahren vollzieht sich in drei Betriebsabschnitten, der

Reinigung und Auflockerung der Rohstoffe,
Krempelei und
Spinnerei.

Als Vorbereitungsmaschinen für die Auflösung und Reinigung der zu verarbeitenden Faserstoffe kommen verschiedene Bauarten in Frage: zur Auflockerung und Mischung der Rohbaumwolle, meistens ostindischen Ursprungs, dient der von der Feinspinnerei bekannte Ballenöffner (vgl. Abb. 53). Die Reinigung ist wegen des gewöhnlich sehr hohen Gehaltes an Schalen- und Blattresten bei gleichzeitig sehr geringer Faserlänge von besonderer Bedeutung; ein oder zwei Vertikalöffner (nach Abb. 54) und dazu eine Schlagmaschine ohne Wickelbildung erfüllen diesen Zweck am vollkommensten, unter größtmöglicher Schonung der Fasern. Ein Vorschläger mit Nasentrommel und Klaviermuldenzuführung wird wegen seiner guten Reinigungsfähigkeit und gleichmäßigen Materialzuführung gern noch vor den Vertikalöffner geschaltet, wobei die aus den Mischfächern entnommene Baumwolle in loser Schicht auf den Zuführtisch des Vorschlägers aufgelegt wird. Bei größeren Anlagen mit pneumatischer Förderung von einer Reinigungsmaschine zur anderen bzw. zum Mischfach wird in die Förderleitung vorteilhafterweise ein Horizontalreiniger mit Schlagflügeln und spiralig angeordneten starken Schlagarmen eingeschaltet, der eine sehr gute Reinigung mit Staubabsaugung bei schonender Behandlung der Fasern ergibt. Demselben Zweck dient auch der bei pneumatischer Förderung oft verwendete Kanalrost oder Gitterkasten (nach Abb. 55 bis 56).

Die Spinnerei- und Webereiabgänge erfordern zunächst eine möglichst vollständige Auflösung und Reinigung, wozu je nach ihrer Beschaffenheit und Verunreinigung eine gute Sortierung vorausgegangen sein muß. Spinnereiabfälle entstehen z. B. beim Rostauswurf der Reinigungs- und Öffnungsmaschinen, wo mit den Fremdkörpern auch kleine Faserknäuel und kurze Fäserchen ausgeschieden werden, — bei den Krempeln als Ausputz der Deckel und Kratzenwalzen, — auf den Strecken als Walzenwickel und Reste von Streckbändern, — bei den Vor- und Feinspinnmaschinen als Zylinderwickel, die dann auch Garnreste enthalten, oder als Vorgarnreste beim Abziehen der Spulen und schließlich in dem Fußbodenkehricht, sowie in dem von Maschinen und sonst in den Arbeitsräumen gesammelten Flug.

Die reinen, noch nicht zusammengedrehten Abfälle in der Baumwollfeinspinnerei, wie Bandreste von Krempeln und Strecken, Schlagmaschinenabfälle („Batteurknöpfe") und Vorgespinstreste, können gegebenenfalls in der eigenen Spinnerei wieder mitverarbeitet werden, bedürfen dazu aber erst einer Wiederauflösung in den flockigen Zustand der Rohbaumwolle, um dieser auf der Schlagmaschine wieder zugesetzt zu werden; oft gibt man solche Abgänge aber auch an die Grobspinnerei ab.

Die Auflösung und Reinigung derartiger Schlagmaschinen- und Krempelabfälle erfolgt am besten durch eine Reißtrommel, wie die **Baumwollabfall-Auflösungsmaschine** Abb. 89 beispielsweise zeigt. Das durch eine Klaviermulde M mit Speisewalze zugeführte Fasermaterial wird von den Stahlstiften der schnell umlaufenden Reißtrommel erfaßt und infolge der großen Differenz zwischen Zufuhr- und Abnahmegeschwindigkeit weitgehend zerfasert und aufgelöst. Fremdkörper werden dabei durch die Spalten des Rostes R ausgeworfen und

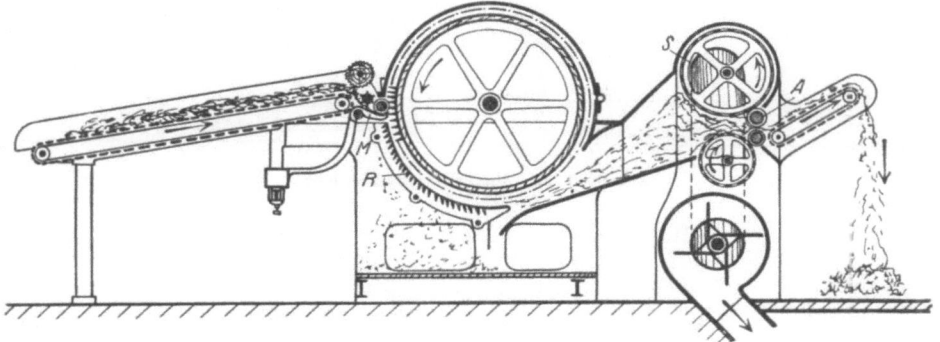

Abb. 89. Baumwollabfall-Auflösungsmaschine.

die Faserflocken durch eine große Siebtrommel S angesaugt; durch diese Abführeinrichtung erfolgt gleichzeitig eine gründliche Entstaubung und eine Verdichtung der Fasermasse zwischen den beiden Walzen A, die den gereinigten und aufgelösten Abfall über den Lattentisch abführen.

Eine **Abfall-Reinigungsmaschine** für stark verschmutzte Abfälle zeigen Abb. 90/91. Die Abgänge (auch für Wollabfälle eignet sich die Maschine) werden innerhalb der langsam umlaufenden Siebtrommel S gründlich durcheinandergeschüttelt, ohne daß dabei ein Verstricken der Fasern stattfindet. Die Schlagwelle T mit 4 Schlägerreihen läuft in entgegengesetzter Richtung mit wesentlich größerer Geschwindigkeit um und klopft dadurch aus dem Fasergut den Staub und Schmutz in schonender Weise heraus, wobei noch einige in der Siebtrommel versetzt angeordnete Gegenstifte G das zu reinigende Material den Schlagstiften darbieten. Der Antrieb der Schlagtrommel T und der Siebtrommel S von der Festscheibe *2* einerseits direkt auf die Schlagwelle, andererseits von der Scheibe *3* über *4*, *5* bzw. *7* auf die beiden mit der Siebtrommel durch Büchsen verbundenen Riemenscheiben *6*, *8* ist aus Abb. 91 deutlich ersichtlich. Der durchfallende Schmutz wird in dem Kasten *a* aufgefangen, und nach genügender Reinigung wird bei noch umlaufender

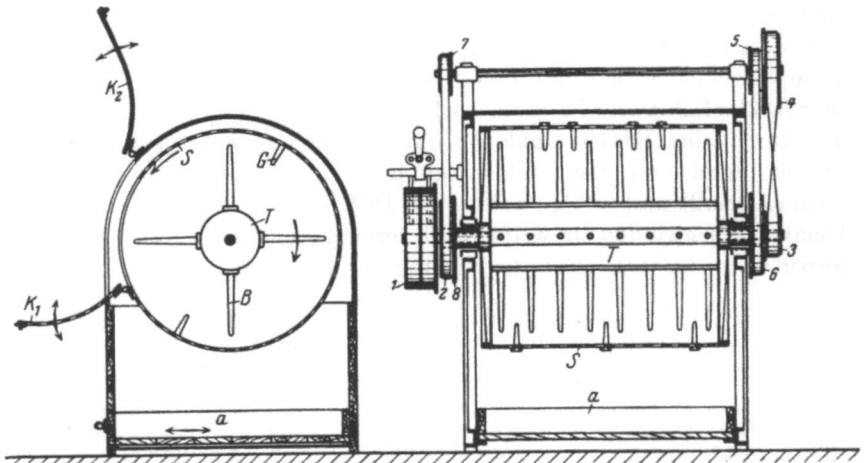

Abb. 90 u. 91. Abfallreinigungsmaschine.

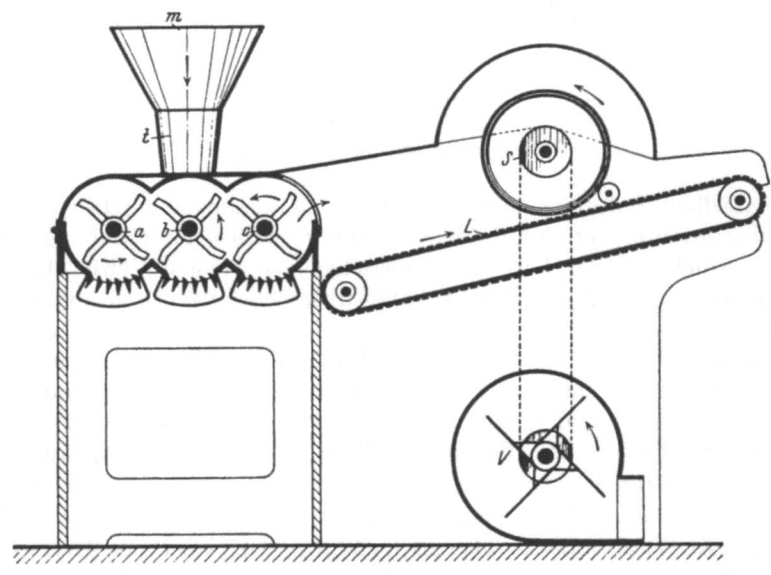

Abb. 92. Fadenklauber.

Schlagtrommel zunächst nur die Siebtrommel stillgesetzt und dann die Klappen K_1, K_2 geöffnet, sodaß das gereinigte Fasermaterial von den umlaufenden Schlagstiften ausgeworfen wird.

Da sich in manchen Baumwollabfällen, wie Saalkehricht (Sweeps), Spinnflug usw., oft harte, d. h. gedrehte Fäden befinden, die einer besonderen Auflösung bedürfen, werden derartige Abfälle zuerst auf dem Fadenklauber (Abb. 92) behandelt, der die fester gedrehten Garnreste, Spinnschnuren od. dgl. von den losen Abfällen trennt. Zwischen drei mit starken Greifern besetzten Wellen a, b, c wird das Fasergut durch die ineinandergreifenden Finger energisch durchgearbeitet. Ein kräftiger Ventilator V bewirkt eine gründliche Entstaubung und saugt gleichzeitig die genügend zerteilten Abfallfaserflocken längs den Schlägerwellen ab, die dann zwischen einer Siebtrommel S und einem Lattentuch L in Vliesform abgeführt oder durch einen Auswurfkanal aus der Maschine herausgeschafft werden. Die festen Fäden bleiben dagegen an den Greiferarmen hängen und wickeln sich um die Wellen a, b, c, von denen sie nach Stillsetzung der Maschine durch Aufschneiden abgenommen und einer Fädenreißmaschine vorgelegt werden können. Für die Beschickung des Fadenklaubers ist eine Mulde m vorgesehen, in der die Abfälle ausgebreitet und von groben Verunreinigungen, Leder- und Eisenteilen usw. befreit werden, um dann durch den Trichter t in den Schlagraum zu gelangen. Durch den unter den Schlägerwellen liegenden Rost aus scharfkantigen Stahlstäben werden Schalen und Schmutz ausgeschieden und durch den Exhaustor der leichte Staub abgesaugt, sodaß eine besondere Reinigung der Abfälle vielfach nicht mehr erforderlich ist.

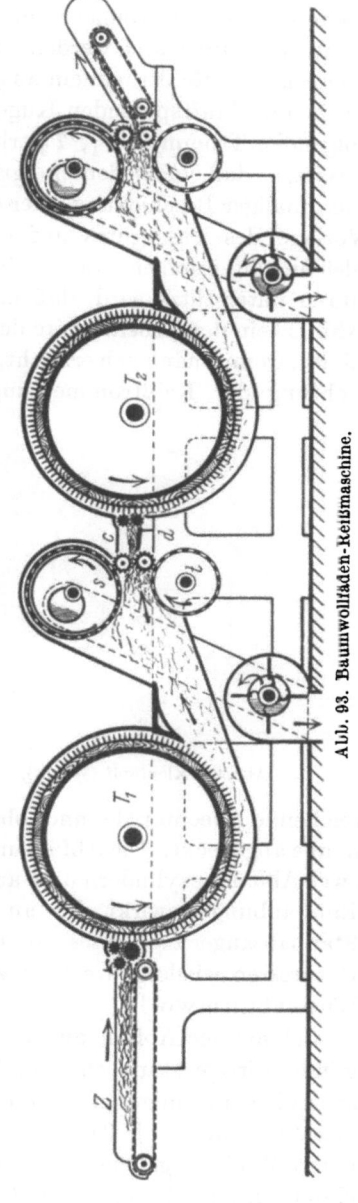

Abb. 93. Baumwollfäden-Reißmaschine.

Die auf dem Fadenklauber ausgesonderten Fäden, sowie Garnreste aller Art aus Baumwollspinnereien und Webereien, schließlich auch Abschnitte von Trikotagegeweben und vom Lumpenreißer vorgerissene

Rohn-Meister, Spinnerei. 2. Aufl.

härtere Lumpen können auf der **Baumwollfädenreißmaschine** (Abb. 93) aufgefasert werden. Diese Maschine wird mit einer einzigen oder bis zu 8 Reißtrommeln ausgestattet, die wegen der hohen Drehzahl in öl- und kraftsparenden Kugellagern laufen sollten. Die aufeinanderfolgenden Trommeln T_1, T_2 erhalten dabei einen immer feineren Stiftbesatz, so daß eine bedeutend gründlichere Auffaserung der Fäden als bei mehrmaliger Beschickung einer einfachen Reißmaschine möglich ist. Die Vorlage des Fasergutes auf den Zuführlattentisch Z muß möglichst gleichmäßig erfolgen, was bei festeren, stark verwirrten Garnresten dadurch unterstützt wird, daß man vorher auf einer Pelzmaschine nach Abb. 26 ein der Arbeitsbreite des Fadenreißers entsprechendes Pelzstück bildet, womit man auch erreicht, daß die Fadenreste in gestreckter Längsrichtung der Reißtrommel zugeführt und deshalb nicht abgerissen, sondern aufgefasert werden. Die geriffelten Einzugswalzen, bestehend aus einem starken Unter- und zwei schwächeren Oberzylindern, schieben die Fadenstränge gleichmäßig gegen die nach unten umlaufende erste Reißtrommel T_1 vor, deren Stahlstifte die Faserbüschel abkämmen und an das folgende Siebtrommelpaar S, A in Einzelflocken wieder abgeben. Jede Reißtrommel ist unterhalb durch eine bis an die untere Siebtrommel reichende Blechmulde und oberhalb durch eine aufklappbare Blechhaube abgedeckt. Die Abführung der aufgelösten Fasern erfolgt zwischen zwei Abnahmezylindern c, d auf einem ansteigenden Lattentuche, eine Entstaubung bewirkt der an die obere Siebtrommel angeschlossene Staubabsauger v. Dieses auf der Reißmaschine durch Auflösung von Garnresten wiedergewonnene wertvolle Fasermaterial nennt man auch **Kunstbaumwolle**.

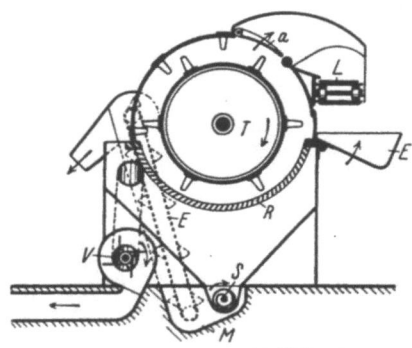

Abb. 94. Klopfwolf (Willow).

Schmutzige Abfälle aus der Vorbereitung und Krempelei, aber auch minderwertige, stark schalenhaltige Baumwollen bedürfen zunächst einer gründlichen Reinigung, wozu ein **Klopfwolf (Willow)** oder Reinigungsmaschine nach Abb. 94 dient. Von einem Zuführtisch oder einer kippbaren Mulde E gelangt das zu reinigende Fasergut periodisch in den Klopfraum der Maschine, in dem eine mit 6 Reihen von starken Schlagbolzen besetzte Trommel T umläuft. Die Schlagtrommel ist oberhalb von einer festen Blechhaube mit 3 Reihen Gegenschlagbolzen und unterhalb mit einem auswechselbaren Rost R umgeben. Zwischen den feststehenden und den Trommelschlagstiften werden die Abfallstücke wirksam durchgearbeitet, die Unreinigkeiten fallen durch die Rostspalten in die mit einer Förderschnecke S ausgerüstete Mulde M, während der Staub mittels eines Exhaustors v abgesaugt wird. Nach einer bestimmten Anzahl von Trommelumläufen öffnet sich selbsttätig die Klappe a, wodurch das gereinigte Material auf ein oberhalb parallel zur Trommelachse laufendes Lattentuch L ausgeworfen und seitlich aus der Maschine abgeführt wird.

Wenn es auf eine besonders gute Mischung von Baumwolle mit allerhand Abfällen sowie mit Schafwolle ankommt, also z. B. in der Vigognespinnerei, wo das Fasergut auch geschmelzt wird, ist der Krempelwolf am Platze, wie er nach Abb. 115 in der Woll-Streichgarnspinnerei gebraucht wird; er ersetzt dann den Reißwolf, vor dem er eine schonendere Auflösung der Fasern und eine bessere Durchmischung voraus hat. Die große Verschiedenartigkeit der in der Baumwollgrobspinnerei zu verarbeitenden Fasern bedingt aber eine sehr gründliche Mischung, damit sich aus der kurzstapeligen Rohbaumwolle zusammen mit den kürzeren oder längeren, oft kraftlosen oder steifen Abfallfasern noch ein haltbares, gleichmäßiges Garn spinnen läßt. Zur Vorbereitung der Mischung auf dem Krempelwolf soll deshalb das Fasergut bereits durch schichtenweises Auflegen der einzelnen Sorten auf den Zuführtisch des Wolfes von Hand gemischt werden.

In der Krempelei wird ausschließlich die Walzenkrempel (nach Abb. 20) verwendet, und zwar entweder als Zweikrempel- oder als Dreikrempelsatz, wobei die einzelnen Krempeln eines Satzes unabhängig voneinander arbeiten können oder, was gebräuchlicher ist, selbsttätige Übertragung des Faserflores von einer Krempel zur anderen besitzen. Die zur Faserordnung dienenden Arbeitswalzen der Walzenkrempel ergeben eine bessere Durchmischung der ganzen Fasermasse als die Deckel der in der Baumwoll-Feinspinnerei üblichen Deckelkrempel; andererseits liegen die Fasern im Flor der Walzenkrempel weniger gleichmäßig gerichtet, was aber bei den gröberen wolligeren Zweizylindergarnen nicht von Nachteil ist. Ferner unterscheidet sich die Walzenkrempel noch durch die Schnellwalze (L in Abb. 20) von der Deckelkrempel und ermöglicht dadurch eine wesentlich größere Leistung. Die vor dem Abnehmer angeordnete Schnellwalze greift nämlich in den Beschlag der Haupttrommel tief ein und hebt auf diese Weise die im Beschlag sitzende Faserschicht an die Nadelspitzen, sodaß der Abnehmer eine viel dickere Vliesschicht von der Trommel restlos aufnehmen kann. Ohne die Wirkung der Schnellwalze würde sich dagegen der Trommelbeschlag verhältnismäßig schnell mit eingedrückten Fasern vollsetzen und deshalb nicht aufnahmefähig bleiben, sodaß in kurzen Zwischenräumen ein Reinigen oder Ausstoßen der Trommel erfolgen müßte.

Da das Vorgarn für die Baumwollgrobspinnerei unmittelbar aus dem Krempelflor durch Florteilung und Nitschelung gebildet wird, muß für gute Vergleichmäßigung des Flores auf den Krempeln selbst gesorgt werden. In der Längsrichtung kann diese Vergleichmäßigung durch eine gesteigerte Wirkung der Kratzenbeschläge auf einer Krempel erreicht werden; in der Breite der Krempel würden aber die Vorgarnfäden trotzdem sehr ungleichmäßig ausfallen, weil in dieser Richtung ein Ausgleich des Vlieses nicht möglich ist. Hierzu kann nur eine wiederholte Dopplung zwischen je zwei Krempeln verhelfen, indem der Pelz z. B. zunächst in mehreren Lagen übereinandergeschichtet und dann der nächsten Krempel quer zur Bildungsrichtung des Pelzes in „Kreuzung" vorgelegt wird. Auf diese Weise wird eine Vergleichmäßigung des Faserflores in der Längsrichtung und gleichzeitig auch in der Breitenrichtung erzielt. Die Länge des der zweiten Krempel quer vorgelegten Pelzstückes muß dabei gleich der Krempelbreite sein, sodaß das Vliesstück nunmehr quer zu seiner allgemeinen Faserlage wieder aufgelöst und auf der zweiten Krempel in dieser neuen Richtung in derselben Breite zum zweitenmal gebildet wird. Diesen Vorgang nennt man Querfaserspeisung, während die Zuführung des Vlieses in der Bildungsrichtung als Längsfaserspeisung bezeichnet wird. Die Querfaserspeisung ergibt, abgesehen von dem Vliesausgleich in der Breitenrichtung, auch die bessere Auflösung der noch zusammenhängenden Faserbüschel, weil die große Masse der Fasern durch die Kratzenarbeit erst wieder in die neue Längsrichtung gebracht und dabei vollständig zerteilt werden muß. Bei der Anwendung von drei aufeinanderfolgenden Krempeln ist es deshalb vorteilhaft, die zweite Krempel mit Querfaserspeisung und die dritte mit Längsfaserspeisung auszuführen.

Über die zahlreichen Möglichkeiten der Florübertragung von einer Krempel zur anderen sei auf den Abschnitt „Streichgarnspinnerei" verwiesen; dort sind auch die verschiedenen Krempelbauarten ausführlicher behandelt, da die Streichwollkrempelei der Krempelei von Baumwolle und Baumwollabfällen als Vorbild gedient hat. In den Einzelheiten der Krempelkonstruktion bestehen aber natürlich gewisse Unterschiede, die durch die andere Faserlänge der Wolle bzw. Baumwolle, die wechselnde Beschaffenheit der Verunreinigungen usw. bedingt sind. Infolgedessen verwendet man gröberen oder feineren Kratzenbeschlag und sieht z. B. unterhalb der Haupttrommel bei der Baumwollkrempel einen Rost zum Auswerfen der Schalen o. dgl. vor, während man die Streichwollkrempeln mit geschlossenen Blechmulden umgibt. Die Überführung des Faserflores zwischen den Krempeln erfolgt meistens selbsttätig, wie bei dem Zweikrempelsatz auf Abb. 95/96 gezeigt ist. Die erste Krempel bei einem solchen Satz wird als Reißkrempel bezeichnet, weil ihr das Auflösen der Baumwollflocken usw. zufällt, das fälschlich auch Aufreißen genannt wird, — die zweite Vorspinnkrempel, weil sie das Vorgespinst durch Bildung der Vorgarnfäden liefert. Die Haupttrommeln T

beider Krempeln haben je 6 Paar Arbeitswalzen (Arbeiter und Wender), die zur Verhinderung des Auswerfens von kürzeren leichteren Fasern, dem sog. Flug, durch eine Haube H abgedeckt sind. Der Abnehmer oder Peigneur P hat einen verhältnismäßig großen Durchmesser (z. B. 850 mm bei 1230 mm Trommeldurchmesser); vor diesem befindet sich an der Trommel die Läufer- oder Schnellwalze V (Volant), durch deren nachgiebigen, entgegengesetzt gerichteten Kratzenbezug die im Trommelbeschlag sitzende Faserschicht angehoben wird, so daß der Abnehmer

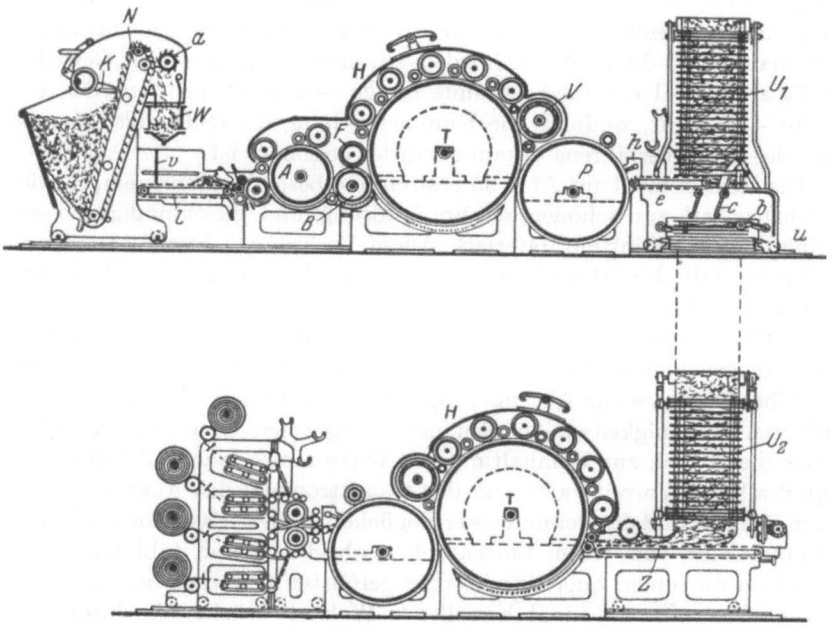

Abb. 95 u. 96. Zweikrempelsatz.

eine verhältnismäßig dicke Schicht restlos aufnehmen kann. Das Abkämmen des Flores von der Abnehmerwalze durch den Hacker h ist schon durch Abb. 21/22 erläutert. Vor und hinter dem Läufer V ist je eine Putzwalze angeordnet, ferner wird durch eine Volanthaube dafür gesorgt, daß bei der hohen Drehzahl des Volants keine Luftwirbel und Faserverluste entstehen können.

Die Reißkrempel (Abb. 95) erhält die flockige Baumwolle in bestimmt abgemessener Menge durch einen abfahrbaren Speiser mit Wägevorrichtung (vgl. Abb. 117), dessen Vorratskasten von Hand oder durch eine selbsttätige (pneumatische) Transportvorrichtung aus den Mischfächern ständig gefüllt wird. Durch das Nadeltuch N werden die Flocken hochgefördert, wobei der schwingende Kamm k für einen Ausgleich der

Schichtdicke sorgt, und schließlich die Nadelwalze a die Flocken abstreicht und in die mit einem Klappboden versehene Waagschale w wirft. Nach Füllung der Schale w schlägt die Waage aus, stellt gleichzeitig das Nadeltuch N ab, sodaß die Förderung aufhört, und läßt nach Öffnung der Bodenklappen die Faserflocken auf den Zuführtisch l fallen, auf dem sie durch das Vorschubbrett v den Speisezylindern der Krempel zugeschoben werden. Das Lattentuch l übernimmt die gleichmäßige Zufuhr der Faserflocken, während die Waagschale nach Schließung des Klappbodens unterdessen neu gefüllt wird, und sich erst wieder entleert, wenn das Lattentuch ein bestimmtes Stück seines Weges zurückgelegt hat. Auf diese Weise wird also immer ein gleiches Gewicht an Fasermaterial auf eine bestimmte Länge — bei stets gleicher Arbeitsbreite — verteilt, wodurch die Nummerbildung, die früher als Grundlage des Spinnverfahrens erkannt wurde, gesichert ist.

Die Reißkrempel auf Abb. 95 besitzt eine besondere Vorkrempel, die abfahrbar ist, zur schonenden Vorauflösung und gleichmäßigen Verteilung des zugeführten Materials. Diese Vorkrempel besteht aus Vorreißwalze mit Einführzylindern, Vortrommel A mit zwei Paar Arbeitern und Wendern, die sämtlich mit Sägezahndraht bezogen sind, und einer Übertragwalze B mit Fangwalze F, die Kratzenbezug haben. Zwei Abstreichmesser sind unter der Vorreißwalze und ein solches unter der Übertragwalze zur Absonderung der in der Baumwolle enthaltenen gröberen Unreinigkeiten, Schalen usw. vorgesehen; eine Zylinderputzwalze dient noch zur Reinhaltung der Vortrommel, während Stabroste unterhalb der Vorreißwalze und der Haupttrommel das Auswerfen der losen Schalen und des Schmutzes ermöglichen. — Der Faserflor der Reißkrempel wird von einem Lattentuch e abgeführt und fällt am Ende desselben auf einen quer darunterher geführten Gurttisch u. Eine auf diesem Gurttisch hin- und herrollende Walze b drückt die durch die Klappen c quergelegten und abgetrennten Florschichten zusammen (vgl. Abb. 122), und weil dabei der Tisch u fortbewegt wird, findet ein schuppenartiges Täfeln der Florschichten statt, so daß auf dem Gurttisch seitlich fortlaufend ein Faserband von gleichbleibender Dicke abgeführt wird. Dieses Faserband, dessen Ränder wegen der seitlichen Versetzung der Florschichten schwächer als die Mitte sind, ist quer zur Längsrichtung aufgeschichtet worden, sodaß die Fasern im wesentlichen ebenfalls quer im Band liegen; es wird seitlich der Krempel zwischen Lattentüchern U_1 in die Höhe und auf einer Brücke mit gleichem Stabtuch auf den Zuführtisch Z der Vorspinnkrempel heruntergeführt. Durch Hin- und Herführen der oben in Gelenken gelagerten Lattentücher U_2 wird das Faserband auf den gleichzeitig fortschreitenden Stabtisch in hin- und herlaufenden Lagen quer getäfelt, sodaß sich eine Faserschicht mit längsliegenden Fasern ergibt, weil ja das Querfaserband quer zu der Bewegungsrichtung des Tisches aufgelegt worden ist. Im ganzen betrachtet erfolgt also die Übertragung des Fasergutes von der Reißkrempel zur Vorspinnkrempel mit Längsspeisung unter gleichzeitiger Dopplung bei der Bandbildung hinter dem Abnehmer der Reißkrempel und bei der Bandquerlegung auf dem Zuführtisch der Vorspinnkrempel, durch die die Vergleichmäßigung des Vlieses und damit auch des Vorgarnes wirksam gefördert wird.

Die Bildung des Vorgarnes übernimmt der am Ausgang der Vorspinnkrempel angebrachte **Florteiler** (Abb. 97), der vier Gruppen über

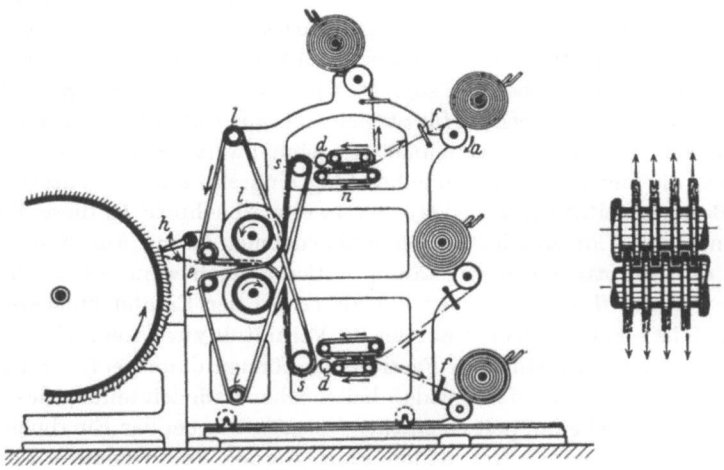

Abb. 97. Riemchen-Florteiler.

Scheibenteilwalzen t geführter Riemchen besitzt. An der Stelle, wo der Flor eingeführt wird, laufen diese Riemchen zunächst parallel nebeneinander her, werden aber an den Teilwalzen auseinandergeführt, sodaß der Flor in schmale, der Riemenbreite entsprechende Streifen zerlegt wird. Diese Florbändchen gelangen dann zwischen je zwei Lederhosen, die quer zu ihrer Laufrichtung hin- und hergeschoben werden, sodaß die Bändchen nach dem Vorbild Abb. 32 zu runden Fäden gerollt oder genitschelt werden. Wieviel solche Nitschelzeuge n vorgesehen und für welche Fadenzahl sie berechnet sein müssen, hängt von der Krempelarbeitsbreite und der Garnstärke ab. Die beiden Eckfäden jedes Nitschelzeugs werden dabei meistens durch schmale Riemchen besonders abgeführt, da sie infolge der ungleichmäßigen Randstärke des Vlieses nicht vollwertig sind. Die Vorgarnfäden werden auf den Trommeln a zu Spulen gewickelt, deren Lagen durch die hin- und hergehenden Fadenführer f gekreuzt werden, damit sie sich einwandfrei wieder abwickeln lassen. Neuere Florteilergestelle sind zweiteilig, damit die im Vordergestell untergebrachte Florteileinrichtung und die im Hintergestell gelagerten Nitschelzeuge beim Reinigen bequem zugänglich sind.

Der Abnehmer einer Krempel kann von den Beschlagspitzen der Haupttrommel nur eine begrenzte Menge Fasern in seinen Beschlag aufnehmen; diejenigen Fasern, die zu tief in den Trommelbeschlag eingedrungen sind, können nicht mit herausgehoben werden. Aus diesem Grunde ist vor dem Abnehmer auf der Haupttrommel eine Schnellwalze V (Abb. 95/96) angebracht, durch die ein Anheben des Faserflores an die Beschlagspitzen erfolgt. Diese Maßnahme genügt aber bei größerer Flordichte noch nicht, um ein restloses Abheben des Faserbelages durch den Abnehmer zu gewährleisten; im Trommelbeschlag bleibt dann nämlich noch eine Faserschicht sitzen. Die Abnahme dieser Faserschicht gelingt bei der sog. Doppelabnehmerkrempel, deren Aufbau der Zweikrempelsatz für Streichwolle auf Abb. 127/128 zeigt. Hier ist hinter dem ersten Abnehmer P_1 eine zweite Schnellwalze angeordnet, die tief in den Trommelbeschlag eingreift und den Faserrest an die Beschlagspitzen hebt, sodaß der zweite Abnehmer P_2 diese Fasern nun noch als Flor von der Trommel übernehmen kann. Auf diese Weise wird die Haupttrommel vollständig entleert, auch wenn sie wesentlich mehr Faserstoff aufgenommen hat als es bei der Einabnehmerkrempel möglich ist. Bei richtiger Wahl der im Verhältnis zur Trommelumfangsgeschwindigkeit zugeführten Fasermenge können dann beide Abnehmer je einen vollen Flor liefern, sodaß bei gleicher Fadeneinteilung des Florteilers ein beinahe doppelt so starkes Vorgarn wie bei der Einabnehmerkrempel erzielt wird. Die beiden Flore werden durch endlose Lattentücher e bzw. e_1 übereinandergelegt, ergeben also einen gedoppelten Flor, der auf dem Florteiler genau wie der einfache Flor behandelt wird. Ein weiterer Vorzug der Doppelabnehmerbauart ist der, daß infolge der zweimaligen gründlichen Faserabnahme vom Trommelbeschlag sehr wenig Abfall entsteht, weil im Ausputz fast keine Fasern, sondern nur Unreinigkeiten enthalten sind. Daher ist auch kein so häufiges Ausputzen der Krempel erforderlich, ein Umstand, der ebenfalls zur Erhöhung der Leistung gegenüber der Einabnehmerkrempel beiträgt.

Ein solcher Zweikrempelsatz eignet sich infolge der zweimaligen Abnahme besonders für gröbere Baumwollabfallgarne in den Nummern 0,75 bis 4 engl., während die Einabnehmerkrempeln nach Abb. 95/96 für Zweizylinder- und Baumwollabfallgarne von Nr. 4 engl. aufwärts bis etwa Nr. 8 bestimmt sind. Für noch feinere Baumwollgarne (Vigogne- und Trikotagengarne) kommt ein Dreikrempelsatz in Frage, ähnlich dem auf Abb. 132/134 dargestellten Dreikrempelsatz für Streichwolle, — jedoch mit dem Unterschiede, daß unterhalb der Vorreiß- und Haupttrommeln Stäbchenroste zum Schalenauswurf vorgesehen werden müssen. Im übrigen gleichen sich die beiden Zweikrempelsätze (Abb. 95/96 bzw.

127/128) fast vollständig: für das Auswerfen von Schalen und Schmutz sind am ersten Wender jeder Krempel Schmutzmulden m vorgesehen; auch die Abnehmer werden durch kleine Putzwalzen v von Schmutz- und Faserresten gereinigt. Unterhalb der Haupttrommel befindet sich bei der Baumwollkrempel ein Stabrost, dessen dem Abnehmer zugekehrte Kante von einer Putzwalze w reingehalten wird. Bei der Zweiabnehmerkrempel ist der obere kleinere Abnehmer zusammen mit beiden Hackern und Florabführtüchern auf einem abfahrbaren Gestell gelagert, um das Ausputzen zu erleichtern. Statt der bei beiden Krempelsätzen angewendeten Breitbandbildung mit Längsfaserspeisung könnte auch das Längsfaserband zwischen Reiß- und Vorspinnkrempel quergelegt werden, so daß die Aufarbeitung der Fasern nach dem Grundsatz der Querfaserspeisung erfolgt. Dieses Verfahren bietet den Vorteil einer gründlicheren Durcharbeitung der ganzen Faserschicht, dem aber andererseits der Nachteil einer etwas gewaltsamen Trennung der Faserbüschel und dadurch die Gefahr des Zerreißens von längeren Fasern gegenübersteht. Auf diese Weise bieten sich sowohl für die Fasergutübertragung als auch für die Speisung und für die Krempelbauart selbst verschiedene Möglichkeiten der Ausführung, sodaß in der Krempelei der Grobspinnerei nicht dieselbe Einheitlichkeit der Maschinenzusammenstellung besteht wie in der Baumwollfeinspinnerei.

Die Beschläge der Arbeitswalzen der Walzenkrempeln für die Grobspinnerei müssen dauernd scharf gehalten werden und bedürfen deshalb ebenso wie die Kratzenbeschläge der Deckelkrempeln in der Feinspinnerei eines öfteren Nachschleifens. Die Spitzen der Drahthaken können die Faserflocken und Faserschleifen nur dann richtig erfassen und während des Auseinandergehens der zusammenarbeitenden Kratzen festhalten, wenn die Drahtenden eine scharfe Fangkante haben. Durch die abstumpfende Wirkung der Fasern, Schalen und Sandkörner werden aber diese Kanten verhältnismäßig schnell abgerundet und dadurch untauglich für die Krempelarbeit; infolgedessen müssen die Beschläge der Arbeitswalzen ebenso wie die der Trommeln und Abnehmer regelmäßig nachgeschliffen werden. Man nimmt zu diesem Zwecke die Arbeitswalzen aus ihren Lagern heraus und legt sie einzeln in eine Walzenschleifmaschine (Abb. 98), die meistens in dem Krempelsaal selbst aufgestellt wird. Diese Schleifmaschine trägt in einem kräftigen Eisengestell eine mit aufgeleimtem Schmirgel belegte Schleifwalze S, die durch ein Schubzeug während ihres schnellen Umlaufes langsam hin- und hergeschoben wird, um ein ganz gleichmäßiges Abschleifen der Drahtspitzen zu gewährleisten. Beiderseits der Schleifwalzenlager befinden sich genau einstellbare Supportlager, sodaß in der Maschine gleichzeitig zwei Walzen A und w von verschiedenem Durchmesser geschliffen werden können. Beim Schleifen werden die drei Walzen so angetrieben, daß die Schleifwalze, wie Abb. 98 zeigt, bei beiden Beschlägen von hinten gegen die Drahtspitzen angreift, wodurch eine schräge Schnittfläche der geneigtstehenden Drahthäkchen erzeugt wird. Durch Schraubenspindeln mit Handrad können während des Schleifens die Arbeitswalzen allmählich etwas genähert werden, bis die nötige Schleifwirkung erzielt ist.

Am Gestell der Schleifmaschine sind zwei seitliche Ansätze C vorgesehen, um außerdem noch einen Abdrehsupport B zum Überdrehen unrund gewordener Walzenkörper verwenden zu können. Das Gestell der Schleifmaschine wird gleichzeitig meistens noch dazu benutzt, den Beschlag der Kratzenwalzen von tief eingedrungenen Fasern und Schalen od. dgl. zu reinigen, die so festsitzen, daß die Läuferwalze sie auf der Krempel nicht herausheben kann. Dieser Ausputz wird mit einer Krücke vorgenommen, die mit — den Kratzenzähnen gleichgerichtetem — Beschlag besetzt ist, dessen Häkchen in den Walzenbeschlag eindringen und nach Abb. 21/22 reinigen.

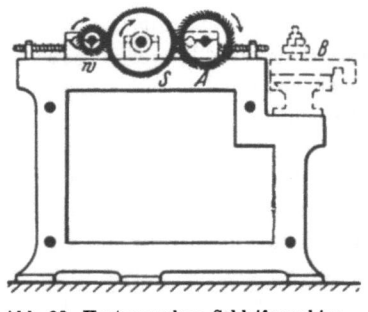

Abb. 98. Kratzenwalzen-Schleifmaschine.

In ähnlicher Weise muß zeitweilig die Haupttrommel und der Abnehmer nachgeschliffen werden, wozu eine Schleifwalze in an der Krempel vorgesehene Lager eingelegt wird, wie bei der Deckelkrempel (Abb. 61) veranschaulicht worden ist. Das Schleifen erfolgt dabei unter langsamer Umdrehung der Trommel bzw. des Abnehmers in derselben Richtung von hinten gegen die Beschlagspitzen wie es bei den Arbeitswalzen erläutert worden war. Statt einer breiten Schleifwalze wird vielfach auch eine nur etwa 120 mm breite Schleifscheibe verwendet, die durch eine Spindel mit Rechts- und Linksgewinde quer über die Krempelwalze hin- und hergeführt wird, während sie gleichzeitig schnell umläuft.

Das Fertigspinnen der Baumwollgrobgarne erfolgt entweder auf dem Selfaktor (Absetzspinner) oder auf dem Durchspinner, die beide den besonderen Anforderungen, die durch die weichen, verhältnismäßig groben Garne gestellt werden, angepaßt werden müssen. Insbesondere verträgt das nur durch Nitscheln auf dem Florteiler etwas gefestigte Vorgespinst keinen Verzug auf dem aus der Feinspinnerei bekannten Dreizylinderstreckwerk, woran die ungleichmäßige, nicht gestreckte Faserlage im Vorgarn die Schuld trägt. Die Vergleichmäßigung des Vorgespinstes hat ja in der Grobspinnerei ausschließlich durch die Krempelarbeit zu erfolgen, durch die keine gestreckte Lage der Fasern erreicht, sondern ein Vorgarnfaden geliefert wird, der zwischen den Lederhosen des Florteilers ohne einen auf die Fasern ausgeübten Verzug durch Zusammenrollen unter geringem Druck entstanden ist. Das vielfach wiederholte Doppeln des Grundfaserbandes und Strecken der Fasern beim Verziehen zwischen den Zylinderstreckwerken fehlt bekanntlich in der Vorbereitung der Baumwollgrobgarne. Weil also das so gebildete Vorgarn in der Grobspinnerei beim Verzug zwischen Streckzylindern sich nicht gleichmäßig verfeinern lassen würde, wird in diesem Falle sowohl der Selfaktor als auch der Durchspinner ohne das Dreizylinderstreckwerk verwendet. Die Zuführung des Vorgarnes zu den Selfaktorspindeln erfolgt dann nur durch ein Zylinderpaar oder häufiger durch einen Oberzylinder, der auf zwei Unterzylindern läuft. Diese Zylinder nennt man Lieferzylinder und das auf solchen Maschinen gesponnene Baumwollgrobgarn danach auch Zweizylindergarn zum Unterschied von dem Dreizylinder- oder Baumwollfeingarn.

Auf dem Streichgarnwagenspinner erfolgt also die noch notwendige Verfeinerung des Vorgespinstes lediglich durch Verziehen des zwischen Lieferzylinder und Spindel ausgespannten Fadenstückes. Dieser Verzugsvorgang kann sich derart abspielen, daß der Lieferzylinder im ersten Teil der Wagenausfahrt eine bestimmte Länge Vorgarn liefert, die dann von dem weiter ausfahrenden Wagen bei stillstehendem Lieferzylinder auf die volle Auszugslänge verstreckt wird. Gleichzeitig erhält natürlich das ausgespannte Fadenstück von der umlaufenden Spindel Drehung, die aber nicht so stark sein darf, daß dadurch das gleichmäßige Verziehen beeinträchtigt wird. Deshalb erhalten die Spindeln während der ersten Hälfte der Ausfahrt eine verhältnismäßig niedrige Drehzahl, die dann auf der weiteren Ausfahrt gesteigert wird; im letzten Teil des Wagenweges, bzw. bei Wagenstillstand gibt man schließlich bei nochmals erhöhter Spindelgeschwindigkeit den sog. Nachdraht. Diese Vorgänge werden im Abschnitt „Streichgarnspinnerei" ausführlich besprochen und durch ein Diagramm (Abb. 136) erläutert.

Ein Teil des erforderlichen Verzuges kann aber auf dem Streichgarnselfaktor auch schon während der Zylinderlieferung dem Vorgarn erteilt werden, indem die Wagengeschwindigkeit entsprechend größer als die Liefergeschwindigkeit genommen wird. Dabei darf aber diese Geschwindigkeitsdifferenz im Anfang der Wagenbewegung nur ganz gering sein, weil in diesem Zeitpunkt zwischen Lieferzylinder und Spindelspitze ja nur das bereits fertig verzogene und gedrehte Garnstück vom vorhergehenden Wagenspiel zur Verfügung steht, das natürlich nicht weiter verzogen werden darf, wenn nicht eine dünne Stelle (Schnitt oder Spitze) im Garn entstehen soll. Die Geschwindigkeitszunahme des Wagens gegenüber dem Lieferwerk muß demnach erst nach begonnener Wagenanfahrt und auf jedem Fall mit langsamer Steigerung einsetzen. Die absolute Wagengeschwindigkeit wird im Augenblick der Beendigung der

Vorgarnlieferung stark vermindert, um dann bis zum Ausfahrtsende weiter gleichmäßig abzunehmen.

Der Streichgarnwagenspinner findet in der Baumwollgrob- und Abfallspinnerei die vielseitigste Verwendung; er liefert sowohl Kettenkötzer als auch Schußkops aus kurzstapeliger Baumwolle, Baumwollabfällen oder Mischungen mit Wolle, die zu Trikotagen-, Vigogne-, Baumwollabfallgarnen usw. versponnen werden. Der Durchspinner für Baumwollgrobgarn o. dgl. ergibt bei geringerem Platzbedarf eine höhere Spindelleistung, eignet sich aber wegen des ungünstigeren Verzugsvorganges im allgemeinen nur für härter gedrehte Kettengarne sowie für sehr grobe Garne, die keinen wesentlichen Verzug mehr auf der Spinnmaschine erfordern. Gegenüber der Ringspinnmaschine für Baumwollfeingarn nach Abb. 74—77 muß bei dem Streichgarnvorgarn, das ungleichmäßiger ist und aus Fasern von sehr verschiedenartiger Länge und verschiedener Spinnfähigkeit besteht, eine andere Streckeinrichtung gewählt werden, die sich mehr dem Verzugsverfahren des Wagenspinners unter gleichzeitiger Drahtgebung nähert. Eine solche Streckeinrichtung kann z. B. aus zwei weit voneinander abstehenden Zylinderpaaren mit dazwischenliegendem Drehröhrchen zur vorübergehenden Drahterteilung bestehen, wie auf Abb. 141 am Beispiel einer Streichgarn-Ringspinnmaschine gezeigt ist. Diese Ringspinnmaschine wird wegen ihrer gegenüber dem Selfaktor beträchtlich höheren Leistung für gröbere und mittelfeine Garne aus Baumwolle und Baumwollabfällen bevorzugt, wenn es nicht besonders auf Gleichmäßigkeit oder Weichheit der Garne ankommt. Für grobe Kettgarne bis etwa Nr. 4 metr. aufwärts mit harter Drehung wird ebenso wie bei Streichwolle die Grobgarn-Ringspinnmaschine nach Abb. 142 benutzt, die ein zweizylindriges Streckwerk mit sehr kurzem Walzenabstand besitzt und für das Vorlegen von langen Vorgarnspulen von der Vorspinnkrempel oder für das Aufstecken von Einzel-Vorgarnwickelspulen eingerichtet ist.

Während also für derartige Streichgarne der Selfaktor wegen der Möglichkeit weicherer Drehung und gleichmäßigeren Ausfalls der Garne weit geeigneter ist als der Durchspinner, können grobe, sehr weichgedrehte Schußgarne (Nr. 0,5—4 metr.) mit Vorteil auf einem Durchspinner besonderer Bauart, der Schlauchkops-Spinnmaschine (Abb. 99)[1], fertiggesponnen werden. Bei dieser doppelseitig gebauten Spinnmaschine wird ein bisher noch nicht beschriebenes Verfahren zur Drehungserteilung benutzt: Ohne Zuhilfenahme einer Spindel mit Flügel oder umlaufendem Ringläufer wird in diesem Falle dem Vorgarnfaden selbst bei seinem Ablauf von der Vorgarnspule die nötige, allerdings recht geringe Drehung erteilt. Die Vorgarnfadenwickel, die auf einem Streich-

---

[1] Bauart Sächs. Maschinenfabrik vorm. Rich. Hartmann A.-G.

Baumwollgrobspinnerei.

garn-Krempelsatz in sich kreuzenden Lagen erzeugt worden sind, werden einzeln in Blechkapseln D eingelegt, die oben offen sein, aber auch einen lose aufliegenden Deckel mit zentraler Durchtrittsöffnung für den Vorgarnfaden haben können. Die auf der Spindel S sitzende Dose D erhält durch Bandantrieb von der Trommel T aus Drehung, die sie dem von innen ablaufenden Vorgarnfaden vermittelt. Der zusammengedrehte und dadurch entsprechend gefestigte Faden geht über eine Leitschiene e mit Fadenspannarm durch einen auf- und abschwingenden Fadenführer F an die Spulspindel s, die durch eine mit Schraubenrad Z versehene Mitnehmerhülse und die darunter sichtbare Klauenkupplung K in Umdrehung versetzt wird. Der Fadenführer bewirkt ein Aufspulen des Garnes in sich kreuzenden Lagen innerhalb des mit Schrägschlitz versehenen Hohltrichters t. Die Windungen legen sich kegelförmig übereinander, und die entstehende Schlauchspule C steigt allmählich aus dem Trichter heraus und hebt dabei die durchgehende Kopsspindel mit an, bis schließlich nach Erreichung einer be-

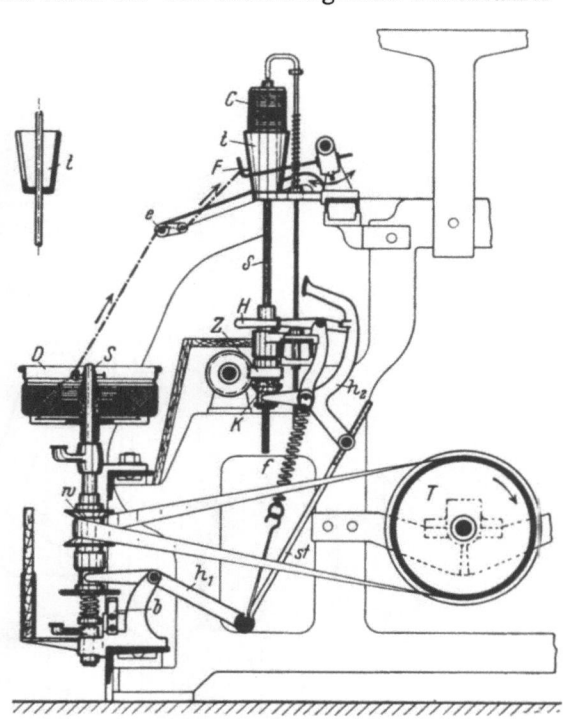

Abb. 99. Schlauchkops-Dosenspinnmaschine.

stimmten Kopslänge (z. B. 250 mm) das in einen Vierkant auslaufende Spindelende aus der Mitnehmerhülse herausgezogen wird, so daß die Spindel stillsteht. Der gebildete Schlauchkötzer kann dann von der Spindel abgezogen werden und bildet, wie der Name schon sagt, einen hohlen Garnkörper, aus dem der Faden von innen heraus abgezogen wird. Solche Schlauchspulen enthalten eine verhältnismäßig sehr große Garnlänge, der Webschützen läuft deshalb mit einem derartigen Schlauchkops viel länger als mit einer auf dem Selfaktor gesponnenen Schußspule.

Bei Fadenbruch kann jede Spindel für sich abgestellt werden; mit dem Handgriff H wird dabei durch die Hebel h_1, h_2 die Verbindungsstange *st* und die Zugfeder *f* die Kupplung der Spulspindel *s* gelöst und die Spindel gleichzeitig durch den Hebelarm h_2 gebremst und außerdem auch die Dosenspindel *S* dadurch zur Ruhe gebracht, daß durch den Hebel h_1 der untere Teil der als konische Bremskupplung wirkenden kleinen Riemenscheibe *w* nach unten gedrückt wird. Eine unterhalb des

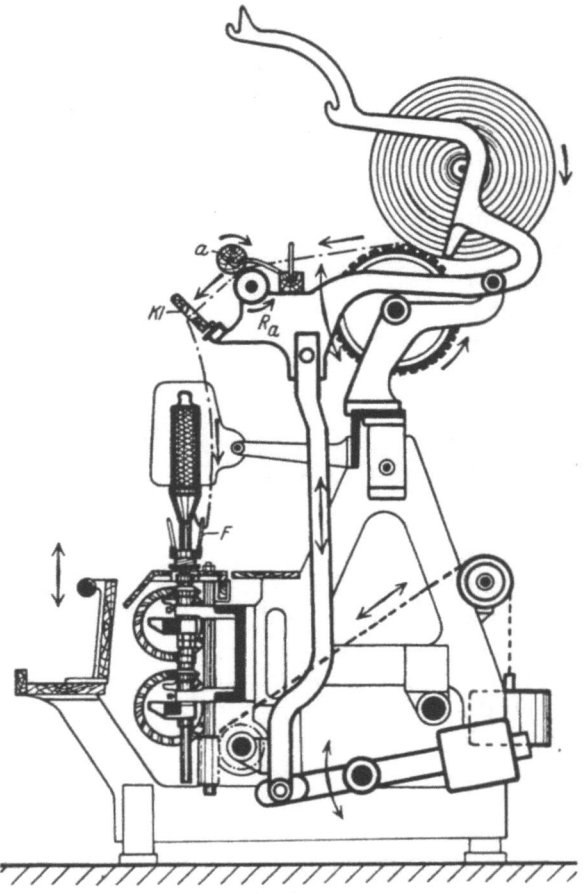

Abb. 100. Schlauchkops-Trichterspinnmaschine[1].

Mitnehmers angebrachte Bremsvorrichtung *b* bewirkt ein schnelles Abbremsen der Dosenspindel.

Ein Nachteil dieser Maschinenbauart ist der, daß dem Garn ein ungleichmäßig verteilter Draht erteilt wird, weil die Gleichmäßigkeit des Drahtgebens von dem gleichmäßigen Herausziehen des Vorgarnes aus der Dose bzw. dem Wickel abhängt und weil dieses Herausziehen wegen der

[1] Bauart Sächs. Maschinenfabrik vorm. Rich. Hartmann A.G.

Aufwicklung des Garnes in Kegelschichten mit veränderlicher Geschwindigkeit erfolgt. Aus diesem Grunde kann die Schlauchkops-Dosenspinnmaschine nur für sehr grobe und schwach gedrehte Garne, bei denen es auf genaue Verteilung des Drahtes nicht ankommt, benutzt werden; in diesem Fall übertrifft die Maschine aber alle anderen Spinneinrichtungen an Leistungsfähigkeit und Einfachheit der Bauart und Bedienung.

Vorteilhafter in bezug auf die Gleichmäßigkeit des Drahtes ist die neue Schlauchkops-Trichterspinnmaschine nach Abb. 100. Der Spinntrichter mit dem daran befestigten Fadenführer F wird bei dieser Maschine unabhängig von der Spindel angetrieben, so daß der in der Fadenführerklappe Kl geführte Faden frei um die Spindel umläuft. Zwischen die Triebwellen der Trichter und Spindeln ist ein Differentialgetriebe eingeschaltet, das in ähnlicher Weise wie beim Baumwollflyer eine stets gleichbleibende Aufwindung bewirkt. Das Vorgarn kann von den langen Spulen abgezogen werden, die der Florteiler an der Vorspinnkrempel liefert, wie Abb. 100 zeigt. Die zuverlässige und ganz gleichmäßige Zuführung des Vorgarnes übernimmt hier ein Lieferzylinderpaar a, das in einem schwingenden Rahmen Ra gelagert ist, der sich so auf- und abbewegt, daß der lose Vorgarnfaden genau mit derjenigen Geschwindigkeit zugeliefert wird, die beim Aufwinden auf den wechselnden Kötzerdurchmesser erforderlich ist. Der Fadenführer F wird entsprechend der Aufwindung in sich kreuzenden Schichten schnell auf- und abgeführt; im übrigen erfolgt die Bildung der großen Schlauchkötzer in derselben Weise wie bei der Dosenspinnmaschine nach Abb. 99. Eine Verfeinerung des Vorgarnes ist auch auf der Schlauchkops-Trichterspinnmaschine nicht möglich, sie hat aber den Vorteil, daß außer der gleichmäßigen Verteilung der Garndrehung an sich auch eine festere Drahtgebung möglich ist. Diese Spinnmaschine wird deshalb für Teppich- und Deckenschußgarne bis etwa Nr. 4 metr. (aufwärts) mit Vorteil verwendet.

Als Beispiel für die angewendeten Maschinen in einer Baumwollgrob- bzw. Abfallspinnerei soll die Zusammenstellung Abb. 101 dienen. Bei der ersteren (linke Gruppe) gelangt die Baumwolle, die schon vorgeöffnet sein muß, von dem Öffner O zur Schlagmaschine S, die mit freier Abführung oder auch mit Wickelbildung arbeiten kann. Ein Zweikrempelsatz RV mit selbsttätiger Fasergutübertragung liefert dann die Vorgarnspulen, die auf dem Wagenspinner A fertiggesponnen werden. Eine Schleifmaschine s mit einem fahrbaren Gestell zum Einlegen der aus der Krempel gehobenen Arbeitswalzen ist ebenfalls angedeutet.

Für die Herstellung von Baumwollabfallgarnen gibt die rechte Maschinengruppe auf Abb. 101 ein Beispiel. Die Abfälle kommen zuerst auf den Klopfwolf K und dann auf den Reiß- und Mischwolf W. Zwei Doppelabnehmerkrempeln RV sind in diesem Fall hintereinander aufgestellt und ebenfalls durch eine selbsttätige Florübertragung verbunden. Das Fertigspinnen ohne weiteren Verzug erfolgt auf der Schlauchkötzer-Spinnmaschine C.

Die Aufstellung der Krempeln eines Satzes neben- oder hintereinander in der Arbeitsrichtung hat in jedem Fall gewisse Vorzüge. Falls Reiß- und Vorspinnkrempel wie auf Abb. 101 in der linken Gruppe nebeneinanderstehen, kann der Arbeiter von einem Standort aus den Speiser und den Florteiler, also Aufgabe und Ablieferung des Faserstoffes übersehen. Bei der Aufstellung der Maschinen hintereinander kommen dagegen die Speiser mehrerer Krempelsätze einerseits und die Florteiler andererseits in eine Reihe zu stehen, was den Vorteil bietet, daß z. B. zwei Florteiler von einer Person und mehrere Speiser von einer zweiten bedient werden können, wodurch an Arbeitskräften in größeren Betrieben gespart werden kann. Noch größer ist der Vorteil dieser Aufstellungsweise, wenn die Speiser der Reißkrempeln mittels darüberliegender Rohrleitungen gefüllt werden.

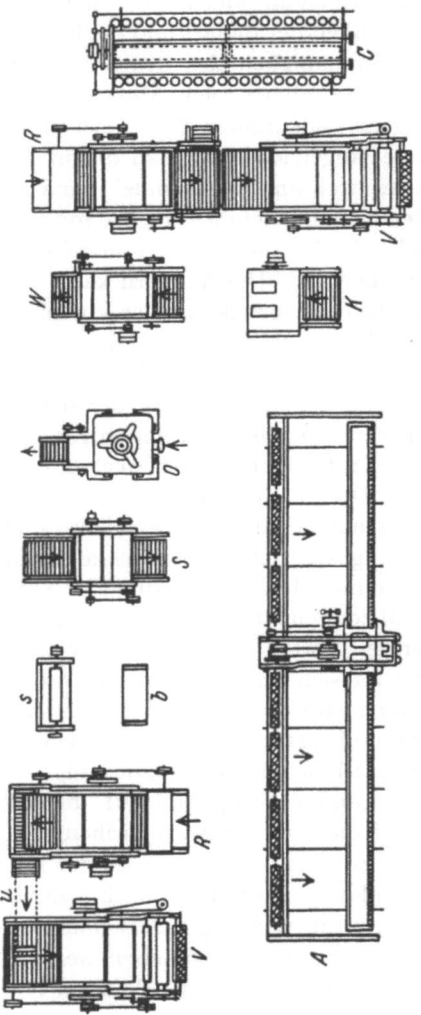

Abb. 101. Maschinenzusammenstellung der Baumwollgrob- und Abfallspinnerei.

Einheitszahlen für den Kraftbedarf und erforderlichen Platz, sowie die Anschaffungskosten und Bedienung für eine Spindel bei gegebener mittlerer Garnnummer können auch für die Grobspinnerei schätzungsweise wie für die Feinspinnerei angegeben werden.

Die nach Streichgarnart gesponnenen gröberen Baumwollgarne (Vigogne- und Imitatgarne usw.) werden neuerdings meistens metrisch numeriert. Die Garnnummer ist also gleich der Anzahl Strähne zu je 1000 m, die auf 1 kg gehen. Der Haspelumfang beträgt dabei 1,37 m, und 1 Gebind hat 73 Faden, so daß 1 Strähn zu 10 Gebinden 1000 m Garn enthält.

B. Schafwolle und andere tierische Haare.

Das Schaf liefert in seinem dichten Haarpelz einen kurz als Wolle bezeichneten Faserstoff für die Spinnerei, der sich vor den Pflanzenfasern durch einige für die Verarbeitung zu Garnen, Geweben u. dgl. besonders günstige Eigenschaften auszeichnet. Die Wolle von Schafen, ebenso wie die von Ziegen, Schafkamelen und Kamelen besteht nämlich aus Haaren, die mehr oder weniger gekräuselt und sehr dehnbar sind, was für die Spinnfähigkeit vorteilhaft ist, — sie besitzen ferner die sog. Walk- oder Filzfähigkeit und eine geringe Wärmeleitfähig-

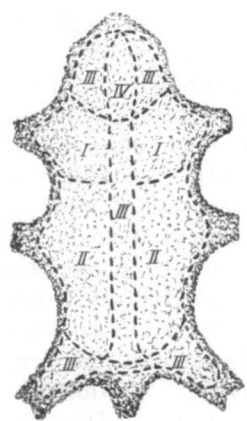

Abb. 102. Schafwollvlies mit Gütebezeichnung der einzelnen Teile.

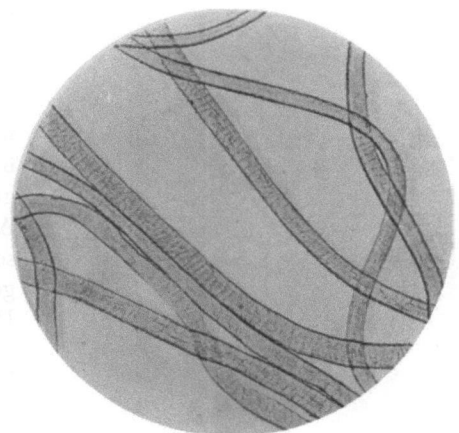

Abb. 103. Schafwollhaare (schlesische Negrettiwolle)[1]. Die Oberhautzellen der Haare decken sich dachziegelartig und bewirken das geschuppte Aussehen. Vergr. 100.

keit, wodurch sie sich besonders zur Herstellung von Geweben (Tuchen) zur menschlichen Bekleidung eignen. Die physikalischen und morphologischen Eigenschaften der Wolle, die Grannen- oder Oberhaare und Grundhaare enthält, wie z. B. Farbe, Glanz, Feinheit, Kräuselung, Länge, Gleichmäßigkeit und Elastizität, sind abhängig von Rasse, Alter und Ernährungszustand des Schafes, Klima, Bodenbeschaffenheit u. dgl. Unter den zahlreichen Schafrassen kann man zwei große Gruppen unterscheiden: die Höhen- oder Landschafe, zu denen das spanische Merinoschaf, das sächsische Landschaf und die vielen durch Kreuzung veredelten Schafe (Crossbreds) gehören, und die Niederungsschafe, wie die langwolligen englischen und schottischen Schafrassen, sowie die Marsch-, Zackel- und Heidschafe. Die Wolle wird ein- oder zweimal im Jahre geschoren (Ein- bzw. Zweischur) und behält dabei infolge der ineinander verschlungenen und verklebten Fasern eine als Vlies zusammenhängende

---
[1] Nach Heermann: Enzyklopädie (1930).

Gestalt. Ein solches von einem Schafe stammende Vlies enthält je nach dem Körperteil recht verschiedenartige Wolle, die z. B. an den Schultern und Flanken eine gleichmäßige mittlere Länge und Feinheit besitzt, auf dem Rücken, an den Beinen und auf der Stirn (Locken) aber aus langen starken Haaren besteht. Das Vlies wird deshalb zwar in einem Stück zusammenhängend versandt, aber vor der weiteren Verarbeitung in der Wollwäscherei nach der Güte seiner Teile sortiert, wobei man, wie auf Abb. 102 gezeigt ist, die Wollsorten mit verschiedenen Gütegraden bezeichnet. Die besten Sorten haben eine sehr gleichmäßige Länge, Feinheit und Kräuselung, die geringeren dagegen sind in Stärke und Länge sehr ungleich, oft auch spröde und haben gröbere, ungleichmäßige Wellung.

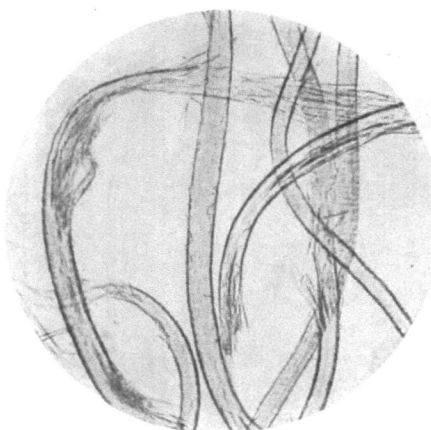

Abb. 104. Kunstwolle[2]. Die Haare sind an verschiedenen Stellen stark beschädigt; die Oberhaut ist abgerieben und daher nicht sichtbar. — Vergr. 100.

Der Weltbedarf an Wolle wird durch folgende Länder — in der Reihenfolge ihrer Erzeugung (1912/13)[1] — gedeckt (vgl. Abb. 105): Australien und Neuseeland (Austral-Wollen), Argentinien und Uruguay (La Plata-Wollen), Rußland, Nordamerika, Südafrika (Kap-Wollen), Großbritannien, Spanien, Britisch-Indien, Frankreich, Österreich-Ungarn, Deutschland. Die Verarbeitung der Wolle ist dagegen in den Hauptgewinnungsländern noch wenig entwickelt, wie Abb. 106 in diagrammatischer Darstellung zeigt. Die Hauptverbraucher sind die großen europäischen Industriestaaten Großbritannien, Frankreich, Deutschland und Rußland und außerdem die Vereinigten Staaten von Nordamerika, während die anderen Länder erst in großem Abstand folgen. Im Handel werden die überseeischen Wollen auch als Kolonialwollen zusammengefaßt, im Gegensatz zu den europäischen oder Dominial-, Mittelmeer-Wollen usw. Die Merinowollen verschiedenster Herkunft, sowie die feineren Kreuzzuchtwollen haben eine Faserlänge von 25—80 mm und starke Kräuselung, sie werden hauptsächlich nach dem Streichgarnverfahren versponnen und deshalb auch als Streichwolle bezeichnet, während die in der Kammgarnspinnerei verarbeiteten längeren und wenig gekräuselten (schlichten) Merinos (80 bis 130 mm) und Crossbreds (120—300 mm), sowie die langen und stark glän-

---

[1] Kertesz, A.: Die Textilindustrie sämtlicher Staaten. 1917.
[2] Nach Heermann: Enzyklopädie (1930).

Schafwolle und andere tierische Haare.

zenden feinen Cheviotwollen (bis 550 mm) auch Kammwollen genannt werden. Die vom lebenden Schaf abgeschorene Natur- oder Rohwolle ist stets mehr oder weniger stark verunreinigt durch den Wollschweiß, Sand und Schmutz sowie Pflanzenreste, insbesondere Kletten (Schweißwolle). Hauptsächlich handelt es sich dabei um zwei verschiedene Klettenarten, die eiförmige Nuß- oder Steinklette und die spiralig gekrümmte Ringelklette, die mit ihren kleinen Häkchen äußerst fest in den Wollhaaren sitzen. Der Gewichtsanteil an solchen Verunreinigungen ist namentlich bei Kolonialwollen oft außerordentlich groß (60 vH und darüber), sodaß es vorteilhafter ist, die Wolle bereits in Übersee, um die Schiffsfracht für den Schmutz- und Wollschweißanteil zu sparen, zu waschen (Vorwäsche); derartige Wolle wird im Handel als „Scoured" bezeichnet. Die

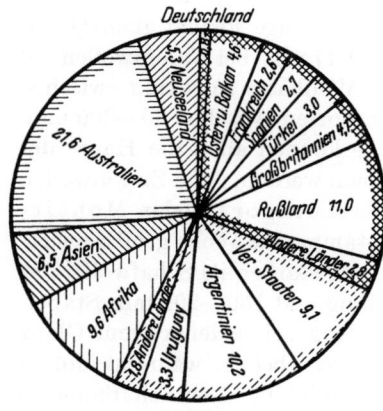
Abb. 105. Wollegewinnung in vH der Welterzeugung.

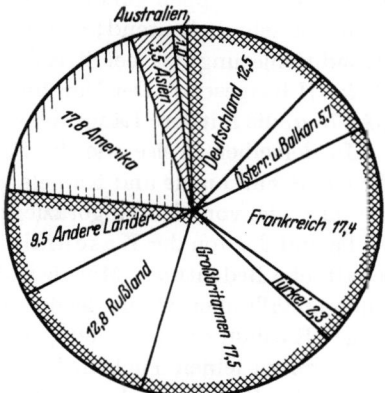
Abb. 106. Wolleverbrauch in vH des Weltverbrauches.

Haupthandelsplätze für Wolle sind London, Liverpool und Antwerpen, für Deutschland außerdem Leipzig, Bremen, Breslau und Forst in der Lausitz, wo die Wolle, in bestimmte Klassen eingeteilt, gehandelt wird.

Der Ertrag an Rohwolle, der im allgemeinen bis zum sechsten Jahre zunimmt, schwankt je nach Rasse, klimatischen und Bodenverhältnissen in weiten Grenzen (1—13,5 kg pro Vlies), wobei der Widder 50—70 vH Mehrertrag gibt als das Mutterschaf. Lamm- und Jährlingswolle zeichnet sich durch besondere Weichheit und Feinheit aus und hat eine hellere Farbe und weniger Verunreinigungen. Mit Hautwolle bezeichnet man die von geschlachteten Schafen abgeschorene Wolle, mit Sterblingswolle die von verendeten Tieren, die infolgedessen an Festigkeit und Elastizität verloren hat und wesentlich geringer bewertet wird.

Eine besonders wichtige Eigenschaft des gesunden Wollhaares ist noch die Filzfähigkeit oder Krumpfkraft, die darin besteht, daß

8*

die in einem Faden oder Gewebe vereinigten Fasern unter der Einwirkung von Feuchtigkeit unter Umständen mit Zusatz von Seife oder verdünnter Säure sich unter gleichzeitigem Aufquellen krümmen und zusammenziehen; die Gewebe werden dabei noch gequetscht oder zwischen Walzenpaaren gepreßt, sodaß eine dichte Faserdecke entsteht, in der die einzelnen Haare fest miteinander verfilzt sind. Bei Erhitzung in feuchtem Zustande wird das Wollhaar schließlich plastisch und läßt sich unter Druck in dauernde Form bringen, worauf die Heißausrüstung (Bügeln, Pressen) von Wollwaren beruht. Das Wollhaar besteht aus Marksubstanz, Rindensubstanz (Faserschicht) und Epidermis oder Kutikula; das Mark fehlt bei feinen Haaren oder tritt nur in Form von Markinseln auf, die Epidermis wird aus dachziegelartig übereinandergreifenden Schuppen gebildet (vgl. Abb. 103). Die Hygroskopizität der Wolle ist sehr bedeutend; der im Handel zulässige Feuchtigkeitsgehalt (Konditionierung) ist bei Streichwollen auf 17 vH, bei Kammwollen auf 18,25 vH festgesetzt. Der Durchmesser der Wollhaare schwankt zwischen 10—75 μ, die mittlere Länge der einzelnen Sorten zwischen 50—300 mm.

In derselben Weise wie die Schafwolle können auch die Haare der Ziegen, Schafkamele und Kamele versponnen werden. Von Ziegenwollen hat nur die von der Angoraziege gelieferte **Angora-** oder **Mohair-Wolle** und die von der **Kaschmir**-Ziege stammende Wolle größere wirtschaftliche Bedeutung. Mohair ist härter und stärker als Schafwolle, hat einen metallischen Glanz, leichte Kräuselung und 150—200 mm Stapellänge; Kaschmirwolle ist fein, weich und lang bei seidenartigem Glanz und wird zu feinen Tuchen, Schals u. dgl. verarbeitet, während Mohair in Möbelstoffen, Teppichen usw. Verwendung findet. Von Schafkamelen kommen die in Südamerika lebenden Lamas, Pakos und Guanakos in Betracht; ihre langen, ziemlich groben Wollhaare werden zu gröberen Geweben benutzt. Eine viel feinere Wolle von seidenartigem Griff und großer Weichheit lieferte früher das wildlebende und jetzt fast ausgerottete Vicuña, die als echte **Vigogne** bekannt war, während man heute unter Vigogne ein Mischgarn aus Baumwolle mit wenig Wolle versteht. Die **Kamelwolle** enthält, soweit sie versponnen wird, nur die weichen Grundhaare des Kamels und liefert sehr weiche, oft naturfarbige Decken, Kleiderstoffe und Wirkwaren.

Die Reinigung der Wolle von dem ihr anhaftenden Schmutz usw. erfolgt durch **Waschen** in schwach alkalischen Laugen (in den Vereinigten Staaten von Nordamerika auch mit Benzin, Naphtha o. dgl.), nachdem vorher der Wollschweiß herausgewaschen ist. Die von Hand zertrennten und sortierten Vliese müssen aber zuerst noch vom Sand und Staub befreit werden, wozu z. B. ein **Klopfwolf** nach Abb. 107 dient: diese Maschine reinigt und lockert die zwischen den Schlagstäben der beiden Klopferwellen W_1, W_2 frei hin- und hergeworfenen Wollbüschel ohne

Schädigung der Fasern. Der feste Stabrechen St unterstützt dabei noch die Zerteilung der zusammenhängenden Vliesteile. Nach genügender Reinigungsdauer erfolgt der Auswurf durch Öffnen der Klappe K. Die groben Schmutzteile werden dagegen durch die Rostspalten ausgeworfen, und der feine Staub kann mittels eines Ventilators V abgesaugt werden. Das weitere Entschweißen und Waschen geht in größeren Betrieben dann derart vor sich, daß mehrere große Bottiche hintereinander zu einem Waschzug durch kurze Transportbänder verbunden werden, sodaß das Wollmaterial eine ganze Reihe von Behandlungsstufen durchläuft, ohne daß dazu Arbeitskräfte erforderlich wären. Abb. 108/9 stellt einen solchen Waschzug oder Levia-

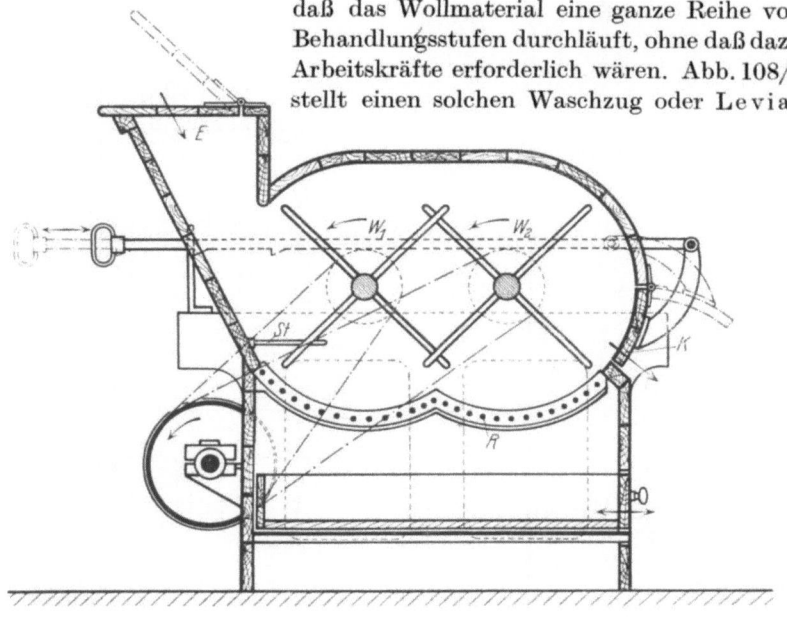

Abb. 107. Klopfwolf.

than mit Kastenspeiser K, Öffner O, Entschweißer A, 5 Waschbottichen $W_{1...5}$, Etagentrockner T und einem Füllkasten F mit Ölvorrichtung dar.

Die aus den Wollfächern durch einen Holzschacht heruntergleitende Wolle gelangt über ein Lattentuch in den Kasten K, aus dem das Material in der bekannten Weise mittels Nadelstabtuch in gleichbleibender Menge herausgefördert wird. Eine mit Holzleisten besetzte Schlagtrommel S nimmt die Wollbüschel mit, die dann dem Öffner O durch Lattentuch und Speisewalzen zugeführt werden. Zwischen den beiden schnell umlaufenden, mit stumpfen Stahlnasen versehenen Tambouren T_1, T_2 erfolgt eine gründliche Auflockerung und Zerteilung der Wolle in kleinere Faserbüschel, wobei der herausgeschlagene Sand und Schmutz durch Siebbleche in den darunterstehenden Staubkasten fällt.

118   Wichtigste Spinnereizweige.

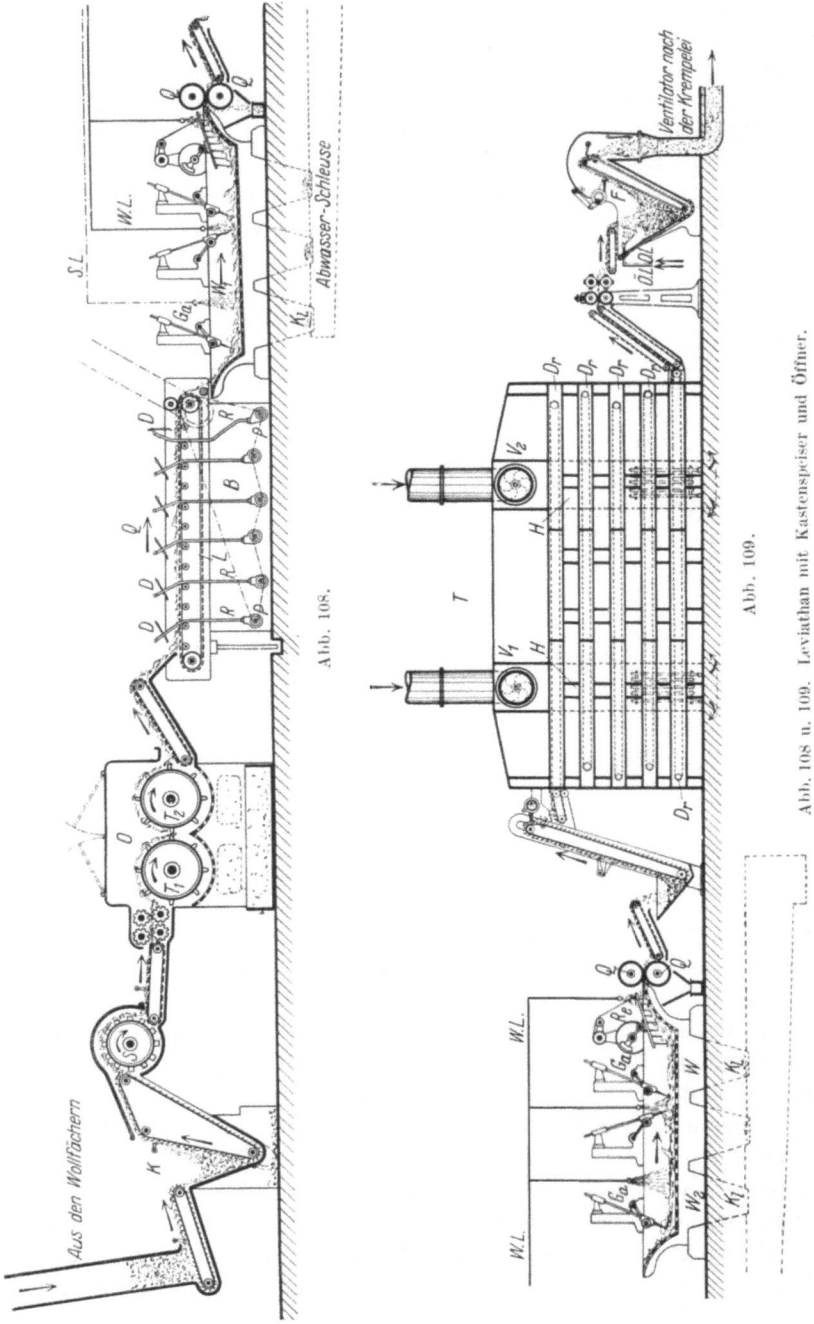

Abb. 108 u. 109. Leviathan mit Kastenspeiser und Öffner.

In dem anschließenden Entschweißer Q (von Malard) sollen darauf die wasserlöslichen Wollschweißsalze (Pottasche) aus der auf dem eisernen Transportlattentuch L verteilten Wolle herausgewaschen werden, wozu kaltes Wasser aus den Düsen D auf die Wolle gespritzt wird, das mit Salzen angereichert wieder in den mit 5 Zwischenwänden versehenen Behälter B zurückfließt. Kleine Kreiselpumpen P fördern das Wasser durch die Rohre R in dauerndem Kreislauf wieder zu den Düsen, bis die Lauge soweit mit den Kalisalzen angereichert ist, daß durch eine besondere Vorrichtung das Ablassen derselben und der teilweise Ersatz durch Frischwasser erfolgt. Nach Durchlaufen eines Quetschwalzenpaares fällt die entschweißte Wolle unmittelbar in den ersten Waschbottich, um den Entfettungs- und Reinigungsprozeß in 4 oder 5 solcher mit warmem Wasser von 40—50° C. gefüllten Bottiche durchzumachen. Das Wollfett mit dem Schmutz wird durch Soda- und Seifenzusatz emulgiert; Warmwasser und Lauge laufen dauernd durch die Leitungen $W.L.$ bzw. $S.L.$ in die einzelnen Bottiche zu, während in Kurvenbahnen geführte Gabeln Ga und Rechen Re für die langsame Fortbewegung der Wolle sorgen. Der letzte Bottich ist zum Spülen des Fasermaterials mit Frischwasser gefüllt; der auf dem Grunde der anderen Bottiche sich allmählich absetzende Schlamm wird ab und zu durch die Bodenklappen Kl in die Abwasserschleuse befördert.

Die im letzten Bottiche reingewaschene und abgequetschte Wolle wird durch ein ansteigendes Nadeltuch in die Etagentrockenmaschine T eingeführt, wo die Wolle auf Drahtgeflechtbändern liegend durch die von unten eingeblasene Warmluft nach dem Gegenstromprinzip bei steigender Temperatur getrocknet wird. Nach dem Durchlaufen der Trockenmaschine wird die Wolle schließlich zwischen zwei ansteigenden Lattentüchern in einen großen Füllkasten F transportiert, in dem das für das spätere Krempeln unbedingt erforderliche Öl mittels Druckluft fein verteilt ($Ö.L., D.L.$) auf die Wolle aufgespritzt wird. Durch einen Schacht mit anschließender Rohrleitung kann die geschmelzte Wolle dann mittels kräftig saugender Ventilatoren nach den Krempeln geblasen werden.

In dem aus den Waschkufen geschöpften oder abgezogenen Schlamm befindet sich außer erdigen Bestandteilen, Sand usw. also noch das wertvolle Wollfett, das in neuzeitlichen Wollwäschereien durch Auskochen oder Extrahieren mit fettlösenden Mitteln wiedergewonnen wird. Der Gehalt an Wollfett in ungewaschenen Merinowollen beträgt etwa 8 vH, in Kreuzzuchtwollen 6—8 vH. Da die Wolle durch das Waschen und Entschweißen ihren natürlichen Fettgehalt fast vollständig verloren hat, muß sie nach dem Trocknen wieder geölt oder geschmelzt werden, um ihr die für die weitere Verarbeitung auf der Krempel, Kämm- und Spinnmaschine erforderliche Schlüpfrigkeit und Geschmeidigkeit wiederzugeben; man feuchtet deshalb die gewaschene Wolle mit 1—2 % Olivenöl, Erdnußöl oder ähnlichen Schmelzen an.

Das Verspinnen der Wolle, die, wie gezeigt wurde, schon beim Einkauf und bei der Sortierung der Rohwolle getrennt nach Streich- und Kammwollen behandelt worden ist, erfolgt nun ganz allgemein nach zwei grundsätzlich verschiedenen Spinnverfahren: in der **Streichgarnspinnerei** ist die Bildung der Vorgarnfäden ausschließlich der Krempel übertragen. Die erforderliche Vergleichmäßigung des Grundfaserkörpers in Vliesform wird durch wiederholtes Doppeln und Strecken auf zwei oder drei Krempeln erzielt, und das so vergleichmäßigte Vlies wird auf der letzten Krempel in mehrere schmale Streifen zerlegt, die dann durch das aus der Baumwollgrobspinnerei bekannte Nitschelverfahren verdichtet und zu Vorgarnfäden gerundet werden. Abb. 110 stellt dieses Verfahren schematisch dar: Der von der ersten Krempel aus den losen Faserbüscheln in eine zusammenhängende Faserschicht gebrachte Flor wird durch mehrfaches Übereinanderlegen zu einem Pelz verdichtet, aus dem auf einer zweiten Krempel durch erneutes Auflösen und Ausbreiten ein etwas vergleichmäßigter zweiter Flor hergestellt wird. Dasselbe Verfahren wird unter Umständen auf einer dritten Krempel wiederholt und aus diesem letzten Vlies dann durch Teilung in Einzelstreifen das genitschelte Vorgarn gebildet.

Das Verfahren der **Kammgarn**spinnerei unterscheidet sich dagegen von dem beschriebenen dadurch, daß der Grundflor, den die Krempel liefert, zu einem einzigen runden Band zusammengenommen wird. Von diesen Bändern werden, wie Abb. 111 wieder schematisch zeigt, immer zwei gleichzeitig in einem Streckwerk gedoppelt und verzogen, und das erhaltene Band wird demselben Streck- und Dopplungsverfahren noch mehrere Male unterworfen, bis schließlich aus dem zuletzt gedoppelten Bande das endgültige Vorgespinst erzielt wird. Dieses wiederholte Strecken oder Verziehen der Bänder erfordert eine möglichst gleichmäßige Faserlänge und gestreckte Faserlage; die letztere Eigenschaft besitzt die schlichte, wenig gekräuselte Kammwolle, dagegen ist ihre Faserlänge außerordentlich verschieden. Man muß deshalb ein Mittel anwenden, um die kurzen ungleichmäßigen Fasern auszuscheiden, sodaß nur Fasern von ziemlich gleichmäßiger Länge in dem weiter zu verstreckenden Band zurückbleiben; dieses Verfahren nennt man das **Kämmen** und das so behandelte Garn ein **Kammgarn**, das sich von dem Streichgarn durch ein glatteres, nicht so „wolliges" Aussehen und eine geringere Dehnbarkeit unterscheidet. Das Streichgarn hat dagegen seinen Namen von der Bearbeitung auf der Walzenkrempel, durch die auf die Wollfaserschicht gewissermaßen eine verstreichende Wirkung ausgeübt wird, und da ferner das Vorgespinst nicht weiter durch Zylinderstreckwerke verzogen und seine Fasern dadurch nicht gerade gerichtet werden, behält auch das Garn mit seinen wirrliegenden stark gekräuselten Fasern ein rauhes, „gekratztes" oder „gestrichenes" Aussehen und trägt die Bezeichnung Streichgarn auch aus diesem Grunde zu Recht.

Von den beiden Spinnverfahren ist die Streichgarnspinnerei sowohl nach ihrer Ver-

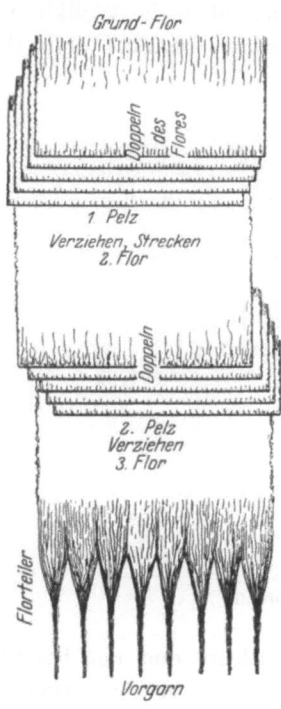
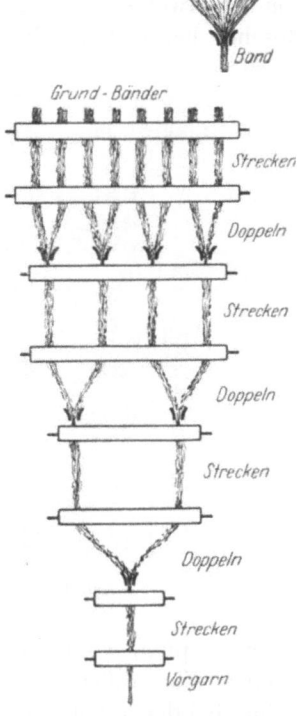

Abb. 110. Wollvorspinnen mit Florteilung (Streichgarnspinnerei).

Abb. 111. Wollvorspinnen mit Banddoppelung und Verziehen (Kammgarnspinnerei).

breitung — namentlich in Deutschland —, als auch nach der Menge des verarbeiteten Materials bzw. nach der Spindelzahl das bedeutendere und soll deshalb an erster Stelle behandelt werden.

1. Streichgarnspinnerei.

In der Streichgarnspinnerei werden sowohl gewaschene als auch Rohwollen, Gerberwollen, gefärbte Wollpartien und Wollabfälle verarbeitet. Außer dem im vorigen Abschnitt bereits behandelten Waschen bestehen die Vorbereitungsarbeiten dieser Wollen deshalb in einer mechanischen Reinigung, in dem Entfernen von Kletten und anderen Pflanzenresten, die durch das Waschen von den verfilzten Wollhaaren nicht getrennt werden können, in einem Auflockern und gründlichen Durchmischen der verschiedenartigen Wollsorten und schließlich in dem Ölen oder Schmelzen der Wollfasern, um ihnen die nötige Geschmeidigkeit und Schlüpfrigkeit zu geben.

Das mechanische Reinigen und gleichzeitige Auflockern von staubigen und sandigen Wollen, Wollabgängen und gefärbten Wollen wird von Klopfwölfen besorgt, die mit Schlagstäben die Wollklumpen und Büschel bearbeiten. Bei kleineren Mengen benutzt man dazu Wollreinigungsmaschinen, die nach dem Vorbilde Abb. 3 gebaut sind und eine bestimmte Wollmenge eine Zeitlang über

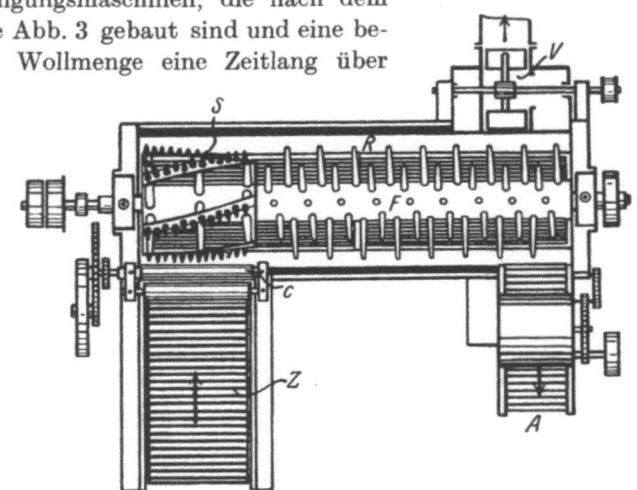

Abb. 112. Spiralreiß- und Klopfwolf.

Roststäben klopfen, worauf die Maschine entleert und neu beschickt werden muß. Für größere Leistungen gibt es ununterbrochen arbeitende Klopfwölfe, bei denen eine dauernde Zuführung und Ablieferung des Materials mittels endloser Lattentücher oder ähnlicher Transportmittel erfolgt. Der in Abb. 112 im Grundriß dargestellte Spiralreiß- und Klopfwolf dient zu diesem Zwecke und hat außer den Schlagstäben für die Reinigung der Wolle eine besondere Zahntrommel, die zunächst die Wollklumpen auflösen soll. Das auf den Zuführtisch Z ausgebreitete Wollmaterial gelangt von da aus durch zwei Einführzylinder c, von denen der obere geriffelt und mit Gewichtshebelbelastung versehen, der untere glatt ist, an die Reiß- und Klopftrommel, die in ihrem ersten Teil mit schraubengangartig angeordneten kurzen Stiften S ausgerüstet ist. Diese „Flügel" zupfen aus der von den Speisewalzen dargebotenen Wollschicht einzelne Flocken heraus, treiben sie über den umgebenden

Rost und dann weiter in Richtung der Trommelachse, bis sie in den Bereich der schraubenförmig auf der Flügelwelle sitzenden runden Stahlstäbe F kommen. Durch diese Schlagstäbe werden die Wollflocken bis an das andere Ende der Trommel weitergetrieben, wobei durch die darunterliegenden Roststäbe Schmutz u. dgl. grobe Unreinigkeiten ausgeworfen werden, während der Staub mittels eines Exhaustors V aus dem Trommelgehäuse abgesaugt wird, dadurch gleichzeitig die Fortbewegung der Wollflocken mit unterstützend. Die gereinigten Wollflocken werden mit Hilfe eines Lattentuches mit Siebtrommel nach dem Vorbilde Abb. 50 nach außen abgeführt.

Ein gutes Auflösen der Wollflocken und Herausklopfen des Staubes und anderer Fremdkörper läßt sich auch auf dem mit mechanischer Speisung versehenen Zupf- und Schlagwolf (Abb. 113) erreichen, dessen 3 oder 4 Stifttrommeln (Stabflügel) so ineinandergreifen, daß

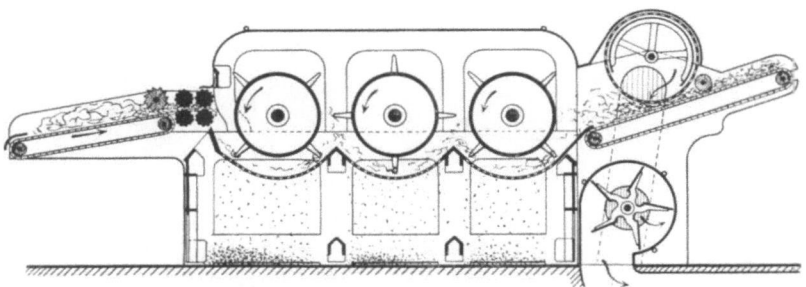

Abb. 113. Zupf- und Schlagwolf.

die Wollflocken von einer zur anderen weitergetrieben und schließlich zwischen Siebtrommel und Lattentuch angesaugt und ununterbrochen abgeführt werden. Auch die harten Nußkletten werden beim Umherschleudern der Wolle über den Rosten größtenteils abgestreift und ausgeworfen; die fest mit den Wollfasern verfilzten Ringelkletten lassen sich aber auf diese Weise nicht scheiden, sie müssen vielmehr so aus den Wollflocken herausgezupft werden, daß sie nicht in kleine, schwer entfernbare Stücke zerbrechen, und deshalb von besonders gestalteten Trennwerkzeugen in einer Weise abgenommen werden, daß möglichst wenig Fasern an ihnen hängenbleiben. Einen derartigen Klettenwolf zeigt im Querschnitt Abb. 114. Die auf dem endlosen Zuführtuch Z vorgelegte Wolle wird durch eine Speisevorrichtung mit Mulde und Stachelwalze c der Trommel T dargeboten, die abwechselnd mit Stiftreihen und Schienen besetzt ist; die Stifte zupfen die Wollflocken von der Muldenkante ab, während die Schienen sie über den Messerrost m hinwegtreiben, durch den gröbere lose Fremdkörper abgeschieden werden. Die drehbar gelagerten Messer können mittels des

Handrades h gemeinsam so verdreht werden, daß ihr Angriffswinkel zu den Streichschienen entsprechend der abstreifenden Wirkung der Messer eingestellt werden kann. Für die Ausscheidung der fester in den Wollfasern hängenden Ringelkletten dient die eigentliche Entklettungstrommel K, zu der die von Trommel T aufgelösten Flocken zwischen der Kratzwalze k und Bürstwalze b gelangen. Auf dem Umfang der Klettentrommel sitzen Schienen mit sehr dichtstehenden feinen Zähnen, an denen zwar die Wollfasern hängenbleiben, in deren enge Zwischenräume aber die stärkeren Kletten nicht eindringen können. Die Bürste b streicht die Fasern noch tiefer in die Zahnung hinein,

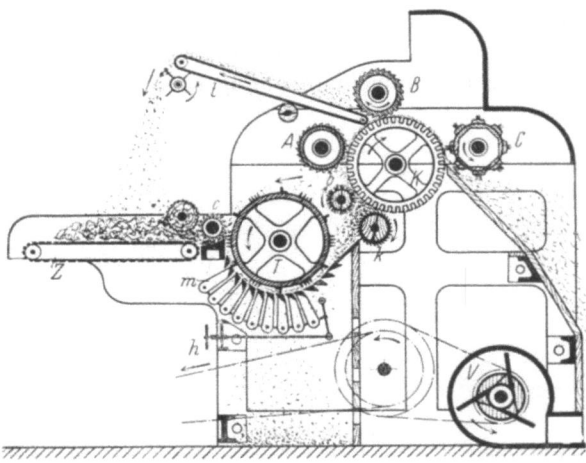

Abb. 114. Klettenwolf.

wodurch die auf dem Trommelumfang liegenden Kletten freigelegt werden, so daß sie leicht von der Riffelwalze A abgetrennt werden können. Mittels einer zweiten dichter stehenden Walze B gelingt dann die Beseitigung der etwa noch an der Trommel haftengebliebenen Klettenreste. Da mit den Kletten zusammen auch brauchbare Fasern abgestreift werden, gelangen sie von Walze A unmittelbar und von Walze B mittels eines Fördertuches t mit Abstreichwalze an die Vortrommel T zurück, bei der sich nun die restlose Entfernung der freier und loser liegenden Klettenteile durch den Rost leichter gestaltet. Die auf dem Umfang der Klettentrommel nach dem Durchgang unter der Abschlagwalze B liegengebliebenen Wollfasern werden dann von der Bürste C aus den Trommelzähnen herausgestrichen, und durch einen Exhaustor V wird der sich bei der Zerteilung der Wollflocken bildende Staub abgesaugt, wobei durch den Saugzug noch das Einziehen der Fasern in die Trommelzahnung gefördert wird.

Neben dieser mechanischen Wollentklettung, die das vollständige Ausscheiden der Kletten durch Freilegen und Abstreifen bezweckt, gibt es noch ein mechanisches Verfahren, bei dem die Kletten zerdrückt und zerstückelt werden, um sie dann durch Klopfen und Absaugen oder Ausschütteln leicht zu entfernen, und ferner ein **chemisches Entklettungsverfahren**: die Wolle wird hierbei mit verdünnten Säuren behandelt, die bei entsprechender Vorsicht die tierischen Fasern kaum merklich angreifen, während die pflanzlichen Klettenteile zerstört oder „verkohlt" werden, indem die angesäuerte Wolle in einer Retorte längere Zeit auf höhere Temperatur erhitzt wird. Durch nachfolgendes mechanisches Klopfen lassen sich dann diese mürbe gewordenen Klettenreste fast restlos und ohne Faserverluste beseitigen.

Beide Verfahren, die mechanische und die chemische Entklettung haben ihre Nachteile: der ersteren sagt man mit Recht nach, daß zwischen den Stiften, Zähnen usw. die Wollfasern teilweise zerrissen werden. Dadurch tritt aber eine gewisse Wertminderung der Wolle ein, weil mit der Faserkürzung auch ihre Spinnfähigkeit beträchtlich abnimmt. — Das zweite Verfahren beeinflußt dagegen in anderer Hinsicht die spinntechnischen Eigenschaften der Wollhaare: die Säuredämpfe nehmen nämlich den Haaren ihre natürliche Schmiegsamkeit und Kräuselung und machen sie spröde, sodaß man gerade bei wertvollen feineren Wollsorten die mechanische Entklettung der Karbonisation vorzieht.

Die weiteren Vorbereitungsarbeiten der Streichwolle umfassen noch das **Auflockern und Reinigen** oder **Wolfen**, das **Ölen** oder **Schmelzen** und das **Krempeln**. Das Wolfen dient gleichzeitig zum **Mischen** von verschiedenartigen Rohwollen und in besonderen Fällen auch zum **Melangieren** verschieden gefärbter Wollpartien zwecks Erzielung einer Mischfarbe, die man durch unmittelbares Färben nicht erzielen könnte. Zum Lockern und Auflösen der Wolle kann man einen **Reißwolf** ähnlich dem von der Baumwollstreichgarnspinnerei her bekannten (nach Abb. 89) verwenden, wobei nur die Zupftrommel mit weiter auseinanderstehenden, etwas stärkeren Stiften ausgerüstet ist. Eine weit bessere Durcharbeitung und Mischung der Wolle sowie eine größere Leistungsfähigkeit ergibt aber der in Abb. 115 dargestellte **Krempelwolf**, dessen mit hakenförmig gebogenen Stiften besetzte Trommel von mehreren kleinen Walzenpaaren umgeben ist; diese als Arbeiter und Wender bezeichneten Walzen haben die umgekehrte Anordnung wie bei der Walzenkrempel. Beim Krempelwolf folgt die Wenderwalze der Arbeiterwalze und hat radialgerichtete Stifte, durch die der Faserbelag des Arbeiters wieder an die Haupttrommel zurückgegeben wird. Für größere Leistungen und ein ununterbrochen gleichmäßiges Arbeiten erhält der Krempelwolf einen selbsttätigen Speiser, in dessen Vorratsraum eine große Wollmenge auf einmal eingefüllt werden kann; durch ein Bodenlattentuch b und ein aufsteigendes Stiftenlattentuch wird die Wolle flockenweise aus dem Vorrat herausgezupft. Die zuviel geförderte Wolle wird von einem auf- und abschwingenden Kamm k in den Kasten zurückgestrichen, und der Rest mittels einer mit nachgiebigen Lederstreifen besetzten Abstreichwalze a von dem Nadeltuch abgenommen und auf den langsam fortschreitenden Zuführtisch l in gleichmäßiger Schicht geworfen, um dann unter der Druckwalze n an die gezahnten Speisezylinder c des Krempelwolfes zu gelangen. Der wolfszahnartige Beschlag der nach oben umlaufenden Trommel T erfaßt die dargebotenen Wollbüschel, löst sie teilweise auf und führt sie den Arbeiter- und Wenderwalzen zu. Die etwa an dem oberen Einführzylinder hängenbleibenden Fasern werden von einer darüber

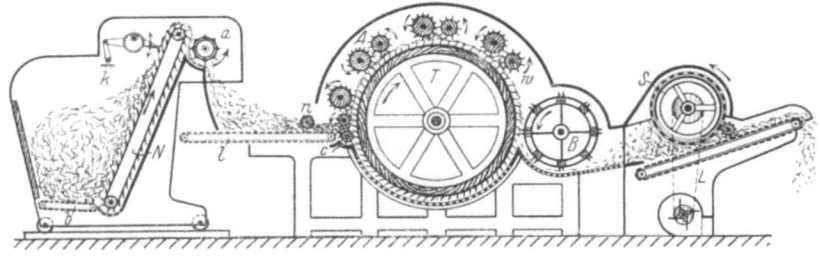

Abb. 115. Krempelwolf.

angeordneten, entgegengesetzt umlaufenden Walze e abgenommen und an die Haupttrommel zurückgegeben.

Die Zähne sind auf der Trommel T und den Arbeitswalzen A in versetzten Ringreihen angeordnet, sodaß die Ringreihen je zweier Walzen ineinander eingreifen, wodurch ein möglichst weitgehendes und zugleich schonendes Zerteilen der an dem Trommelbeschlag hängenden Wollflocken erfolgt. Der Vorgang wiederholt sich bei jedem Arbeiter- und Wenderwalzenpaar, und zwar so, daß jeweils nur ein Teil der auf dem Trommelumfang liegenden Faserschicht von den Zähnen erfaßt und dann wieder an die Trommel zurückgegeben wird. Dadurch wird eine sehr wirksame Durchmischung des Wollmaterials erreicht, die zusammen mit der vorbereitenden Mischarbeit in dem Speiser den Krempelwolf zu einer vorzüglichen **Mischmaschine** für verschiedenartige Rohwollen, Wollabfälle, Kunstwolle usw., sowie für Herstellung von Melangen machen.

Das nach dem Durchgang durch das letzte Arbeitswalzenpaar aufgelockerte und vergleichmäßigte Vlies wird von Zähnen und Lederstreifen der Schnellwalze B abgestrichen und über einen Rost, der schwerere Schmutzteile ausfallen läßt, ausgeworfen. Eine mechanische

Abführeinrichtung mit Siebtrommel S und Lattentuch L, wie auf Abb. 115 gezeigt, bietet dabei den Vorteil, daß gegenüber dem freien Auswerfen eine Sonderung der verschieden schweren Flocken und damit eine Entmischung vermieden und gleichzeitig der Staub durch die Siebtrommel abgeführt werden kann.

Es war schon erwähnt worden, daß die Wolle durch das vorausgegangene Waschen und unter Umständen auch durch die chemische Entklettung ihren natürlichen Fettgehalt verloren hat und vor der weiteren Verarbeitung deshalb wieder geölt oder geschmelzt werden muß. Das Ölen der Wolle hat auf jeden Fall noch vor dem Krempeln zu erfolgen, damit die Fasern die durch den Krempelvorgang bedingte

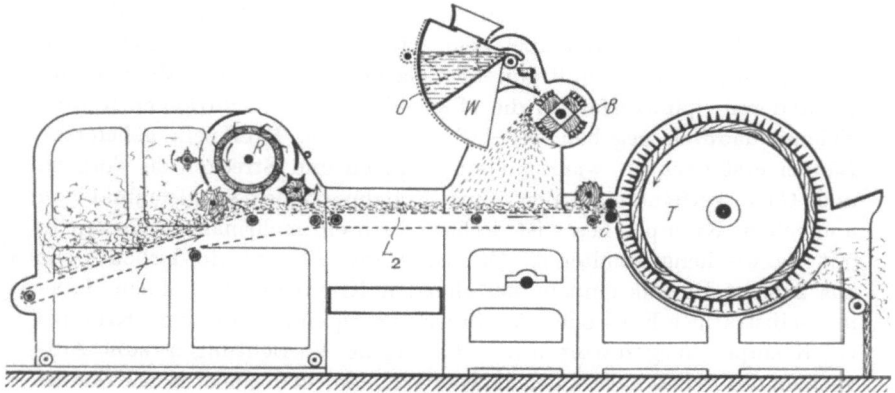

Abb. 116. Ölwolf.

hohe Beanspruchung dank ihrer Schlüpfrigkeit aushalten, ohne zerrissen zu werden. Eine ausreichende Geschmeidigkeit der Wollhaare ist auch für das folgende Feinspinnen von großer Bedeutung. Das Benetzen der in einer gleichmäßigen Schicht ausgebreiteten Wolle erfolgt zweckmäßigerweise nicht mehr von Hand, sondern auf dem sog. Ölwolf (Abb. 116), der eine ganz gleichmäßige und sparsame Verteilung der Schmelze auf eine Wollschicht von bestimmter Dicke gewährleistet. Der Ölwolf erhält am besten auch einen selbsttätigen Vorleger wie der Krempelwolf; die auf Abb. 116 dargestellte Zuführeinrichtung mit einer Rückstreichwalze R genügt aber bei vorhergegangener guter Mischung auch. Die aus Olivenöl oder Olein und Seifenwasser hergestellte Schmelze wird auf die mit dem Lattentuch L_2 fortbewegte Wollschicht von der Bürstwalze B aufgespritzt, der die ölige Flüssigkeit auf einer Blechzunge gleichmäßig zuläuft. Aus den beiden Kippgefäßen O und W, die Zahnsegmente für den Antrieb besitzen, kann man Öl und Seifenwasser auf die Bürstwalze im richtigen

Mischungsverhältnis tropfen lassen, wenn das Kippen mit entsprechender Geschwindigkeit erfolgt, wozu ein Wechselrädergetriebe vorgesehen ist. Das gleichmäßige Durchdringen der Wolle mit dem Öl wird dann noch durch die Wirkung des Druckwalzenpaares c und die erneute Zerteilung mit der Reißtrommel T gefördert.

Das vollständige Auflösen der Wollflocken, das Ausscheiden von Faserknoten und Verunreinigungen, sowie die Bildung eines möglichst gleichmäßigen Vlieses als Ausgangsmaterial für das Feingarn ist im Streichgarnspinnverfahren die ausschließliche Aufgabe der Krempelei, die in diesem Falle mehr noch als in anderen Spinnereizweigen grundlegende Bedeutung hat. Aus dem Krempelvlies wird unmittelbar durch Unterteilung in schmale Streifen ein Vorgarn gebildet, das ohne weitere Dopplung zu Feingarn versponnen wird. Von der Gleichmäßigkeit des von der letzten Krempel gelieferten Flores hängt demnach die Gleichmäßigkeit und somit Güte des Garnes ganz und gar ab, während bei anderen Spinnverfahren die Möglichkeit eines nachträglichen Ausgleiches dadurch gegeben ist, daß die von den Krempeln gelieferten Bänder erst nach oft wiederholtem Doppeln und Strecken zu Vorgarn und Garn verfeinert werden. Zur Erzielung eines so gleichmäßigen und reinen Krempelvlieses ist deshalb auch ein mehrmaliges Krempeln mit dazwischengeschaltetem Dublieren des Flores erforderlich. Die aus 2 bis 4 Einzelkrempeln bestehenden Krempelsätze können dabei mit selbsttätiger Flor- oder Bandübertragungseinrichtung von Krempel zu Krempel ausgestattet sein oder eigene Vorrichtungen zum Aufwickeln des Pelzes haben, der dann in Wickelform der nächsten Krempel von Hand vorgelegt wird.

Die Streichwollkrempeln werden allgemein als Walzenkrempeln in der Ausführung nach Abb. 20 gebaut, wobei sich die aufeinanderfolgenden Maschinen eines Satzes im wesentlichen nur durch die Speise- und Ablieferungseinrichtungen unterscheiden. In der Reihenfolge des Arbeitsverlaufes werden sie folgendermaßen bezeichnet:

1. Reiß- oder Grobkrempel, Vorkrempel.
2. Mittelkrempel, Fein- oder Pelzkrempel.
3. Vorspinnkrempel.

Die Vorspinnkrempel hat, wie schon ihr Name sagt, gewissermaßen als Vorspinnmaschine zu dienen und die Vorgarnfäden zu liefern, zu welchem Zwecke sie einen sog. Florteiler besitzt.

Aus wieviel Krempeln nun ein Satz zu bestehen hat, welche Übertragungseinrichtungen, Florteiler usw. anzuwenden sind, hängt in jedem Falle von dem zu verarbeitenden Material und den Anforderungen ab, die an das Garn gestellt werden sollen. Bei der großen Verschiedenartigkeit der in der Streichgarnspinnerei verarbeiteten Wollsorten, Woll- und Baumwollabfälle sowie Zusätze von anderen Faserstoffen

Streichgarnspinnerei. 129

ergibt sich deshalb zwangsläufig eine außerordentliche Mannigfaltigkeit der zur Verwendung kommenden Krempelsätze, wozu bei gleichartigem Material noch gewisse Vorurteile berücksichtigt werden müssen, auf Grund deren man in den verschiedenen Ländern (Deutschland, England, Frankreich) dem einen oder anderen System den Vorzug gibt.

Der Reißkrempel soll eine in der Länge und Breite vollkommen ausgeglichene Wollschicht zugeführt werden, was heute meistens mit selbsttätigen Waagespeisern erfolgt, wie Abb. 117 zeigt. Diese Speise- und Wiegeapparate eignen sich in gleicher Weise für langstapelige Wollen wie für kürzere Wollen, Wollabgänge, Kunstwolle od. dgl. und

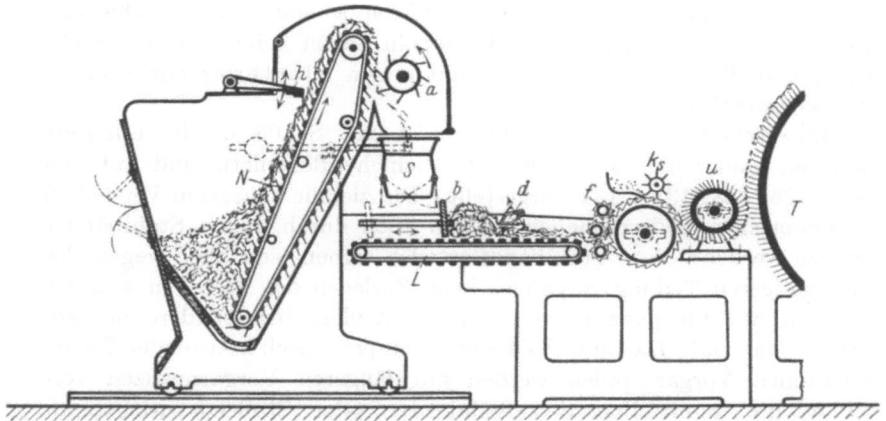

Abb. 117. Krempelspeiseeinrichtung.

stehen auf Schienen, um sie zum Reinigen oder Schleifen der Krempel abfahren zu können. Ein Boden- und ein Steiglattentuch N mit starken Stiften fördern die Wolle aus dem Vorratskasten hoch, sie dabei gleichzeitig wirksam durcheinandermischend; für einen gewissen Ausgleich sorgt der von einem Exzenter in Schwingung versetzte Hacker h, der den Wollüberschuß in den Kasten zurückwirft. Eine mit schräggestellten Nadeln besetzte Abstreichwalze a befördert die Wollflocken in die an einem Wagebalken aufgehängte Schale S, deren Bodenklappen nach Lösung einer Verriegelung sich beim Senken der Waagschale selbsttätig öffnen. Hat die Schale S das Einheitsgewicht an Wolle aufgenommen, so wird durch den Ausschlag des Waagebalkens gleichzeitig der Antrieb des Nadeltuches N durch Lösen einer Schleifkupplung ausgerückt, so daß die Wollzufuhr aufhört; die Bodenklappen öffnen sich, und die Wolle fällt auf das darunter laufende Lattentuch L, um von dem links befindlichen Verteilbrett b dem Ausgleicher d zugeschoben

Rohn-Meister, Spinnerei. 2. Aufl. 9

zu werden, der die Schicht zu gleichmäßiger Dicke zusammendrückt. Die Speiseeinrichtung an der Reißkrempel erfährt je nach der zu verarbeitenden Wollsorte eine verschiedene Ausführung. Abb. 117 zeigt z. B. zwei Einführzylinder mit einer Fangwalze f und eine mit Sägezahndraht bezogene Vorreißwalze mit einem Klettenschläger k_s zum Entfernen der Kletten und anderer Fremdkörper oberhalb der Vorreißwalze. Von der Vorreißwalze gelangen die aufgelösten Wollflocken entweder unmittelbar an die Haupttrommel oder zunächst an eine kleinere Vortrommel, mit zwei Paar Arbeitern und Wendern, um dann von einer mit Kratzen versehenen Übertragwalze u abgenommen und an die Haupttrommel T übergeben zu werden. Neuere Vorreißeinrichtungen zeigen die Krempelsätze Abb. 125—134. Die Florabnahme und Übertragung auf die Mittel- oder Feinkrempel kann auf verschiedene Art und Weise erfolgen. Diese Krempeln haben keine Vorreißeinrichtung, und die letzte Krempel ist mit einem Florteiler zur Bildung der Vorgarnfäden ausgerüstet.

Die Arbeitsweise des Florteilers ist auf S. 103 bereits erläutert worden, und einige Beispiele von Riemchenflorteilern sind auf den Abb. 126, 128, 131 u. 134 dargestellt. Die ziemlich raschem Verschleiß unterworfenen Lederriemchen können auch durch dünne Stahlbänder ersetzt werden; diese Stahlbandflorteiler eignen sich aber wegen des ungünstigeren Teilungsvorganges beim Zerlegen des Flores in schmale Streifen nur für ganz kurze schlichte Wollen, insbesondere mungoartiges Material. Die an der Vorspinnkrempel in sich kreuzenden Lagen erhaltenen Vorgarnspulen werden auf längeren Vorgarnwalzen vereinigt, die unmittelbar den Selfaktoren oder Streichgarnringspinnmaschinen vorgelegt werden; damit nun hierbei kein Material- oder Zeitverlust entsteht, muß die Feinspindelzahl stets ein Vielfaches der auf einer Walze befindlichen Spulenzahl sein.

Die Übertragungseinrichtungen für das Krempelvlies von einer Maschine zur anderen, die gleichzeitig durch Übereinandertafeln mehrerer Faserschichten eine bessere Gleichmäßigkeit in der Länge und Breite des Vlieses ergeben sollen, befördern die Wolle in Pelz-, Wickel- oder Bandform. Zu einem mehrere Zentimeter starken Pelz wird das Vlies auf einer Pelztrommel nach dem Vorbild von Abb. 26 oder mittels eines langen endlosen Tuches auf dem sog. Langpelzapparat aufgewickelt. Auf der Pelztrommel werden so viele Lagen übereinandergeschichtet, bis die richtige Dicke erreicht ist, wobei der Pelz infolge der vielfachen Dopplung eine gute Ausgeglichenheit in der Längsrichtung erhält, während die Gleichmäßigkeit in der Breite des Pelzes weniger befriedigend ist. Der starke Pelz muß dann in der Breite durchgerissen werden, um ihn von der Trommel abnehmen zu können, was entweder von Hand (Abb. 118) oder besser durch besondere

Pelzbrechvorrichtungen erfolgt, wie auf Abb. 129 anschließend an die Vorkrempel beispielsweise gezeigt ist. Auf jeden Fall ist dieses Verfahren, bei dem die einzelnen gleichmäßig großen Pelzstücke darauf der nächsten Krempel von Hand vorgelegt werden müssen, mit einem beträchtlichen Zeitverlust verbunden.

Günstiger arbeitet in dieser Beziehung die an der Mittelkrempel (Abb. 130) dargestellte (abfahrbare) Langpelzvorrichtung, die ein mehrfach gedoppeltes Vlies zu einem Pelzwickel aufrollt. Das endlose Tuch hat eine große Länge (rd. 12 m) und führt durch auf- und niedersteigende Gänge ein entsprechend langes Vliesstück wieder an den Abnehmer der Krempel zurück, wo nun die nächste Schicht darübergeführt wird, bis schließlich das erforderliche Pelzgewicht erreicht ist. Durch Umschalten eines Wendegetriebes wird dann das Führungstuch in entgegengesetzter Richtung in Bewegung gesetzt und der Pelz nach dem Durchreißen auf eine Wickelwalze aufgewickelt. Ein solcher Wickel, oder auch zwecks Dopplung zwei Wickel gleichzeitig, werden der Vorspinnkrempel vorgelegt.

Für kurze schlichte Wollen, Cheviots, Kunstwolle u. dgl., deren Flor einen weniger festen Faserzusammenhalt hat, wird eine solche Langpelzvorrichtung besser mit waagerechter Tuchführung ausgeführt. Während nämlich beim senkrechten Lauf des Pelztuches

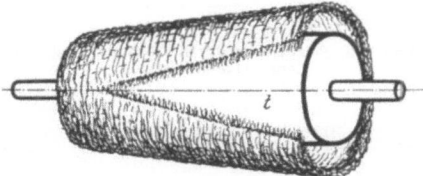

Abb. 118. Pelztrommel mit halb aufgetrenntem Pelz.

sich der stärker werdende Pelz durch sein Eigengewicht auseinanderziehen würde, falls er nicht genügende Festigkeit hat, kann man ihn bei waagerechter Führung durch mitlaufende Tragtücher oder Lattentische in seiner ganzen Länge unterstützen.

Die aufgerollten Pelzstücke oder Wickel werden zwei- oder mehrfach übereinander auf den Lattentisch der folgenden Krempel gelegt, wobei immer jedes zweite Pelzstück bzw. Wickel gewendet werden kann, sodaß dadurch die rechts und links gebildeten Pelzteile gedoppelt werden, was eine gute Breitenausgleichung ergibt. Trotzdem ist auch ein derartiges Verfahren für die Ausgleichung in der Breite des Pelzes für viele Fälle noch ungenügend; eine wirksamere Vergleichmäßigung erhält man jedoch durch ein Querlegen des Pelzes bei der Speisung. Der Umfang der Pelztrommel muß dazu mit der Speisebreite der folgenden Krempel übereinstimmen, sodaß die beim Aufreißen des Pelzes entstehenden Ränder an die Seiten des Zuführtisches zu liegen kommen, wenn man das Pelzstück um 90° zur Laufrichtung dreht. Auf diese Weise gelangen die bei der Wickelbildung in der Längsrichtung liegenden Fasern bei der folgenden Vorlage quer zur

9*

Laufrichtung des Speisetisches, es findet also eine Faserkreuzung bei der Wollübertragung von einer Krempel zur anderen statt. Diese Quervorlage der Fasern bedingt ein kräftiges Auflösen des vorgelegten Pelzes, denn die Fasern müssen durch die Kratzenzähne beim Krempeln wieder in die Arbeitsrichtung gelegt werden. Das Aufzupfen der im Flor von der ersten Krempel etwa noch vorhandenen Faserbüschel erfolgt dabei vollkommener durch diesen quer zur allgemeinen Faserlage wirkenden Krempelvorgang als beim Ausziehen der Faserflocken in ihrer Längsrichtung, wie es bei der sog. Längsfaserspeisung mit in der Wickelrichtung ablaufenden Pelzwickeln der Fall ist.

Sowohl beim Quer- als auch beim Längsspeisen kann man durch das Täfeln des Flores eine noch weitergehende Vergleichmäßigung des gebildeten Pelzes erzielen. Mit derartigen Flortaflern erzielt man lange Pelze, die man nach beliebiger Zeit abtrennen kann; bei der Florschichtung in der Längsrichtung wird das in einzelne kurze Stücke getrennte Vlies auf einem langsam vorwärts bewegten Lattentisch abgelegt und auf zwei Walzen in Wickelform übergeführt, wie Abb. 119 schematisch andeutet. Durch entsprechende Einstellung der Laufgeschwindigkeit des Lattentisches werden dabei mehr oder weniger Florschichten übereinandergelegt, sodaß man einen dickeren oder dünneren Pelz erhält. Durch die beschriebene Aufwickelung in der Legerichtung erhält man also einen Pelz mit Längsfaserlage, durch die auf Abb. 120 veranschaulichte Flortäfelung quer zur Wickelrichtung dagegen einen solchen mit Querfaserlage oder Kreuzung. Bei dieser auch als Florquerleger oder Kreuzpelzapparat bezeichneten Vorrichtung hat man ebenso wie bei der Pelztrommel mit Querfaserspeisung den Vorteil der guten Ausgeglichenheit des Vlieses in der Breite, und ist außerdem noch in der Lage, die Breite des quergetäfelten Pelzes der Breite der folgenden Krempel genau anzupassen,

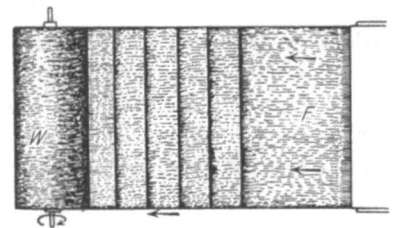

Abb. 119. Pelzbildung durch Florschichtung in der Länge (Längsfaserpelz).

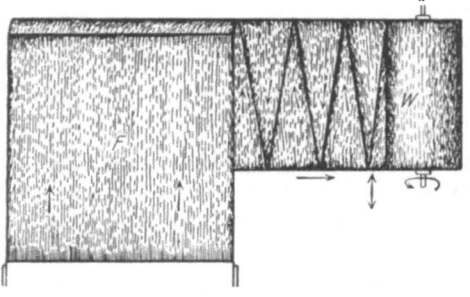

Abb. 120. Pelzbildung durch Hin- und Hertäfelung quer zur Längsrichtung (Querfaserpelz).

sodaß diese Krempel eine andere Arbeitsbreite als die vorhergehende haben kann, was vielfach erwünscht ist.

Denselben Vorzug haben auch die Übertragungseinrichtungen mit Bandbildung, die den Krempelflor in Form eines 300—500 mm breiten verdichteten Bandes in ununterbrochenem Arbeitsgang von einer Krempel zur anderen überführen. Das Täfeln solcher Längs- oder Querfaserbänder kann auf verschiedenartige Weise erfolgen und gestattet ein fortlaufendes Speisen ohne die bei der Vorlage von Pelzstücken unvermeidlichen Stoßfugen. Die Bänder werden dabei entweder nach Abb. 27 durch ein Zusammennehmen des Krempelflores in einen Trichter oder Kanal gebildet, dessen Form den Querschnitt des Bandes bedingt, oder durch entsprechendes Legen des Flores. Das im Trichter gebildete Längsfaserband ist in der Breite beschränkt, während das durch Täfeln des Flores entstandene Querfaserband beliebige Breite

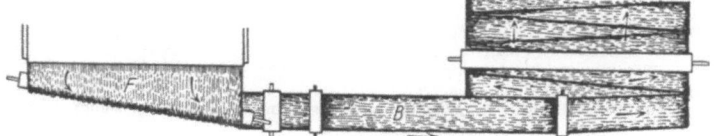

Abb. 121. Fasergutübertragung mit Längsfaserband (Querfaserspeisung).

erhalten kann und deshalb auch als Breitband bezeichnet wird. Abb. 121 zeigt, wie durch eine hinter dem Abnehmer angeordnete schrägliegende Leitwalze der Krempelflor F seitlich in Form eines Flachbandes B mit Längsfaserlage abgezogen wird, das dann zwischen Lattentüchern geführt und somit gegen ein Verziehen gehalten, zur nächsten Krempel gelangt; dort wird es, wie in Abb. 121 angedeutet, durch einen Legeapparat hin- und hergeführt und so in Querfaserspeisung auf den Zuführtisch abgelegt. In ähnlicher Weise kann auch ein Rundband, das sich wegen seiner dichteren Faserlage, also größeren Festigkeit, freihängend zur nächsten Krempel übertragen läßt, den Speisezylindern dieser Krempel unmittelbar, d. h. ohne Legetisch, hin- und hergehend zugeleitet werden. Bei einer derartigen Einführung in die Zuführzylinder, die eine möglichst vollkommene Ausgleichung des Flores in der Breite bezweckt, muß zwischen den Speisezylindern und der Haupttrommel noch eine Verteilungswalze vorgesehen werden, die die schräg einlaufenden Fasern gleichmäßig verteilt und ausgebreitet der Haupttrommel zuführt, damit sie dort zwischen den Kratzen wieder in ungefähr gleichlaufende Richtung gebracht werden können. Dieselbe Maßnahme ist auch dann erforderlich, wenn die in Abb. 121 gezeigte Vorlage des Bandes nicht quer, sondern zur Vermeidung einer vollkommenen Faserkreuzung schräg, etwa in einem Winkel von 45° auf den Zuführtisch der Krempel erfolgt.

Die Täfelung des Flores zu einem **Breitband** zeigen dagegen die Abb. 122 und 123, und zwar die erstere durch Florabtrennung, die letztere durch zickzackförmiges Hin- und Herlegen des Flores. Von Vorteil ist es dabei, wenn der Querschnitt des Bandes nicht genau rechteckig, sondern an den Rändern dünner werdend genommen wird, was man dadurch leicht erreichen kann, daß die Florlagen sich in der Bandmitte übergreifen, sodaß ein Bandquerschnitt mit abgeschrägten Rändern entsteht: Abb. 124.

Beim Auftafeln eines solchen Bandes entstehen nämlich an den Stoßstellen keine wulstartigen Verdickungen, sondern eine fast ganz

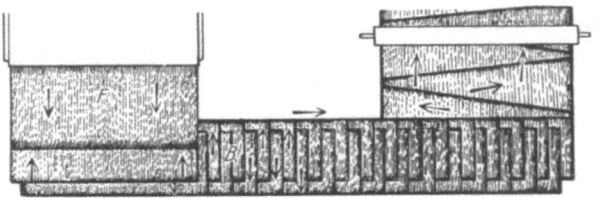

Abb. 122. Fasergutübertragung mit Querfaserband (Längsfaserspeisung).

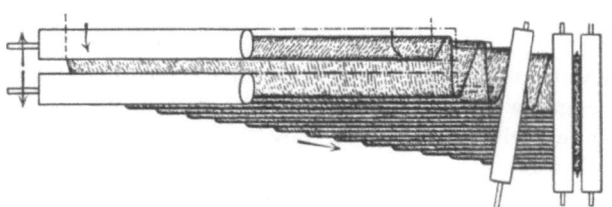

Abb. 123. Querfaserbandbildung durch Hin- und Hertäfelung des Flores mit schrägem Ablauf.

gleichmäßige Florschicht, was für die Gleichmäßigkeit der Vorgarnfäden von großer Wichtigkeit ist. Hat das Band dagegen in der Breite annähernd gleiche Dicke, so entstehen beim Auflegen auf den Zuführtisch der nächsten Krempel an den überlappten Stellen Faseranhäufungen, die eine gleichmäßige Ausbreitung und Durcharbeitung des Flores auf der folgenden Krempel ungünstig beeinflussen:

Abb. 124.

Für die Bandbildung und Übertragung könnten noch andere Beispiele angeführt werden, die aber grundsätzlich nichts Neues bieten würden. Bei den aus zwei oder mehr Maschinen bestehenden Krempelsätzen kommen je nach den Eigenschaften der zu verarbeitenden Wolle, nach der Feinheit des Garnes und den Anforderungen, die an eine gute Durchmischung aus verschiedenen Rohstoffen zusammengesetzter oder anders gefärbter Partien gestellt werden, die mannigfaltigsten Übertragungseinrichtungen vor, wobei die zwischen je zwei Krempeln in demselben Satz verwendeten Vorrichtungen zur Florübertragung oft wieder unter sich verschieden sind. Neben der vollständig selbsttätigen Bandübertragung von Krempel zu Krempel, die den Vorzug gleichmäßig fortlaufenden Materialflusses und geringer Bedienungskosten hat, behauptet sich für bestimmte Fälle die Übertragung des Flores von Hand in Form von Bandrollen, Pelzwickeln oder abgetrennten Vliesstücken, die wieder den Vorteil der Unabhängigkeit in Lieferung und Wiederspeisung der aufeinanderfolgenden Krempeln hat, und auch hinsichtlich der Aufstellung der Maschinen keine Beschränkung auferlegt. Die einzelnen Krempeln eines Satzes weisen untereinander ab-

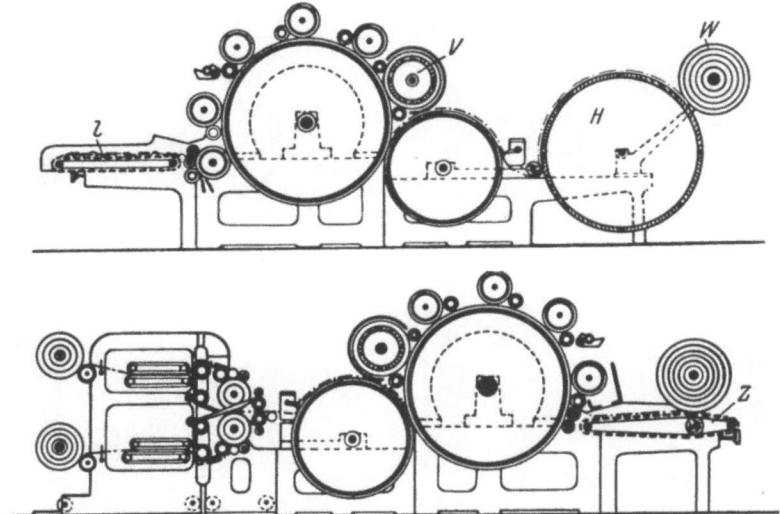

Abb. 125 u. 126. Zweikrempelsatz mit Pelzübertragung auf Wickeltisch und 2-Nitschel-Florteiler.

gesehen von der Zuführeinrichtung meistens wesentliche Konstruktionsunterschiede auf, so hinsichtlich des Walzendurchmessers, der Arbeiterwalzenpaare, Anzahl der Abnehmer usw. Für die große Vielseitigkeit der zur Anwendung kommenden Streichgarnkrempeln sollen nur 4 Beispiele, und zwar 2 Zweikrempelsätze und 2 Dreikrempelsätze in den Abb. 125—134 gebracht werden[1].

Beim Zweikrempelsatz nach Abb. 125/126, der für gröbere Schafwollen, wie solche zu starken Tuchen, Strickgarnen usw. verarbeitet werden, zur Anwendung gelangt, erhalten die Trommeln der Reißund Vorspinnkrempel gleichen Durchmesser, ebenso die Abnehmer, von denen je einer vorgesehen ist. Je nach der Trommelgröße und erforderlichen Krempelwirkung hat jede Maschine 4—6 Arbeiter-

[1] Ausführung: Sächsische Maschinenfabrik vorm. Rich. Hartmann A.-G.

walzenpaare. Die Wollvorlage erfolgt hier von Hand auf einen Lattentisch l, die Speisezylinder liefern das Material an eine Vorreißwalze, unter der 2 Abstreichmesser angebracht sind. Eine Läuferwalze V (mit 2 kleinen Putzwalzen) mit langem elastischen Kratzendraht bezogen dient in der bei Wollkrempeln allgemein üblichen Weise dazu, die tiefer im Beschlag der Haupttrommel sitzenden Fasern an die Kratzenspitzen zu heben, damit sie vom Abnehmer leichter mitgenommen werden können. Der Flor wird zu einem auf der hölzernen

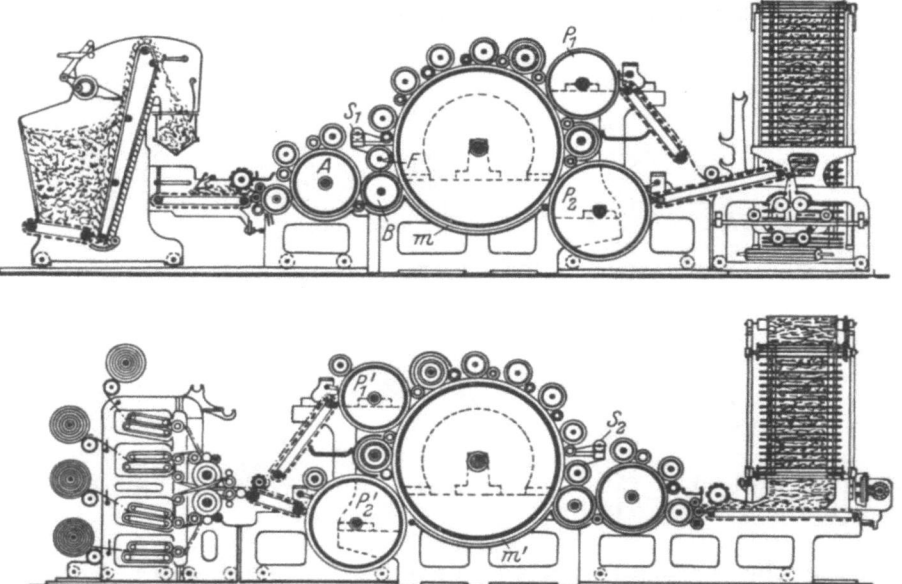

Abb. 127 u. 128. Doppelflor-Zweikrempelsatz mit selbsttätiger Fasergutüberführung und 4-Nitschel-Florteiler.

Wickeltrommel H liegenden Wickel W aufgewickelt, der auf den Wickeltisch Z der zweiten Krempel gelegt wird. Die Vorgarnbildung geschieht auf einem Florteiler mit Teilriemchen und 2 Nitschelzeugen. Jede Krempel dieses Satzes arbeitet unabhängig für sich, kann also gegebenenfalls jederzeit geputzt oder in den Kratzenbeschlägen nachgeschliffen werden.

Bei dem mit ununterbrochener Überführung zwischen den beiden Krempeln versehenen Satz (Abb. 127/128) ist das nicht möglich, beide Maschinen müssen gleichzeitig arbeiten und in ihrer Leistungsfähigkeit aufeinander abgestimmt sein. Die Vorkrempel ist in diesem Fall mit einer selbsttätigen Speise- und Wiegeeinrichtung ausgerüstet und hat hinter der Vorreißwalze eine Vortrommel A mit 2 Paar Arbeitern und Wendern, die eine gleichmäßigere und schonende Übertragung der schon weiter aufgelösten Wollbüschel an die Haupttrommel gestattet, wozu die Übertrag- oder Streichwalze B dient, über der eine Fangwalze F zur Rückübertragung der etwa mitgerissenen Wollhaare angeordnet ist. Beide Krempeln haben je 2 Abnehmer und 4 Paar Arbeitswalzen. Vor jedem Abnehmer sitzt eine Läuferwalze, die erste greift nicht ganz so tief wie die zweite in den Kratzenbeschlag der Haupttrommel ein, sodaß diejenigen Fasern, die von dem oberen Abnehmer P_1 noch nicht mitgenommen worden sind, infolge der tiefergreifenden Wirkung der zweiten Läuferwalze von dem unteren Abnehmer P_2 erfaßt werden können. Die von den beiden Abnehmern durch Hacker abgekämmten Flore werden von Tragtüchern aufgefangen und unter einer kleinen Druckwalze aufeinandergelegt. Man bezeichnet diese Krempeln als Zweiabnehmer- oder Doppelflorkrempeln. Der Doppelflor der Reißkrempel wird zu einem Breitband (rd. 400 mm) getäfelt, das der Vorspinnkrempel fortlaufend vorgelegt wird, während der Doppelflor dieser Krempel unmittelbar dem 4-Nitschel-Florteiler zur Vorgarnbildung zugeleitet wird. Die Haupttrommeln, sowie die Vortrommeln und Übertragwalzen beider Krempeln sind bei diesem Satz an ihrem unteren Umfang mit Blechmulden m verkleidet, um einen Verlust von Fasern an diesen freilaufenden Kratzenflächen zu verhindern, was namentlich bei schlichten Wollen sonst leicht eintreten könnte; zum Auswerfen von Schmutzteilchen können diese Trommelmulden auch zum Teil durchlocht sein. Ebenso sind an jedem ersten Arbeitswalzenpaar beider Krempeln Schmutzfangrinnen vorgesehen, deren Reinhaltung, wie in der Abb. 127/128 angedeutet ist (s und s'), ununterbrochen selbsttätig durch einen Spindelräumer erfolgt. Andererseits sind die Läuferwalzen von Hüllen umschlossen, die verhindern sollen, daß bei dem schnellen Umlauf der Läuferwalzen infolge der Luftwirbelung Fasern mitgerissen werden und verloren gehen. Der beschriebene Zweikrempelsatz in Zweiabnehmerbauart eignet sich besonders für die Verarbeitung gröberer und mittlerer Wollen zusammen mit Wollabfällen usw. zu Decken- und Teppichgarnen.

Einen Dreikrempelsatz, wie er hauptsächlich für mittlere und feine Schafwollen, gemischt mit Wollabgängen, Kämmling usw., aus denen Buckskin- und Flanellgarne gesponnen werden sollen, Verwendung findet, zeigt Abb. 129—131. Diese Krempeln besitzen je 5 Arbeitswalzenpaare, von denen jeweils die ersten beiden mit Schmutzfangmulden versehen sind, ferner je einen Abnehmer von großem Durchmesser, wodurch bei der Florübergabe an den Abnehmer infolge der auf einem längeren Stück eng zusammenlaufenden Kratzenbeschläge von Haupttrommel und Abnehmer ein besseres Verstreichen der Fasern erzielt wird. Die Vorreißeinrichtung der Vorkrempel besteht aus 2 Einführzylindern, 2 Vorreißwalzen mit 4 kleinen Arbeitswalzen oberhalb und einer solchen unterhalb, die sämtlich mit Sägezahndraht überzogen sind, wozu noch eine Zylinderputzwalze, eine Übertragwalze und eine Fangwalze, sämtlich für Kratzenbeschlag, kommen. Am Ablieferungsende der Reißkrempel befindet sich eine mit selbst-

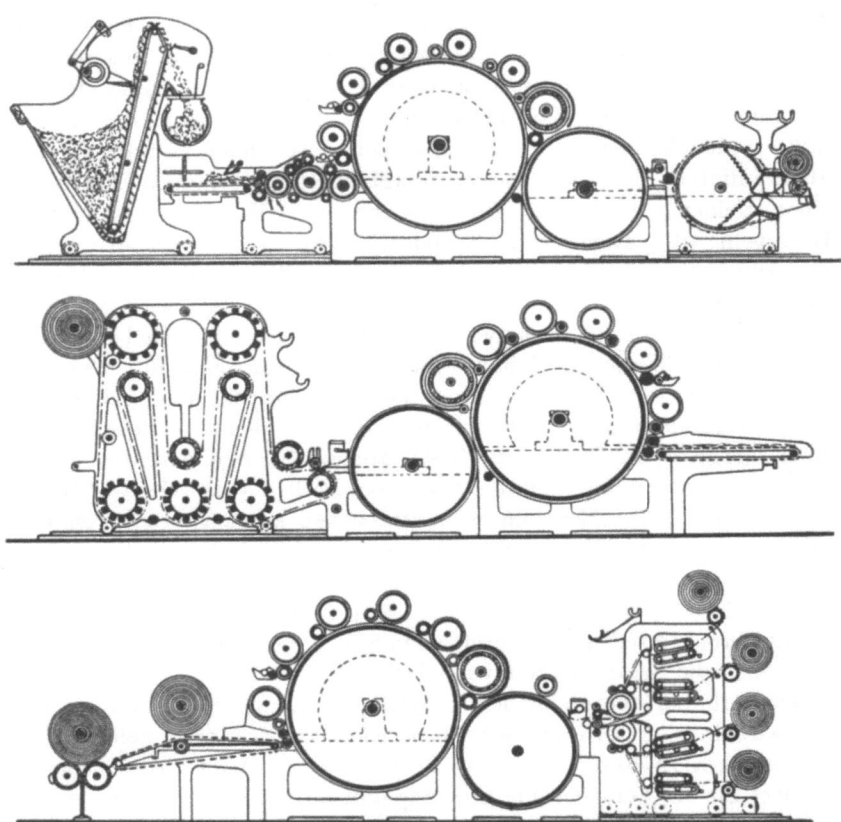

Abb. 129 bis 131. Dreikrempelsatz mit Pelzübertragung für Quer- und Längsfaserspeisung.

tätiger Pelzbrecheinrichtung versehene Pelztrommel P, deren Umfang der Tischbreite der nächsten Maschine entspricht. Wenn der Pelz eine bestimmte Stärke erreicht hat, wird er mittels zweier nach außen aufspringender Klappen k_1, k_2, die durch ein Zählwerk ausgelöst werden, selbsttätig durchgerissen und durch die Abführwalzen a, b hinter der Maschine abgelegt. Diese Pelzstücke werden der Zwischenkrempel von Hand quer vorgelegt, wieder aufgelöst und durch die Langpelzvorrichtung L derartig zu einem langen Pelz gewickelt, daß eine bestimmte Länge desselben immer das gleiche Gewicht hat, wodurch der Grundfaserkörper für den Spinnprozeß, unabhängig von den auf der ersten Krempel entstehenden größeren Gewichtsverlusten durch Schmutzausscheidung, gebildet wird. Zum Aufwickeln des Pelzes, wozu 2 umlegbare Wickelstützen *st* vorgesehen sind, läßt man das Pelztuch umgekehrt zu der Arbeitsrichtung laufen, weil sich so die Fasern besser von dem Tuch ablösen. Von den Langpelzwickeln werden 2, — einer davon gewendet —, der Vorspinnkrempel vorgelegt, also mit Längsfaserspeisung. Der Florteiler ist in diesem Fall entsprechend der feineren Garnnummer, bzw. größeren Fadenzahl mit 4 Nitschelzeugen ausgerüstet.

Bei dem Dreikrempelsatz nach Abb. 129—131 arbeitet jede Maschine unabhängig für sich; falls die Wollüberführung zwischen zwei Krempeln ununterbrochen, vor der zweiten oder dritten Krempel aber von Hand erfolgt, nennt man einen derartigen Dreikrempelsatz halb selbsttätig. Einen ganz selbsttätigen Dreikrempelsatz zeigt dagegen Abb. 132—134; bei diesem Satz sind also von der Bedienung nur der Waagespeiser zu füllen und die fertigen Vorgarnspulen am Florteiler abzunehmen. Die Reißkrempel hat außer der Vorreißwalze noch eine Vortrommel mit 2 Arbeitswalzenpaaren ebenso wie bei dem Zweikrempelsatz nach Abb. 127. Die Übertragung der Wolle zur zweiten Krempel erfolgt in Flachbandform (250—300 mm breit) mit Querfaserlage, das auf den Zuführtisch der Mittelkrempel durch einen Bandleger gekreuzt vorgelegt wird (nach Abb. 121). Von dieser Maschine zur Vorspinnkrempel erfolgt die selbsttätige Vliesübertragung schließlich als etwa 400 mm breites getäfeltes Pelzband, das auf dem abfahrbaren Zuführtisch den Einführzylindern mit Längsfaserspeisung zugeleitet wird (nach Abb. 122). Die Mittel- und die Vorspinnkrempel haben hinter den Speisezylindern noch eine langsamlaufende Vorwalze mit Sägezahndrahtüberzug zwecks gleichmäßigerer Wollverteilung; alle drei Krempeln haben Abnehmer von großem Durchmesser, und der Abnehmer der letzten Krempel wird durch eine Putzwalze dauernd von zurückgebliebenen Faserresten u. dgl. gereinigt. Der Florteiler hat Scheibenteilwalzen für einzelne Riemchen und 4 Nitschelzeuge mit je einer Druckwalze in den unteren Reibledern. Die Fadenzahl richtet sich nach der Krempelarbeitsbreite und der verlangten Garnnummer; die beiden Eckfäden werden als Abfall seitlich vom Flor abgetrennt, weil sie ein ungleichmäßiges Vorgarn liefern.

Außer den beschriebenen Krempelbauarten und Zusammenstellungen gibt es noch eine große Anzahl von Sonderausführungen. In England werden z. B. vielfach zwei (oder gar vier) Walzenkrempeln unmittelbar hintereinander angeordnet, sodaß von dem Abnehmer der ersten Maschine der Wollflor durch eine kleine Übertragwalze direkt auf die

140   Wichtigste Spinnereizweige.

zweite Haupttrommel übertragen wird. Nach der Bauart Hartmann-
Maly werden derartige Doppelkrempeln mit besonderen Streich-
und Glättwalzen versehen, um feine Wollgarne von kammgarnähnlicher

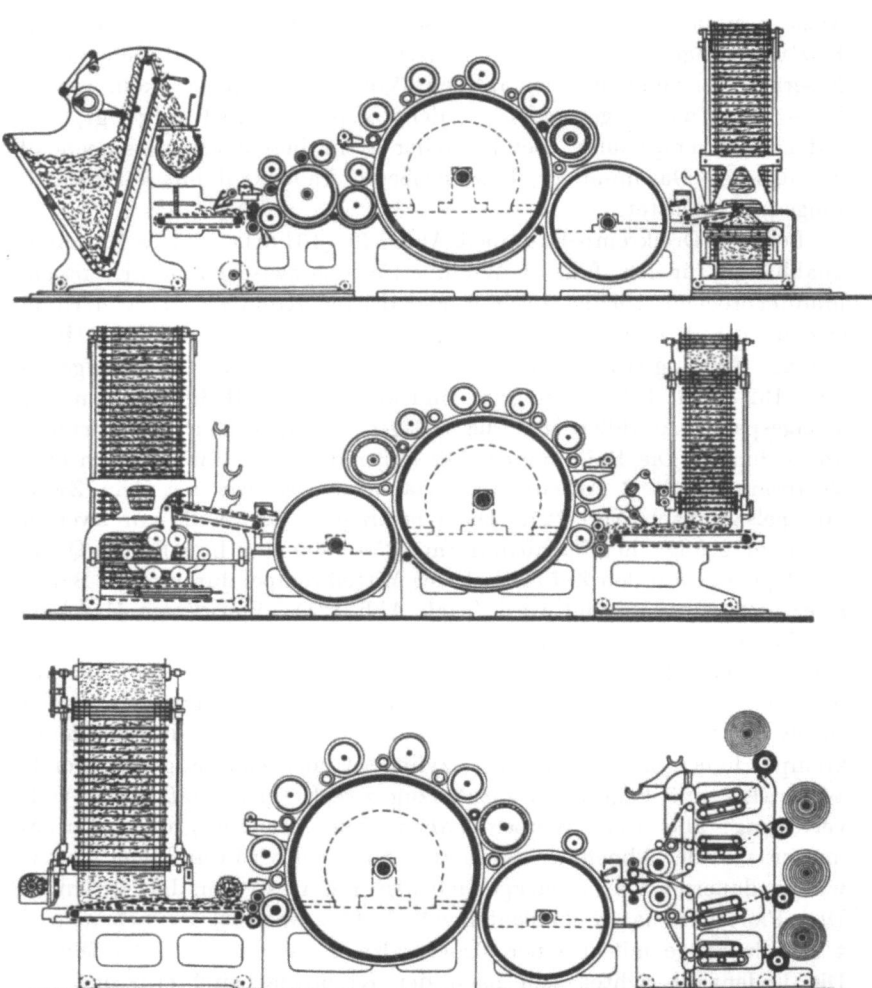

Abb. 132 bis 134. Ganzselbsttätiger Dreikrempelsatz.

Beschaffenheit nach Streichgarnart herzustellen. Diese glatten, po-
lierten kleinen Walzen sind am Trommelumfang hinter den letzten
Arbeiterwalzen und außerdem zwischen den Arbeitern und Wendern
angeordnet, sie haben also keinen Kratzenbezug, und der Flor wird
durch ihre verstreichende, die Fasern glättende und streckende Wirkung

gleichmäßiger und hat eine gestrecktere Faserlage als bei den normalen Streichwollkrempeln. Infolgedessen erzielt man auch aus einem solchen Krempelflor ein glatteres kammgarnähnliches Garn. Die auf S. 104 erwähnten Krempeln mit Doppelabnehmer zeichnen sich durch eine besonders hohe Leistungsfähigkeit aus, weil durch das zweimalige Herausheben des Faserflores aus dem Beschlag der Haupttrommel diese reiner gehalten wird und deshalb wieder eine größere Fasermenge neu aufnehmen kann. Andererseits vermindert sich in demselben Maße wie der Faserbelag zunimmt, die Krempelwirkung, sodaß derartige Zweiabnehmerkrempeln nur für offenere, nicht stark verfilzte und deshalb keine so gründliche Krempelarbeit erfordernde Wollen geeignet sind. Durch Verminderung der Arbeitsgeschwindigkeit könnte man auch in diesem Falle wieder die Krempelwirkung steigern, denn es gilt für die Leistung der Krempelei, wie überhaupt für die Spinnerei, daß eine vollkommene Bearbeitung mit möglichst geringen Faserverlusten nur bei einer bestimmten, nicht zu hohen Arbeitsgeschwindigkeit möglich ist, — also der Grundsatz, daß **Menge und Güte in umgekehrtem Verhältnis zueinanderstehen**, d. h. daß man entweder eine möglichst große Lieferung von geringerer Güte oder eine kleinere Leistung von besserer Beschaffenheit erzielen kann.

Die Krempelsätze haben in der Steichgarnspinnerei allein die Vorbereitung des Vorgarnes zu übernehmen; aus der Anzahl der Dopplungen bei der Florübertragung und Speisung kann man daher in ähnlicher Weise wie bei den Vorwerken in der reinen Verzugsspinnerei (Baumwolle und Kammgarn) den **Vergleichmäßigungsgrad** berechnen, der bekanntlich einen Maßstab für die Gleichmäßigkeit des Vorgarnes in bezug auf Material (Mischung) und Stärke (Nummer) gibt. Die Dopplungszahl (Dublierung) folgt aus der Anzahl der Floraufschichtungen bzw. Pelz- und Bandauflagen auf den Übertragungstüchern oder Speisetischen; dabei ergeben die Bandlegevorrichtungen nach Abb. 122/123 eine größere Dopplung als die einfachen Bandabzüge (Abb. 121), während die höchste Dopplung und damit auch die beste Ausgleichung mit den Pelzbildungsvorrichtungen nach Abb. 118—120 erreicht wird. Daraus folgt, daß die selbsttätigen Übertragungseinrichtungen zwar die geringsten Bedienungskosten und größte Leistung, nicht aber die beste Ausgleichung des Flores ergeben, und daß andererseits die in bezug auf die Gleichmäßigkeit am günstigsten arbeitenden Pelzbildungsapparate mehr Bedienung verlangen.

Welche Krempelbauarten und was für Übertragungseinrichtungen in jedem Falle das wirtschaftlich günstigste Ergebnis liefern, kann nur nach der zu verarbeitenden Wollsorte und den an das Vorgarn zu stellenden Anforderungen entschieden werden. Erwähnt sei noch, daß auch für die Streichwollkrempeln Vorrichtungen zum Ausputzen der

Kratzenbeschläge und zum Nachschleifen derselben, wie in Abb. 98 dargestellt, erforderlich sind.

Das Fertig- oder Feinspinnen des von der Vorspinnkrempel gelieferten Vorgarnes erfolgt unmittelbar auf dem Streichgarnselfaktor oder im ununterbrochenen Spinnvorgang auf der Streichgarnringspinnmaschine bzw. der Schlauchcopsspinnmaschine. Die Vorgarnfäden können dabei bereits annähernd dieselbe·Feinheitsnummer wie das fertige Garn besitzen, sodaß das Streichgarnvorgarn auf der Feinspinnmaschine nur noch zusammengedreht zu werden braucht. Das ist aber nur bei verhältnismäßig groben Garnen möglich, weil bei feineren Garnen auf dem Florteiler zu schmale Florbändchen erzeugt oder der Flor selbst zu dünn gemacht werden müßte; mit der Breite der Riemchen oder Stahlbänder erreicht man aber schon bei 6—7 mm die praktisch mögliche Grenze, während andererseits der nötige Zusammenhang der Fasern im Flor eine bestimmte Mindestzahl von Fasern im Querschnitt des Bändchens verlangt, sodaß man unter das

Abb. 135. Streichgarn-Vorgarnfadenstück während des Spinnvorganges auf dem Selfaktor.

betreffende Eigengewicht nicht heruntergehen und eine feinere Nummer nicht erreichen kann. Die glatte Trennung der im Flor nicht parallel liegenden krausen Wollfasern ist ferner nur bei nicht zu großer Fadenzahl des Florteilers möglich, weil sonst die über mehrere auseinandergehende Riemchen querliegenden Fasern die Faserbändchen in Verwirrung bringen würden. Aus diesen Gründen muß, abgesehen von ganz groben Nummern, das Streichgarn beim Fertigspinnen noch verzogen werden, wodurch gleichzeitig eine gestrecktere Lage der mehr oder weniger stark gekräuselten Fasern im Feingarn erzielt wird. Man bezeichnet diesen Vorgang mit ,,Strich geben", wovon das Streichgarn selbst seine Benennung erhalten hat.

Der Verzugsvorgang unter gleichzeitiger Drehungserteilung eines weichen, ungleich starken Streichgarn-Vorgarnfadens wird durch Abb. 135 veranschaulicht: die im Anfang nur schwache Drehung legt sich zunächst in die dünneren Stellen, wodurch der Faden an diesen Stellen einen innigeren Zusammenhalt der Fasern und dadurch größere Widerstandskraft gegen das Verziehen erhält. Dem weiteren Strecken folgen deshalb hauptsächlich die an den dickeren Fadenstellen loser liegenden Fasern, bis diese Stellen auf dieselbe Stärke wie die dünnen Stellen gebracht sind. Durch diesen Vorgang ist die Möglichkeit einer nachträglichen Ausgleichung der vielfach nicht gleichmäßigen Fadenstärke gegeben, und auf der Streichgarn-Feinspinnmaschine sucht man nach demselben Grundsatz dem Vorgarn zuerst nur lose Drehung zu erteilen und es dann zu strecken, ehe man dem vergleichmäßigten, vorgedrehten Faden die volle Drehung, den sog. Schlußdraht, gibt.

Dieses zusammengesetzte Spinnverfahren läßt sich am besten durch den Streichgarnselfaktor verwirklichen, der mit Recht auch Wagenspinner genannt werden kann, weil das Verfeinern des Vorgarnes ausschließlich durch den Wagen ohne Zwischenschaltung eines Zylinderstreckwerkes wie bei dem Baumwollselfaktor erfolgt. Den Spinnvorgang zeigt schematisch Abb. 136: Die Wickel mit den Vorgarnspulen werden auf eine Abtreibtrommel A aufgelegt, durch deren Drehung abgewickelt und zwischen feststehenden Führungsdrähten den Einzugszylindern E zugeführt, die meistens aus einem Ober- und zwei

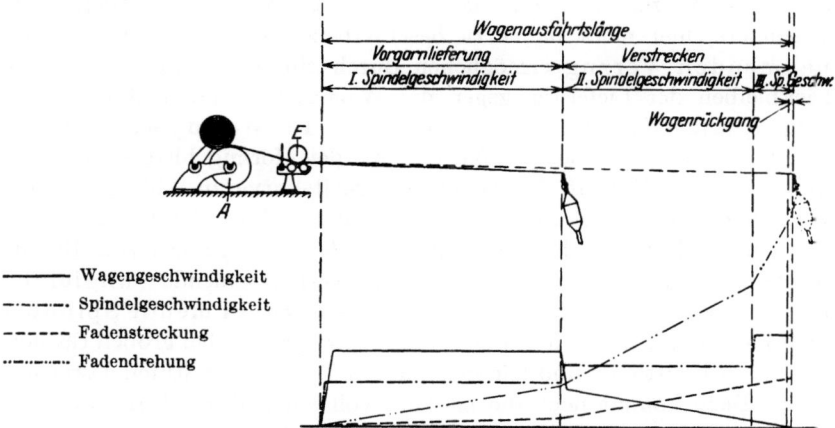

Abb. 136. Darstellung des Spinnvorganges beim Streichgarnwagenspinner.

Unterzylindern bestehen. Die geneigt stehenden Spindeln sind in dem Spindelwagen gelagert, der eine Auszugslänge von 1,65—1,85 m hat. Bei der Wagenausfahrt erhalten die Spindeln zunächst nur eine mäßige Drehzahl, die Einzugszylinder liefern gleichzeitig Vorgarn nach, das zwischen den sich drehenden Spindelspitzen und dem Lieferwerk einen geringen Draht erhält, der zur vorläufigen Festigung der Fäden ausreicht, ohne ihre Verzugsfähigkeit zu beeinträchtigen. Nach einem bestimmten Teil der Wagenausfahrt wird nun im Gegensatz zu dem beim Baumwollselfaktor üblichen Spinnverfahren die Vorgarnlieferung dadurch eingestellt, daß das Lieferwerk mit der Abtreibtrommel stillgesetzt wird, sodaß bei der weiteren Ausfahrt das zwischen Lieferwerk und Spindelspitze festgehaltene Fadenstück verzogen oder gestreckt wird. Dabei erhalten die Spindeln erhöhte Drehzahl, festigen das Vorgarn während des Verzugsvorganges in der Weise, daß zuerst die dünneren Stellen Draht aufnehmen und dadurch weiterem Verziehen Widerstand leisten können, während die dickeren Stellen fortlaufend bis auf die erforderliche Feinheit gestreckt werden. Ist der Wagen dann fast am Ende seiner Ausfahrt angelangt und die gewünschte Feinheitsnummer erreicht, so wird dem Garn, während der Spindelwagen zum Stillstand kommt, der Schluß- oder Nachdraht erteilt; bei starker Drahterteilung erfordert die dadurch bedingte Fadenverkürzung gegebenenfalls einen geringen Wagenrückgang.

Schon während des ersten Teiles der Wagenausfahrt kann man übrigens vorteilhafterweise dem Vorgarn einen allmählich zunehmenden Verzug geben, der nur nicht gleich bei Beginn der Ausfahrt einsetzen darf, weil zunächst nur das nach beendigter Wageneinfahrt zwischen Spindelspitze und Lieferzylinder übriggebliebene fertiggedrehte Garnstück zur Verfügung steht, das nicht weiter verzogen werden darf. Besondere, hier nicht näher zu beschreibende Einrichtungen für zunehmenden Verzug ermöglichen durch ein ganz allmähliches Zurückbleiben der Lieferung gegen die Wagengeschwindigkeit eine derartige gesetzmäßige Zunahme des Verzuges. Die Wagengeschwindigkeit selbst darf während der Ausfahrt nicht gleichförmig bleiben, sondern muß, wie der Verlauf der Geschwindigkeitskurve in Abb. 136 zeigt, bei zunehmender Drehung des Garnes mit abnehmender Geschwindigkeit laufen. Der Streichgarnselfaktor hat also im Gegensatz zum Baumwollfeingarn-Absetzspinner eine sich verlangsamende ungleichförmige Wagengeschwindigkeit und eine zunehmende Spindelgeschwindigkeit während des Wagenauszuges, die bei groben Garnen in zwei, bei mittleren und feineren Garnen aber in drei Stufen gesteigert wird. Dazu kommt noch die bis zum völligen Stillstand abnehmende Geschwindigkeit der Lieferzylinder und schließlich die Forderung, daß diese drei Bewegungen für die Verspinnung verschiedener Faserstoffe und wechselnder Garnnummern regelbar sein müssen, sodaß das Triebwerk des Streichgarnselfaktors viel zusammengesetzter wird als dasjenige des Selfaktors für Baumwolle oder Kammgarn.

Die drei verschiedenen Spindelgeschwindigkeiten werden dadurch erzielt, daß die Selfaktorhauptwelle von zwei mit verschieden hoher Geschwindigkeit laufenden Riemen nacheinander angetrieben wird; nach Erreichung der mittleren Geschwindigkeit wird durch Überleiten des treibenden Riemens auf eine dritte Festscheibe eine Twistscheibe mit angetrieben, die einen entsprechend größeren Durchmesser als die für die ersten beiden Spindelgeschwindigkeiten benutzte Twistscheibe hat, sodaß die dritte Geschwindigkeitsstufe damit erreicht wird. Die Wagengeschwindigkeit bleibt während der Vorgarnlieferung konstant, um nach Stillsetzung der Lieferzylinder auf etwa die Hälfte herunterzugehen und dann bis zum Ausfahrtsende allmählich weiter abzunehmen. Den entsprechend dem Verhältnis von Wagen- zu Liefergeschwindigkeit

Streichgarnspinnerei. 145

zunehmenden Fadenverzug sowie die proportional der Spindelgeschwindigkeit in drei Absätzen gesteigerte Drehungserteilung zeigen zwei weitere Linienzüge in Abb. 136.

Die ersten beiden Perioden des Spinnprozesses beim Streichgarnselfaktor, die Wagenausfahrt und das Nachdrehen, zeigen also grundsätzlich anderen Verlauf als beim Baumwollselfaktor; die beiden anderen Perioden, nämlich das Abschlagen und die Wageneinfahrt, vollziehen sich dagegen in gleicher Weise bei beiden Selfaktorbauarten. Deshalb ähneln auch die zum Abschlagen der Windungen und zum Aufwinden des fertigen Streichgarnes dienenden Einrichtungen den im Abschnitt Baumwollspinnerei beschriebenen (vgl. Abb. 83—87).

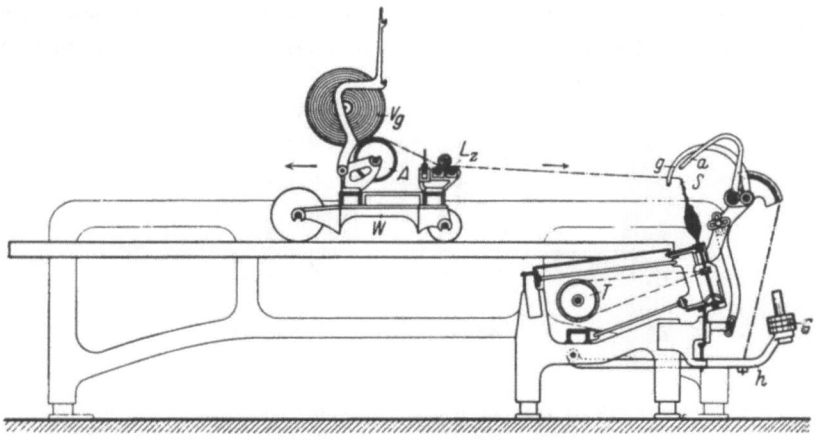

Abb. 137. Hauptteile des Streichgarnwagenspinners.

Die bekannte Selfaktorbauart mit auf dem Wagen angeordneten Spindeln hat den Nachteil, daß der Spinner beim Anlegen der Fäden mit dem hin- und hergehenden Wagen mitlaufen muß. Diesen Nachteil vermeidet der **Streichgarn-Wagenspinner mit ortsfesten Spindeln** der Schubert & Salzer A.-G., Chemnitz (Abb. 137—140). Die Spindeln S mit den Schnurtrommeln T, den Aufwindeteilen (a, g) usw. sind hier im Maschinengestell ortsfest gelagert, — das Lieferwerk L_z dagegen mit der Abtreibtrommel A und Vorgarnspulen V_g ist auf dem Wagen untergebracht, dessen Abmessungen und Gewicht viel geringer ausfallen als bei dem normalen Wagenspinner, weshalb auch der kleine Wagen auf hochliegenden Schienen läuft. Abgesehen von der bequemeren Bedienung bedeutet die durch das bedeutend niedrigere Wagengewicht erzielte Kraftersparnis einen weiteren Vorzug dieser neuen Bauart.

Die Arbeitsweise des Wagenspinners mit fahrendem Lieferwerk unterscheidet sich im übrigen in keiner Beziehung von derjenigen des bekannten Streichgarnselfaktors; es gilt deshalb auch in diesem Falle das Diagramm (Abb. 136) für den Verlauf der Wagenbewegung, Spindelgeschwindigkeit usw. Bei der Ausfahrt bewegt sich der Wagen nach rückwärts, von den Spindeln fort; die Lieferzylinder erhalten dabei ihren Antrieb durch ein Seil, das am Vorderbock befestigt ist und sich von einer im Wagenmittelstück befestigten Schneckentrommel abwickelt. Die festgelagerte Spindeltrommel T (Abb. 137) erhält ihren Antrieb während der Wagenausfahrt durch eine Treibschnurführung, die von den beiden Twistwirteln Tw_1, Tw_2 (Abb. 138) ausgeht; diese Zwirnscheiben sitzen auf der Hauptwelle, und zwar die kleinere fest, die größere auf einer langen Büchse 15, auf die auch die Kupplungsscheibe 13 aufgekeilt ist. Anschließend an die Scheibe 13 folgen die schmale Losscheibe 12, die Festscheibe 11 und die Losscheibe 10. Über jede dieser vier Scheiben kann der von der größeren Scheibe des Vorgeleges kommende

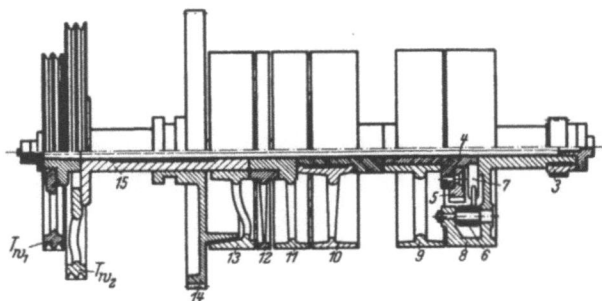

Abb. 138. Hauptantriebswelle.

zweite Riemen geführt werden, der die beiden höheren Spindelgeschwindigkeiten einmal von Scheibe 11 auf den Twistwirtel Tw_1 und das andere Mal von Scheibe 13 auf den Twistwirtel Tw_2 übertragen soll. Die niedrigste Spindelgeschwindigkeit, die während der ersten Hälfte der Wagenausfahrt gegeben wird, leitet dagegen ein von der kleineren Scheibe des Deckervorgeleges kommender Riemen über die Scheibe 8 ein. Auf der verlängerten Nabe dieser Scheibe 8 sitzt auch das Zahnrad 3, von dem aus der Wagenauszug mittels Auszugsschnecken und Seilen in der üblichen Weise erfolgt. Beim Übergang auf die zweite Spindelgeschwindigkeit kann der erste Riemen nicht schnell genug von 8 auf die Losscheibe 9 geleitet werden, während der zweite, mit höherer Umfangsgeschwindigkeit laufende Riemen bereits auf die Festscheibe 11 übergeführt ist und dadurch die Hauptwelle in schnellere Umdrehung versetzt. Aus diesem Grunde ist die Scheibe 8 nicht starr mit der Hauptwelle verbunden, sondern nimmt die Welle nur dann mit, wenn die in der Scheibe gelagerte Sperrklinke 6 von der Schleiffeder 7 in den Zahnkranz 5 eingedrückt wird, wie das beim Beginn der Wagenausfahrt der Fall ist. Beim Einrücken des zweiten Riemens überholt aber der schneller angetriebene Sperrkranz die Klinke 6, die dann von der Schleiffeder außer Eingriff mit dem Zahnkranz gebracht wird. Auf Abb. 138 ist auch noch das Abschlagrad 14 eingezeichnet, das in umgekehrtem Drehsinne wie die Hauptwelle angetrieben wird. Beim Abschlagen der Garnwindungen von der Spindelspitze erhalten nun die Spindeln dadurch gegenläufige Umdrehungen, daß nach dem Rückführen des Riemens von 13 über 12, 11 auf Losscheibe 10 die Kupplungshälfte des Abschlagrades mit der Riemenscheibe 13 zum Eingriff gebracht wird, sodaß der große Twistwirtel Tw_2 jetzt von 14, 13 im entgegengesetzten Drehsinne mitgenommen wird.

Bei der **Wageneinfahrt** wird die Spindeldrehzahl in bekannter Weise vom Quadranten geregelt; der Quadrant Q (Abb. 139 ist aber an dem Wagen

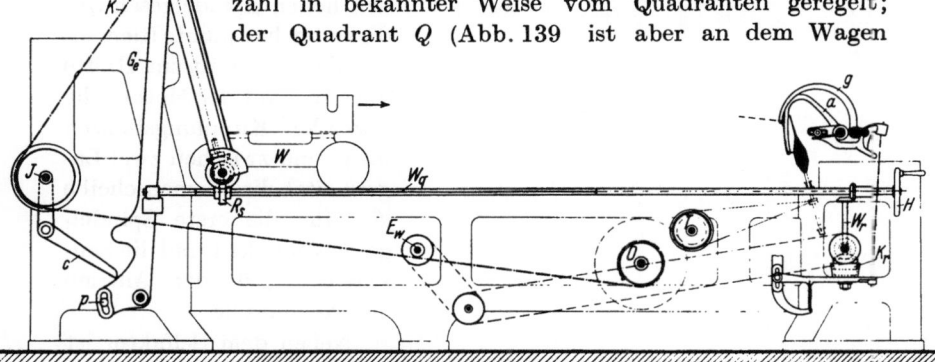

Abb. 139. Wageneinfahrt mit Quadrantenmechanismus.

befestigt und noch durch den Gegenlenker G_e geführt, der am Hinterbock gelagert ist. Mittels der an dem Mitnehmer M angehängten Kette k wird die Kettentrommel O bzw. die Spindeltrommel T mit veränderlicher Geschwindigkeit angetrieben. Die Erhöhung der Spindeldrehzahl beim Winden an der Spitze · der Kegelschichten wird dabei durch zwei verschiedene Mittel erreicht: Am Ende der Wageneinfahrt stößt der am Gegenlenker G_e befestigte Bolzen p an den Doppelhebel c, durch den die Kettenrolle J nach hinten gedrückt wird, sodaß dadurch mehr Kette von O abgewickelt und die Spindeldrehzahl gesteigert wird. Ferner setzt sich ebenfalls am Ende der Einfahrt der an dem Quadrantenarm in einem Schlitz angeschraubte Kettendrücker b auf die Kette k und erfüllt damit denselben Zweck der Spindelbeschleunigung. Die Verstellung der Quadrantenmutter während der Ansatzbildung des Kötzers geschieht ebenso wie beim Baumwollselfaktor selbsttätig durch Antrieb der Quadrantenspindel von der Einzugswelle

10*

E_w aus. Der Gegenwinder g regelt dabei die Fadenspannung beim Aufwinden und rückt die Friktionskupplung zwecks Mitnahme der Wellen W_r, W_q nur so lange ein, als der Faden genügend straff gespannt bleibt. In diesem Falle wird mit wachsendem Kötzerdurchmesser durch das auf der Vierkantwelle W_q gleitende Schraubenrad R_s die Quadrantenmutter durch Drehung der Spindel höhergeschraubt, bis der Ansatz gebildet ist.

Auf Abb. 140 ist noch gezeigt, wie in äußerst zweckmäßiger Weise der Motoreinzelantrieb eines Streichgarnselfaktors[1] erfolgen kann. Ein Spezialmotor M mit besonders hohem Schlupf während der jedesmaligen Wagenanfahrt ist unmittelbar mit der Vorgelegewelle gekuppelt, die in Kugellagern läuft. Die für die beiden hohen Spindelgeschwindigkeiten bestimmte Riemenscheibe Rs_2 greift zur Hälfte über den auf der Motorwelle sitzenden Kupplungsflansch über, und zwischen zwei Lagern sitzt die Riemenscheibe Rs_1 für die erste Spindelgeschwindigkeit und die Seilscheibe S für den Antrieb der Nebenwelle.

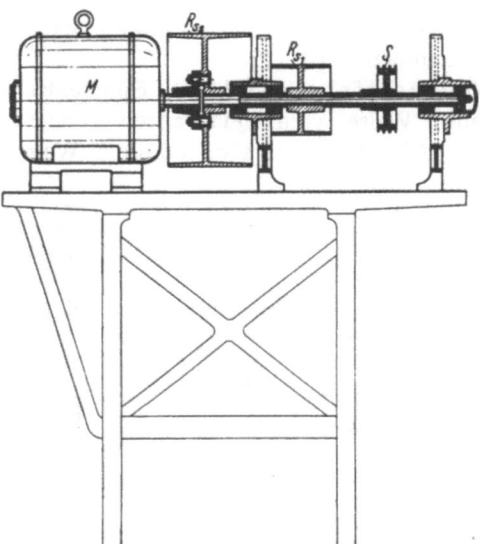

Abb. 140. Motor mit Vorgelege bei Einzelantrieb.

Neben dem Selfaktor ist auch für das Fertigspinnen von Streichgarnen die Ringspinnmaschine in manchen Fällen anwendbar. Ihrer besonderen Arbeitsweise entsprechend ist die Streichgarn-Ringspinnmaschine im allgemeinen nur für Kettgarne und Zwirngarne in denjenigen Fällen geeignet, wo es mehr auf große Leistung als auf gute Gleichmäßigkeit des Garnes ankommt, also z. B. gröbere Garne aus kurzfaserigen Wollen, Shoddy usw., sowie mit anderen Abfällen gemischte Garne. Feinere Garne, die hohen Verzug beim Feinspinnen erfordern, hochwertige und besonders weiche, lose gedrehte Streichgarne können dagegen nur auf dem Selfaktor einwandfrei gesponnen werden. Das Spinnen auf dem Durchspinner vollzieht sich, wie Abb. 141 zeigt, wegen der geringen Widerstandsfähigkeit des weichen Vorgarnes in zwei aufeinanderfolgenden Arbeitsvorgängen, dem Verziehen mit Vor-

---

[1] Bauart Schubert & Salzer A.-G.

draht und dem Nachdrehen mit Aufwinden. Hierfür sind zwei Verfahren bekannt: Bei der ersten Art, nach Abb. 141 erteilt ein besonders angetriebenes **Spinnröhrchen** r nach dem Vorbilde Abb. 33 dem Vorgespinst auf dem Wege zwischen den beiden Verzugszylinderpaaren e und c dauernd einen sog. Vordraht, der aber nur ein **falscher Draht** ist. Die dem Vorgarn erteilte Drehung entspricht nämlich nur unmittelbar am Mitnehmer des Röhrchens der Drehzahl desselben, verläuft aber nach den beiden Zuführzylinderpaaren c und e hin, durch deren verschiedene Geschwindigkeit der Verzug des Vorgarnes bedingt ist, sodaß beim Einlauf in das zweite Zylinderpaar c das verfeinerte Vorgespinst tatsächlich keine Drehung mehr hat. Die beiden Streckzylinderpaare e und c haben einen sehr großen Abstand voneinander, sodaß auch sehr lange Haare, ohne zu zerreißen, mit verzogen werden können. Die Aufwindung in kegeligen Schichten erfolgt durch Heben und Senken der Ringbank; man kann jedoch auch bei feststehender Ringbank die Spindeln auf- und abbewegen, was den Vorteil hat, daß der Abstand zwischen dem Fadenführer s und dem Läufer unverändert bleibt. Aus konstruktiven Gründen wird aber die Ausführung mit feststehenden Spindeln vorgezogen.

Eine **Grobgarn-Ringspinnmaschine**, die ebenfalls doppelseitig gebaut wird, zeigt Abb. 142. Diese Maschine ist für hartgedrehte Kettgarne aus kurzen Woll- und Kunstwollabfällen, Baumwollabfall

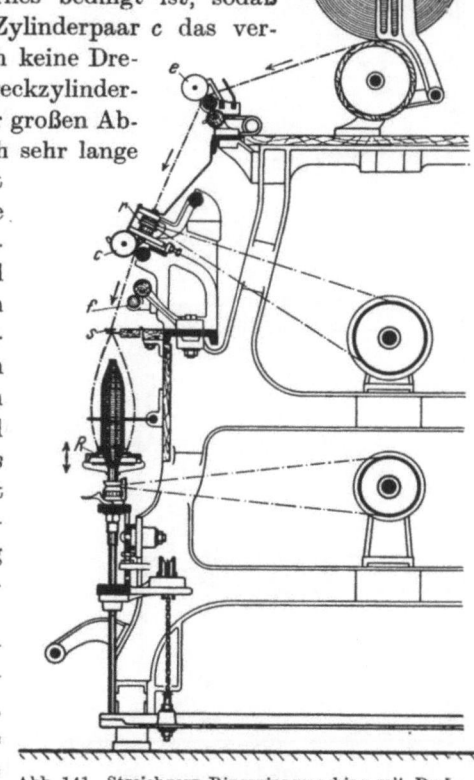

Abb. 141. Streichgarn-Ringspinnmaschine mit Drehröhrchen.

usw. geeignet; das Streckwerk besteht aus zwei Reihen von Riffelzylindern, die nur sehr geringen Abstand haben. Ein Vordraht wird in diesem Falle nicht erteilt. Unterhalb des Verzugszylinders c befindet sich ebenso wie bei der auf Abb. 141 dargestellten Ringspinnmaschine eine **Fangwalze** f, die bei eintretendem Fadenbruch den gerissenen

Faden aufwickeln soll, bis er wieder angedreht ist. An Stelle des auf dem Ring R umlaufenden Ringreiters wird bei Streichgarnspinnmaschinen manchmal auch ein in einem Ringschlitz umlaufendes Drahthäkchen verwendet.

Die weitere Einführung der Ringspinnmaschine scheitert in der Streichgarnspinnerei trotz der wesentlich größeren Leistung gegenüber dem Wagenspinner vor allen Dingen an dem spinntechnisch unvollkommeneren Verfahren, dem die leichte Regelbarkeit des Verzuges und der Drahterteilung durch den Wechsel der Spindelgeschwindigkeit, Vorgarnlieferung und Wadengeschwindigkeit fehlt. Ferner können nicht gie günstigen Bedingungen nachgeahmt werden, die beim Selfaktor dadurch gegeben sind, daß das zwischen Lieferwerk und Spindel ausgespannte Fadenstück dauernd durch das Abschnappen von der Spindelspitze leichte Erschütterungen erhält, die während des Verzuges und Drahtgebens ausgleichend in bezug auf die Fadenstärke wirken. Schließlich erhält das auf der Ringspinnmaschine gesponnene Streichgarn leicht ein rauheres Aussehen deshalb, weil bei dem scharfen Zudrehen ohne gleichzeitige Streckung sich die Faserenden der kräuseligen Wolle nicht so gut in den Faden einschließen lassen, sondern herausspießen. Schwierigkeiten verursacht auch im Betrieb das Anlegen gerissener Fäden, namentlich wenn mit Spinnröhrchen gearbeitet wird, während beim Selfaktor einfach durch Aneinanderlegen der Fadenenden das sich drehende Ende das ruhende mitnimmt.

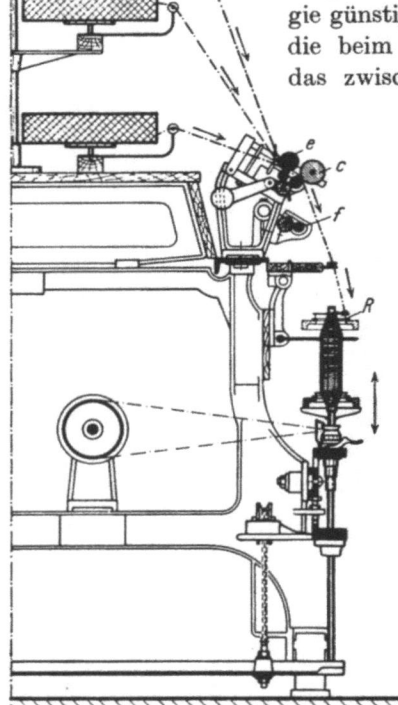

Abb. 142. Grobgarn-Ringspinnmaschine.

Streichgarne, die beim Fertigspinnen zwecks Verfeinerung und Vergleichmäßigung nicht weiter verzogen zu werden brauchen, also namentlich gröbere Garne, die aus dem Vorgarn nur durch Erteilung des Schlußdrahtes entstehen, können auch auf der Schlauchcopsmaschine gesponnen werden. Diese Spinnmaschine ist auch in der Baumwollgrobspinnerei üblich und dort bereits besprochen worden (vgl. Abb. 99); sie liefert sog. Schlauchkötzer in sich kreuzenden Fadenlagen, aus denen das Garn von innen heraus abgezogen wird.

Eine Zusammenstellung von Maschinen, wie sie in der Streichwollspinnerei üblich sind, gibt Abb. 143: Zur Auflockerung und Reinigung dient der Spiral- und Klopfwolf K, zum Mischen der Krempelwolf W, zum Fetten der Ölwolf O, zum Faserordnen, zur Ausgleichung und Vorgarnbildung ein Zweikrempelsatz PV mit Pelzübertragung für stärkere Garne, sowie ein Dreikrempelsatz RMV mit selbsttätiger Bandübertragung für feinere Garne. Die gewählte Aufstellung der drei Krempeln hintereinander ist beim Vorhandensein mehrerer Sätze allgemein üblich, weil dann sämtliche Speiser von derselben Seite bedient und die Vorgarnwickel an der entgegengesetzten Seite abgenommen werden können. Eine Schleif- und Ausputzvorrichtung s bzw. b sind vorgesehen, ferner für das Fertigspinnen ein Selfaktor A, eine Streichgarn-Ringspinnmaschine D und eine Schlauchcopsspinnmaschine S. Zum Vergleich mögen die auf Abb. 101

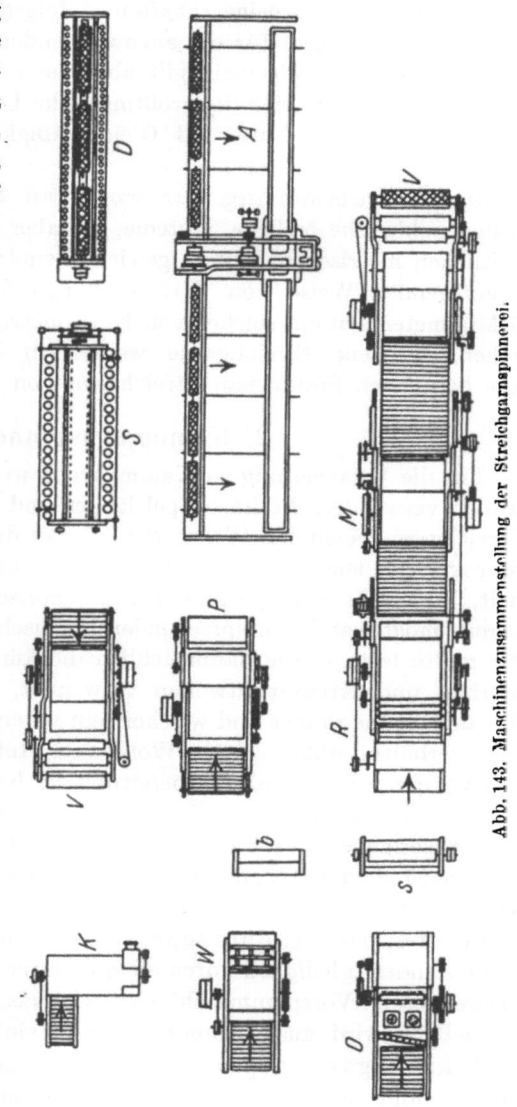

Abb. 143. Maschinenzusammenstellung der Streichgarnspinnerei.

dargestellten, in der Baumwoll-Streichgarnspinnerei üblichen Maschinen und die dort gemachten Bemerkungen dienen.

Für die Streichgarnspinnerei können ebensowenig allgemeingültige Maschinenzusammenstellungen wie feste Spinnpläne und Leistungsangaben gegeben werden. Das liegt in der außerordentlich großen Mannigfaltigkeit der verwendeten Ausgangsmaterialien, Mischungen und geforderten Garneigenschaften; infolgedessen gibt es auch keine feststehenden Regeln für die anzuwendenden Verzüge und den zu erteilenden Draht. Allgemein gilt aber auch für dieses Spinnverfahren der Grundsatz, daß sich die größtmögliche Leistung nicht bei höchsten Anforderungen an Güte und Gleichmäßigkeit des Garnes erreichen läßt.

In der Nummerung der wollenen Streichgarne bestanden früher zahlreiche örtliche Systeme, die aber mehr und mehr dem einheitlichen metrischen System gewichen sind, demzufolge man auch in irreführender Weise von Millimetergarn spricht. So bezeichnet 5 Millimetergarn ein solches von Nr. 5 metr., wo also 5000 m auf 1 kg gehen. Wollene Streichgarne werden in den Nr. 1—40 gesponnen, am häufigsten findet man Streichgarn von Nr. 5—15.

2. Kammgarnspinnerei.

Für die Verarbeitung zu Kammgarnen werden im allgemeinen Rohwollen verwendet, die im Stapel länger und schlichter sind als die für Streichgarn geeigneten Wollsorten. Da an die Kammgarne selbst aber sehr verschiedene Ansprüche hinsichtlich ihrer Glätte, Glanz, Weichheit, Festigkeit usw. gestellt werden, müssen auch die Kammwollen bereits möglichst die entsprechenden Eigenschaften besitzen. So werden für glatte feste Garne hauptsächlich die kürzeren, wenig gekräuselten Merino- und Kreuzzuchtwollen verwendet, für gröbere Kammgarne, die auch etwas rauher und weicher sein sollen, dagegen längere, gröbere und verhältnismäßig spröde Wollhaare. Infolgedessen sind auch für das Verspinnen, bzw. die Vorbereitung der beiden so verschiedenartigen Kammwollen zwei selbständige Verfahren ausgebildet worden, die nach der Faserlänge Kurzfaser- und Langfaser-Kammgarnspinnerei, oder nach dem Ursprungsland das französische (eigentlich „elsässische") und englische (Bradfordsystem) Verfahren genannt werden. Ein drittes, das sog. deutsche Verfahren unterscheidet sich von den beiden anderen lediglich durch die an letzter Stelle in der Vorbereitung verwendeten Vorspinnmaschinen, wie noch gezeigt werden wird. Schließlich wird aus Kammwolle auch ein gröberes Garn, das sog. Halbkammgarn gesponnen, das nicht gekämmt ist und deshalb längere und kürzere Fasern gemischt enthält, weshalb es auch als Mischgarn bezeichnet wird.

Das französische und das englische Verfahren unterscheiden sich im wesentlichen durch die in der Vorspinnerei (Präparation) angewendeten, zum Strecken und Doppeln der Faserbänder dienenden Maschinen: Nitschel- oder Frotteur-Strecken beim französischen, und

Spulenbänke mit Flügelspindeln (Spindelstrecken) beim englischen Verfahren. Der Unterschied ist dadurch begründet, daß für die Übertragung der Faserbänder von einer Maschine zur anderen beim französischen Verfahren die aus kurzen, geschmeidigen Fasern bestehenden Bänder durch bloßes Nitscheln die nötige Festigkeit erhalten können, während beim englischen Verfahren die langen, stärker gekräuselten und spröderen Wollhaare nur durch bleibenden Draht einen solchen Zusammenhalt bekommen, daß sie der Zugbeanspruchung beim Auf- und Abwickeln der Spulen standhalten.

a) (Kurzfaser-) Kammgarnspinnerei nach französischem Verfahren.

Die Rohwolle wird vor dem Waschen, wie üblich, sortiert und dann zunächst auf dem Rohwollöffner oder einem Klopfwolf nach Art des auf S. 123 (Abb. 113) beschriebenen gründlich aufgelockert und geöffnet. Gleichzeitig wird ein großer Teil des Wollstaubes und der Steinkletten entfernt, sodaß durch diese Zwischenbehandlung vor dem Waschen die einzelnen Waschbäder des Leviathans besser ausgenutzt und Ersparnisse an Seife usw. erzielt werden. Die aufgelockerte Wolle wird gewaschen und getrocknet (vgl. S. 119); nachdem sie noch mittels Erdnuß-, Olivenöl oder Schmelze schlüpfrig und geschmeidig gemacht worden ist, gelangt sie auf die Krempel, auf der eine möglichst vollkommene Zerteilung der Haarbüschel und zugleich die Aussonderung der Kletten und anderer Fremdkörper zu erfolgen hat. Überseeische Wollen sind am stärksten durch Kletten verunreinigt und deshalb besonders verfilzt; die schonende Zerlegung der Wollstapel und die restlose Ausscheidung der Kletten sind daher die Hauptaufgaben der Kammgarnkrempel (Abb. 144/145).

Verglichen mit früher beschriebenen Krempelbauarten zeigt die Kammgarnkrempel zur Auflösung kurzer und klettiger Wollen eine besondere Walzenanordnung: sie wird meistens als Doppelkrempel mit zwei Haupttambouren gebaut, vor die gegebenenfalls noch ein Vortambour (wie auf Abb. 145) geschaltet ist. Der Weg, den die Wollfasern auf den Beschlägen einer solchen Krempel zu durchlaufen haben, ist zwar bedeutend länger als bei der einfachen Krempel, trotzdem erfolgt die Auflösung der Faserbüschel schonender und langsamer, dank geeigneten Beschlägen, Walzenstellungen und Umfangsgeschwindigkeiten. Bei der einfachen Krempel mit nur einem Tambour muß dagegen die Auflösung und Ordnung des Wollvlieses auf viel kürzerem Wege erledigt sein, was nur durch eine verstärkte Wirkung der Krempelbeschläge möglich ist und leicht zu Beschädigungen der längeren Wollhaare und damit zu größeren Faserverlusten bei dem späteren Kämmen der Wolle führt.

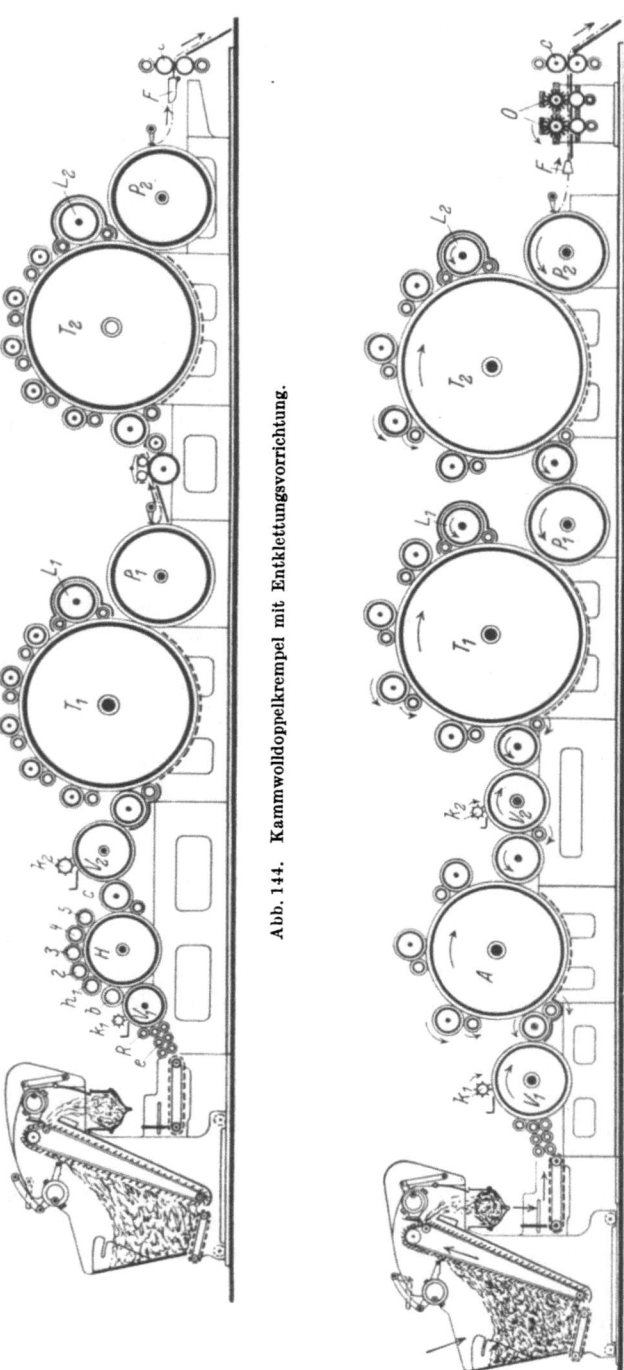

Abb. 144. Kammwolldoppelkrempel mit Entklettungsvorrichtung.

Abb. 145. Kammwolldoppelkrempel mit Vortambour und Entklettungsvorrichtung.

Abb. 144 zeigt die Walzenanordnung einer Doppel-Kammwollkrempel mit neuer Entklettungsvorrichtung ohne Vortambour. Die Wolle wird der Krempel durch einen Waagespeiser vorgelegt und durch ein dreifaches mit Sägezahndraht besetztes Speisewalzenpaar e, das ein Verziehen der Wollflocken bewirkt, der Vorreißwalze V_1 zugeführt. Dieser auch Vorbriseur oder 1. Briseur genannte Vorreißer ist mit feinerem Wolfszahndraht versehen, in den die Wollfasern hineingezogen werden, während die nur lose in der Wolle hängenden Steinkletten, aber auch eine größere Anzahl Ringelkletten auf dem Walzenumfang hängenbleiben. Diese Kletten werden durch den 1. Klettenschläger k_1 abgeschlagen und mittels einer Räumvorrichtung seitlich abgeführt. Etwa an der dritten oberen Speisewalze hängengebliebene Wollflocken werden durch eine Reinigungsbürste R an den Vorbriseur zurückgegeben und zwischen die Zähne des Drahtbezuges hineingestrichen. Die auf dem Umfang des Vorreißers verteilten Wollflocken werden dann mit Hilfe einer Übertragungswalze b zu einem Hechel- oder Streckwerk H, bestehend aus dem Hecheltambour mit fünf kleinen an seinem Umfang gelagerten Hechelwalzen $h_{1\ 5}$, weiterbefördert. Diese mit Rundspitzdraht besetzten Streckwalzen üben infolge der weiten Stellung und des geringen Neigungswinkels der Drahthäkchen eine hechelartig kämmende Wirkung auf die dazwischenliegende Wollschicht aus, letztere dabei schonend und doch gründlich öffnend, sodaß die Ringelkletten und sonstigen pflanzlichen Verunreinigungen freigelegt werden. Eine Übertragungswalze c (Transporteur) bringt das Material zu dem mit sehr feinem Sägezahndraht ausgerüsteten 2. Briseur (Feinbriseur) v_2, auf dem die Entklettung vollendet wird. Ein 2. Klettenschläger k_2 sorgt für die Entfernung und Abführung aller dieser Klettenreste usw. Die Wolle gelangt anschließend über einen mit Arbeiterband bezogenen Transporteur zum 1. Haupttambour T_1, der 4—5 Paar Arbeiter- und Wenderwalzen besitzt, und wird vom 1. Abnehmer (Peigneur) P_1 aufgenommen, nachdem vorher die 1. Läuferwalze L die im Krempelbeschlag festliegenden Fasern gelockert und an die Drahtspitzen herausgehoben hat.

Das mittels Hacker vom 1. Abnehmer abgelöste Vlies durchläuft nun ausgebreitet den Klettenschneidapparat von Harmel, bestehend aus der glatten Walze g und den daraufliegenden feingerieffelten Walzen h, die durch einen Putzapparat reingehalten werden. Dadurch werden die noch vorhandenen Kletten restlos zerdrückt oder zerschnitten und fallen bei der Durcharbeitung des Flores auf dem Tambour T_2 dann aus. Das vom 2. Abnehmer P_2 kommende Vlies wird schließlich durch einen Flachtrichter F zusammengenommen und durch das Abzugswalzenpaar C als Flachband abgeführt.

Eine Doppel-Kammwollkrempel mit Vortambour zeigt die Abb. 145; sie ist geeignet für Merino- und feine Cheviotwollen, während

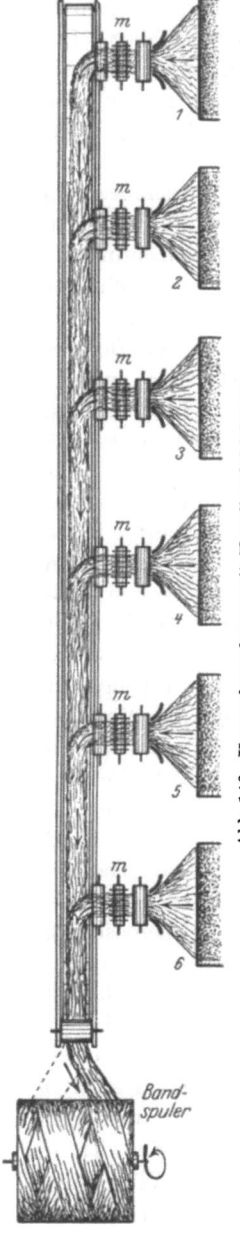

Abb. 146. Krempelanordnung mit Kanalbandabführung.

die Bauart nach Abb. 144 für alle Arten Merinowollen benutzt werden kann. Der Vortambour A (Abb. 145) besitzt 3 Paar Arbeitswalzen, durch die die Wollfaserbüschel schon gut zerteilt und die Kletten freigelegt werden, sodaß auf dem 2. Briseur V_2 mittels des Klettenschlägers k_2 eine wirksamere Entklettung vorgenommen werden kann als es auf dem 1. Briseur möglich war. Die beiden großen Trommeln zeigen die schon bei Abb. 144 besprochene Bauart; die Übertragung von dem 1. auf den 2. Tambour erfolgt aber in diesem Falle durch eine Übertragungswalze. Hinter der Doppelkrempel ist dann noch der bei stark klettenhaltigen Wollen oft angewendete Offermannsche Klettenschneidapparat O angeordnet, durch den die Ringelkletten vollständig zerkleinert werden sollen, die sich etwa noch in dem vom Formtrichter F zusammengenommenen Band befinden.

Vielfach wird nun in der Kammwollkrempelei bereits eine Dopplung der von den Krempeln gelieferten Flachbänder vorgenommen, um einen Ausgleich sowohl hinsichtlich der Stärke (Nummer) als auch der Beschaffenheit der Wolle selbst zu erzielen. Die dazu dienende Kanalbandabführung zeigt Abb. 146: die Bänder von 6—11 nebeneinander stehenden Krempeln (= 1 Sortiment) werden in einen vor den Krempeln liegenden Holzkanal geleitet, aus dem ein endloses Tuch das gedoppelte Band durch ein Streckwerk mit etwa 1,5fachem Verzug dem Spulenwagen zuführt. Vor dem Einlaufen in den Kanal kann man die von den Krempeln kommenden Breitbänder, wenn nötig, noch durch ein Paar Scheibenmesserwalzen m hindurchziehen, die als Klettenbrecher die etwa noch vorhandenen kleineren Klettenteile zerschneiden sollen, während die Wollfasern in die zwischen den Scheiben bleibenden Zwischenräume ausweichen können, ohne dadurch zurückgehalten oder beschädigt zu werden. Bei einer derartigen gemeinsamen Bandabführung eines ganzen Krempelsatzes rechnet man damit, daß eine Krempel stets zum Putzen oder Schleifen außer Betrieb ist, sodaß z. B. bei 7 Krempeln regelmäßig nur 6 Bänder auf der Kanalbandabführung gedoppelt werden.

Durch das Krempeln wird zwar die Auflösung der Wollflocken und eine ziemlich gleichmäßige Verteilung der Fasern im Bandquerschnitt erreicht, aber die gegenseitige Lage der Fasern ist noch wirr und unregelmäßig. Wenn daher ein solches Krempelband unmittelbar der Kämmaschine vorgelegt würde, so würden zahlreiche quer oder schräg im Band liegende Haare beim Kämmen zerrissen werden und in den Abfall (Kämmling) geraten. Vor dem Kämmen ist daher ein Gleichrichten der Fasern im Band unbedingt erforderlich, wozu Nadelstäbe oder Nadelwalzen benutzt werden, durch die das Band mit geringer Geschwindigkeit hindurchgezogen wird. Gleichzeitig findet ein Ausgleich der dicken und dünnen Stellen im Bandquerschnitt dadurch statt, daß 4—6 Bänder gedoppelt und durch „Vorstrecken" verzogen werden.

Dieses Doppeln und Verziehen der Bänder verbunden mit Geraderichten der Fasern erfolgt auf **Nadelstabstrecken** oder **Doppelnadelstabstrecken** (Intersecting, Intersecting Gillbox) nach dem Vorbilde von Abb. 29. Das Hechelfeld wird durch wandernde Nadelstäbe N gebildet, die mit der Faserschicht vorwärtsbewegt werden. Von einem Spulengatter, auf dem die Krempelspulen liegen, werden meistens je 3 Bänder in ein Streckfeld geführt. Durch Verzug und Zusammenziehung des gelieferten Breitfaserbandes wird mittels Drehtrichter in bekannter Weise ein Rundband gebildet. Dadurch, daß die Nadelstäbe einerseits etwas gegen die Liefergeschwindigkeit der Zufuhrzylinder voreilen und andererseits gegen die Abzugsgeschwindigkeit der Streckzylinder zurückbleiben, legen sich die Fasern beim Einstechen der Kämme ins Band zwischen die Nadeln und werden in diesem Hechelfeld gerade gestreckt und verzogen. Das von den Verzugswalzen abgelieferte Breitband wird durch einen Trichter gerundet und dann aufgespult.

Für kurze bis mittellange Merinos wird allgemein die **Doppelkammstrecke** (Abb. 147—152) verwendet, die mit einem oberen und unteren Nadelfeld ausgerüstet ist. Die Streckweite, das ist die waagerechte Entfernung zwischen den beiden Klemmpunkten des Zufuhr- und des Verzugszylinderpaares, und damit auch die Anzahl der im Hechelfeld vorwärts eilenden Nadelstäbe wird durch die mittlere Länge der zu verarbeitenden Wollfasern bestimmt; die Streckweite soll stets etwas größer als die gestreckte Faserlänge sein, damit durch den Verzugsvorgang keine Fasern zerrissen werden.

Für das Strecken vor dem Kämmen werden gewöhnlich 3 Streckdurchgänge (Passagen) angewandt, bestehend aus 2 Doppelnadelstab- und 1 Nadelwalzenstrecke, um dem Band jene Verfeinerung, Vergleichmäßigung durch Doppeln und Verzug zu geben, die zum Strecken und Parallelrichten selbst kurzer Fasern im Band erforderlich ist; denn je besser die Faserlage ist, um so geringer wird der Verlust an Kämmling auf dem Kammstuhl. Die zweite Strecke unterscheidet sich von der ersten nur durch eine feinere Nadelteilung, durch stärkere Dopplung und größeren Verzug entsprechend dem dünner werdenden Querschnitt des Ausgabebandes. Da bei der fortschreitenden Ver-

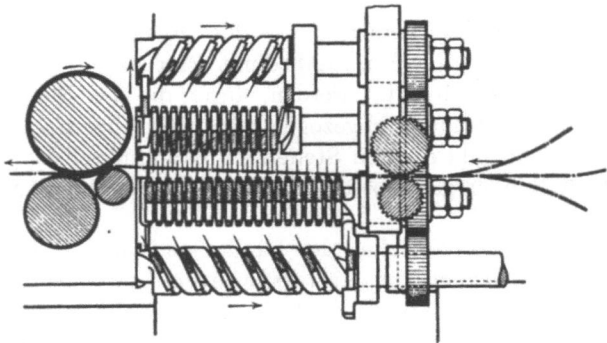

Abb. 147. Doppelnadelstabstrecke (Intersecting).

feinerung des Bandes auch die Streckweite immer mehr abnimmt, so wählt man gewöhnlich für die 3. Streckpassage eine Nadelwalzenstrecke (nach dem Schema Abb. 30).

Das Kämmen, nach dem die gesamte Vorbereitung der Rohwolle bis zum Kammzug „Wollkämmerei" genannt wird, bezweckt die

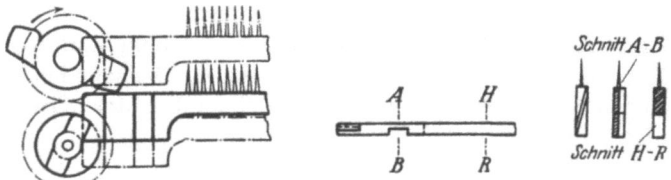

Abb. 148 bis 152. Doppelnadelstabstrecke (Intersecting).

Trennung aller langen und mittleren Wollhaare von den kurzen, die endgültige Aussonderung aller vegetabilischen Verunreinigungen und eine Gleichrichtung aller Fasern im Band, dem sog. Kammzug. Dieser reine, in der Faserlänge außerordentlich gleichmäßige Kammzug bildet das Ausgangsmaterial für die Kammgarnspinnerei, die vielfach einen von der Wollkämmerei ganz unabhängigen Betrieb darstellt. Die kurzen mit Klettenresten durchsetzten Wollhaare werden getrennt vom Zug als Kämmling aus dem Kammstuhl abgeliefert und finden zum Teil mit Rohwolle oder Baumwolle vermischt in der Streichgarnspinnerei Verwendung. Den aus ganz kurzen Fasern und Flug bestehenden Abfall bezeichnet man dagegen als Kammstaub.

Kammgarnspinnerei.

Für die in der Kurzfaser-Kammgarnspinnerei verarbeiteten kurzen und mittellangen Fasern wird ausschließlich der **Flachkämmer** benutzt, der in seiner Wirkungsweise der auf S. 58/61 besprochenen Baumwollkämmaschine entspricht. Die arbeitenden Teile eines solchen Kammstuhles für kürzere Wollen sind auf Abb. 153—156 dargestellt: Der Kreis- oder Zirkularkamm C, der mit einem Ledersegment L und einem von 8—18 Reihen Nadelstäbe N_s je zur Hälfte besetzt ist, —

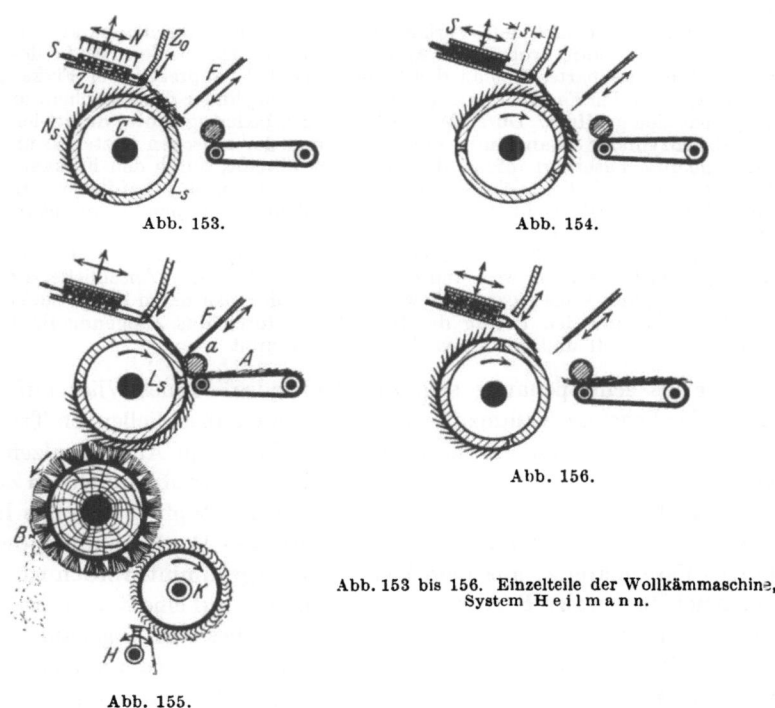

Abb. 153.   Abb. 154.

Abb. 156.

Abb. 153 bis 156. Einzelteile der Wollkämmaschine, System **Heilmann**.

Abb. 155.

der Vorstech- oder Fixkamm F mit rd. 24 Nadeln auf je 10 mm —, die Ober- und Unterzange Z_o bzw. Z_u —, der Abreißapparat A mit Abreißzylinder a, Führungszylinder und Laufleder, — der Speiseapparat S mit Rost R, Nadelplatte und Speisezylinder mit Schalträdchen, ferner Bürstwalze B, Kratzenwalze K und Hacker H. — Das von der letzten Nadelwalzenstrecke gelieferte Ausgabeband wird dem Kammstuhl von einem Spulengatter, das 18—32 Spulen trägt, zugeführt. Die Leistung des Flachkämmers ergibt sich aus der Bandnummer und der Anzahl Kammspiele, die normalerweise 90—100 (120) in der Minute beträgt. Jedes Kammspiel kann in drei Perioden zerlegt werden:

1. Vorkämmen mit Gegenspeisung (Abb. 153/154);
2. Abreißen und Nachkämmen (Abb. 155);
3. Speisen (Abb. 156).

1. Beim Vorkämmen mit Gegenspeisung ist die Ober- und Unterzange Z_o, Z_u geschlossen. Der aus der Zange herausragende Faserbart wird durch das Nadelsegment N_s des Kreiskammes C ausgekämmt, wobei alle kurzen Fasern, soweit sie von der Zange nicht festgehalten werden, herausgestrichen werden. Gleichzeitig stößt der Speiseapparat S mit offener Nadelplatte um den Betrag der Speiselänge s nach rückwärts, worauf die Nadelplatte in den Speiserost und damit in die Fasermasse wieder einfällt.

2. Unmittelbar nach dem Vorkämmen schwingt der Abreißapparat A an den Zirkularkamm heran, wobei der Abreißzylinder a das vordere Ende des ausgekämmten Faserbartes fest an das Ledersegment L_s anpreßt. Der Fixkamm F hat inzwischen den Faserbart dicht vor dem Abreißzylinder durchstochen, und die Zange hat sich geöffnet. Durch Weiterdrehen des Ledersegmentes dreht sich auch der Abreißzylinder zwangläufig mit, sodaß nun der zwischen letzterem und der Zange gefaßte Faserbart infolge der Spannung abreißt, durch den Fixkamm hindurchgezogen, auf diese Weise nachgekämmt und auf das Laufleder aufgelegt wird. Durch die Pilgerschrittbewegung des Laufleders kommen die ausgekämmten Faserbärte auf demselben dachziegelförmig übereinander zu liegen.

3. Nach dem Abreißen schwingt der Abreißapparat wieder in seine Anfangsstellung vom Kreiskamm weg, und der Fixkamm geht hoch. Anschließend macht der Speiseapparat seine Vorwärtsbewegung nach der geöffneten Zange zu, schiebt den Faserbart um den Betrag der Speiselänge durch das Zangenmaul, worauf sich dieses schließt und ein neues Kammspiel beginnt.

Der als schuppenartig sich überdeckendes dünnes Vlies auf dem Laufleder liegende Kammzug wird durch einen anschließenden Trichter in ein lockeres, rundes Band verwandelt, durch ein Abzugswalzenpaar verdichtet und gelangt sodann in den vom Kammstuhl aus durch Zahnräderübertragung in Drehung versetzten Sammeltopf, in dem das Band in zykloidenartigen Windungen abgelegt wird. — Der Kämmling, der als kurzes Fasermaterial aus dem Faserbart ausgekämmt worden ist, wird von einer Bürstwalze B (Abb. 155) abgenommen, auf eine Kratzenwalze K übertragen, durch einen Hacker H in loser Vliesform abgekämmt und dann getrennt vom Kammzug in einem Kasten gesammelt. Ganz kurze Haare, Flug, Staub und Pflanzenreste, die von der rotierenden Bürstwalze abfallen, werden als Kammstaub gesondert aufgefangen.

Die bekanntesten Flachkämmer gehen auf die Kämmaschine von Heilmann zurück und unterscheiden sich untereinander grundsätzlich nur durch die Art der Speisung, die entweder während oder nach dem Abreißen des Faserbartes erfolgen kann.

Das den Kammstuhl verlassende lose Kammzugband bedarf, ehe es der Plättmaschine und Fertigstrecke zugeführt werden kann, von neuem der Vergleichmäßigung und Festigung durch Dublierung und Streckung, weshalb sich an das Kämmen das sog. Nachstrecken anschließt. Die erste dieser mit einfachen oder doppelten Nadelstabfeldern ausgestatteten Maschinen bezeichnet man als Topfstrecke (Abb. 157), weil ihr die Töpfe mit den Kammzugbändern vorgesetzt

Kammgarnspinnerei.

werden. Auf die Topfstrecke folgen zur weiteren Vergleichmäßigung der Bänder meistens noch 1—2 Doppelnadelstabstrecken der schon beschriebenen Bauart.

Vor der Weiterverarbeitung des Kammzuges zu Vor- und Feingarn muß den Wollhaaren das beim Schmelzen zugesetzte Öl oder Fett wieder entzogen werden, da sich ein fettiges Garn schlecht verspinnen läßt und auch zu erhöhten Abgängen in der Weberei Veranlassung geben würde. Ebenso würde ein merklicher Fettgehalt der Fasern beim Färben Fehler infolge Farbflecken und Differenzen in den Farb-

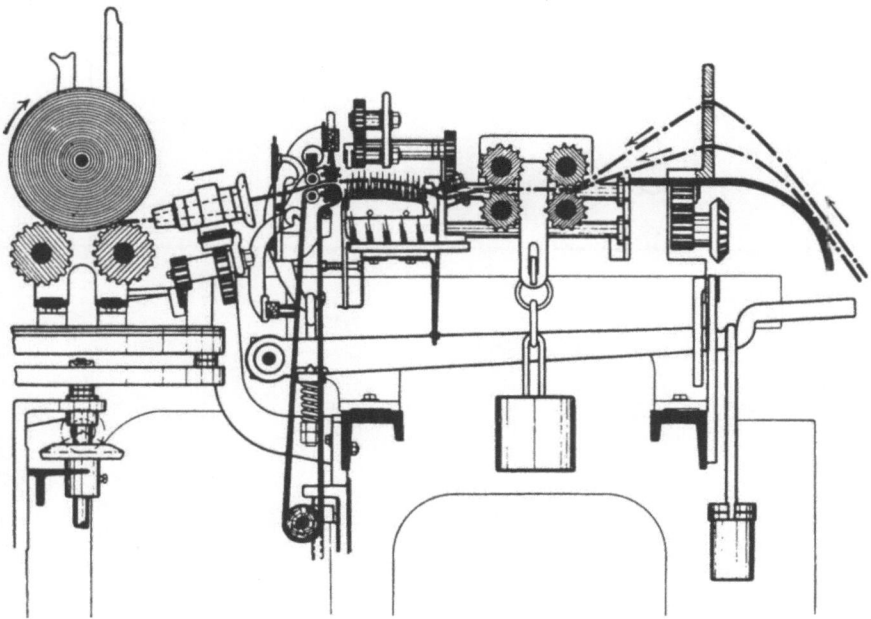

Abb. 157. Topfstrecke (mit wandernden Nadelstäben)[1].

tönen verursachen. Ferner sollen die nach dem französischen Verfahren gesponnenen Kammgarne ein glattes Aussehen haben, deshalb muß die Kräuselung der Wollhaare, soweit möglich, entfernt werden, was durch das Strecken allein nicht geschehen kann. Diese beiden Forderungen werden durch eine Bearbeitung des Kammzuges auf der Wasch- und Plättmaschine oder Lisseuse (frz. lissoir) erfüllt, auf der das den Fasern anhaftende Fett oder Öl in Seifenbädern mit geringem Soda- bzw. Pottaschezusatz verseift und das Faserband dann gründlich nachgespült wird. Die Entkräuselung erfolgt durch Erwärmung und gleichzeitiges Strecken des Kammzugbandes, wobei der in feucht-warmem Zustand formbare Hornstoff der Wollhaare durch das nach-

[1] Bauart Prince Smith & Son.

Rohn-Meister, Spinnerei. 2. Aufl.

162 Wichtigste Spinnereizweige.

folgende Trocknen der Fasern in angespanntem Zustand ihre geradegestreckte Lage sichert.

Die Einrichtung einer Plättmaschine veranschaulicht Abb. 158/159. Vom Spulenrahmen werden die Bänder von 20—24 Kammzugspulen durch eine Führungsplatte in ein Seifenbad a (= 1. Bad) mit schwacher

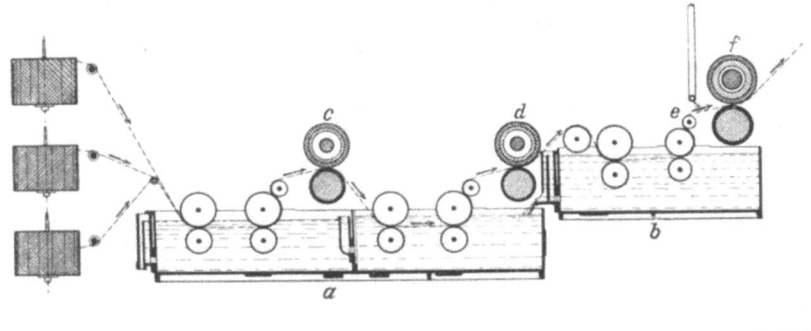

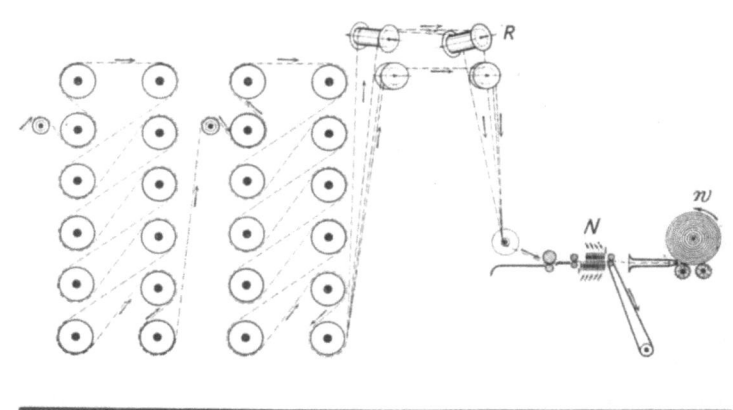

Abb. 158 u. 159. Wasch- und Plättmaschine für Kammzug. (Bauart F. Bernhardt.)

Seifen- bzw. Seifensodalösung von 45—50 ⁰ C Temperatur geleitet; nachdem die Bänder durch ein Quetschwalzenpaar c von der Waschflüssigkeit befreit worden sind, werden sie nach Durchgang durch ein zweites Walzenpaar d in das Spülbad b (= 2. Bad) von gleicher Temperatur geführt. Nach Bedarf wird diesem Spülbad zum „Schönen" des Kammzuges, der namentlich bei Verwendung von Ungar- bzw. Kap-Wollen oft einen gelblichen oder bläulichen Farbton hat, verdünnte Schwefelsäure tropfenweise, bzw. Methylviolett „B" zugesetzt. Nach dem Durchlaufen des

Spülbades wird durch ein Rohr e nochmals Frischwasser zum Reinspülen der Bänder aufgespritzt, die dann durch die Quetschwalzen f zu einem Trockenapparat gelangen. Zur Trocknung der nebeneinander laufenden Bänder dienen kupferne dampfgeheizte Hohlzylinder, die zu 8—30 Stück hintereinander so angeordnet sind, daß beim schlangenförmigen Lauf der Bänder ein möglichst großer Teil des Zylinderumfanges ausgenützt wird. Die Umfangsgeschwindigkeit der Trommeln nimmt nach der Abführung hin allmählich etwas zu, so daß auf die über die Zylinder geleiteten noch feuchten Bänder ein wachsender Zug ausgeübt wird, zufolge dem sie unter dem Einfluß der etwa 80^0 C betragenden Oberflächentemperatur der Kupfertrommeln eine wirksame Entkräuselung erfahren. Zwecks Abkühlung nehmen die ausgeplätteten heißen Bänder dann ihren Lauf über einen Spannrahmen R mit Leitrollen in ein Doppelnadelstab-Streckwerk N, wo ein Ordnen, nochmaliges Geraderichten und Vergleichmäßigen etwa verzogener Faserschichten stattfindet. Die Aufwindung zur Kreuzspule w erfolgt auf einem Spulenwagen, und diese Kreuzspulen werden nochmals einer Doppelnadelstab-Strecke vorgelegt, auf der unter Anwendung eines geringen Verzuges die endgültige Vergleichmäßigung der Bänder zu einem einheitlichen Ausgabebandgewicht (pro 1 m) erzielt wird, so daß nunmehr erst der Grundfaserkörper für das anschließende Spinnen geschaffen ist.

Aus der Beschreibung dieser Verfahren geht hervor, einer wie langwierigen Behandlung die Kammwolle unterworfen werden muß, bis ein Faserband entsteht, das als Grundband für die Spinnerei geeignet ist. Die Vorbereitung des Kammzuges geschieht deshalb auch in besonderen Anstalten, den Wollkämmereien, von denen die Kammzugwickel an die **Kammgarnspinnereien** abgeliefert werden. Die Kammgarnspinnerei hat dann ähnlich wie die Baumwollspinnerei das die Grundlage für den Faden bildende Band wiederholt zu doppeln und zu strecken, worauf das so gewonnene Vorgespinst ebenso auf dem Selfaktor oder auf der Ringspinnmaschine den Schlußverzug und Fertigdraht erhält. Ein bestimmter **Spinnplan**, auf Grund dessen Art und Anzahl der erforderlichen Maschinen, Dublierung, Verzug, Vorlage- und Ausgabenummer festgelegt werden, wird vorher unter Berücksichtigung der zu spinnenden Garnnummern aufgestellt.

Für das wiederholte Banddoppeln und Verziehen, das, verglichen mit dem gleichen Vorgang in der Baumwollspinnerei, wegen der größeren Faserlänge nur mit geringerem Verzug und deshalb mehrmals nacheinander erfolgen muß, verwendet man in der Kurzfaser-Kammgarnspinnerei für die ersten beiden Streckdurchgänge meistens Intersectings derselben Bauart, die auch in der Kämmerei üblich ist. Die übrigen Strecken sind dann Nitschelstrecken mit Nadelwalzen oder **Frotteurstrecken**, deren Wirkungsweise durch Abb. 160 veranschaulicht wird. Von dem vorgestellten Wickelgatter werden die Bänder über eine Führungsschiene von dem Speisezylinderpaar *a* abgezogen und laufen nebeneinander zwischen den Blind- oder Führungszylindern durch zu den Streckzylindern *c*. In das Streckfeld ist eine Nadelwalze *o* eingeschaltet, durch die die Fasern während des Verzugsvorganges in gewissem Sinne geführt und gleichgerichtet werden. Das gedoppelte und infolge des höheren Verzuges dünner gewordene Band würde sich wegen seiner geringen Festigkeit nicht aufspulen und wieder abziehen lassen; es wird deshalb zwischen zwei unmittelbar hinter den Streckzylindern angeordneten Lederhosen nach dem in Abb. 32 wiedergegebenen

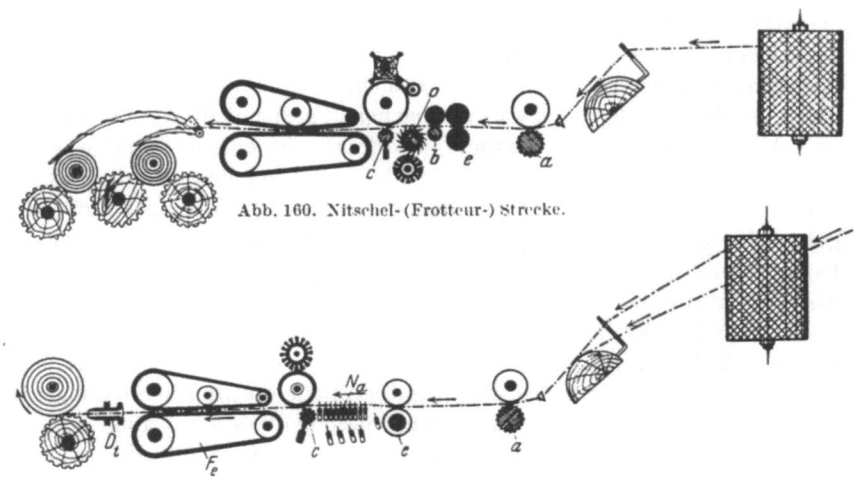

Abb. 160. Nitschel-(Frotteur-) Strecke.

Abb. 161. Hechelstrecke, System Hartmann.

Prinzip durch Nitscheln verdichtet und so gefestigt. Beim Aufspulen des Bandes auf der Wickelwalze *s* wird durch Hin- und Herfahren des die Wickel tragenden Spulenwagens dafür gesorgt, daß durch steiles Kreuzen die Bandwindungen sich leicht wieder trennen lassen. Die Streckzylinder werden durch Bürsten oder andere geeignete Vorrichtungen von anhaftenden Fasern und Verunreinigungen befreit.

Statt der Nitschelstrecke mit Nadelwalze wird neuerdings für die mittleren Passagen der Vorspinnerei die sog. Hechelstrecke[1], eine Nitschelstrecke mit einfachem Nadelstabstreckwerk eingeführt. Diese auf Abb. 161 schematisch dargestellte Hechelstrecke bietet den bekannten Vorteil des senkrechten Ein- und Austritts der Nadelstäbe und des geringen Abstandes des vorderen fallenden Nadelstabes vom Streckzylinder *c* im Vergleich zu dem ungünstigeren Verhalten der Nadel-

---

[1] Pat. S. M. F. vorm. Rich. Hartmann A.-G.

walze. Andererseits zeichnet sich das einfache Nadelstabstreckwerk vor dem vorzüglich arbeitenden Doppelnadelstab-Streckwerk durch den wesentlich niedrigeren Preis, die einfachere Bauart und bessere Zugänglichkeit aus. Die konstruktive Schwierigkeit, ein Nadelstabstreckwerk Na für die erforderliche geringe Streckweite und dichte Nadelstellung einwandfrei herzustellen, ist mit Erfolg überwunden worden; etwas umständlicher als bei der Nadelwalze gestaltet sich freilich das Putzen der Nadelstäbe, die dabei herausgenommen werden müssen. Ferner kann bei der neuen Hechelstrecke hinter dem Nitschelzeug F_1 noch ein Drehtrichter angebracht werden, der den Frotteurledern einen Teil der Verdrehungsarbeit abnimmt, so daß man mit einer geringeren Anzahl von Frotteurhüben auskommt. Die Folge davon ist die Möglichkeit einer gesteigerten Bandlieferung der Hechelstrecke gegenüber der Nadelwalzenstrecke.

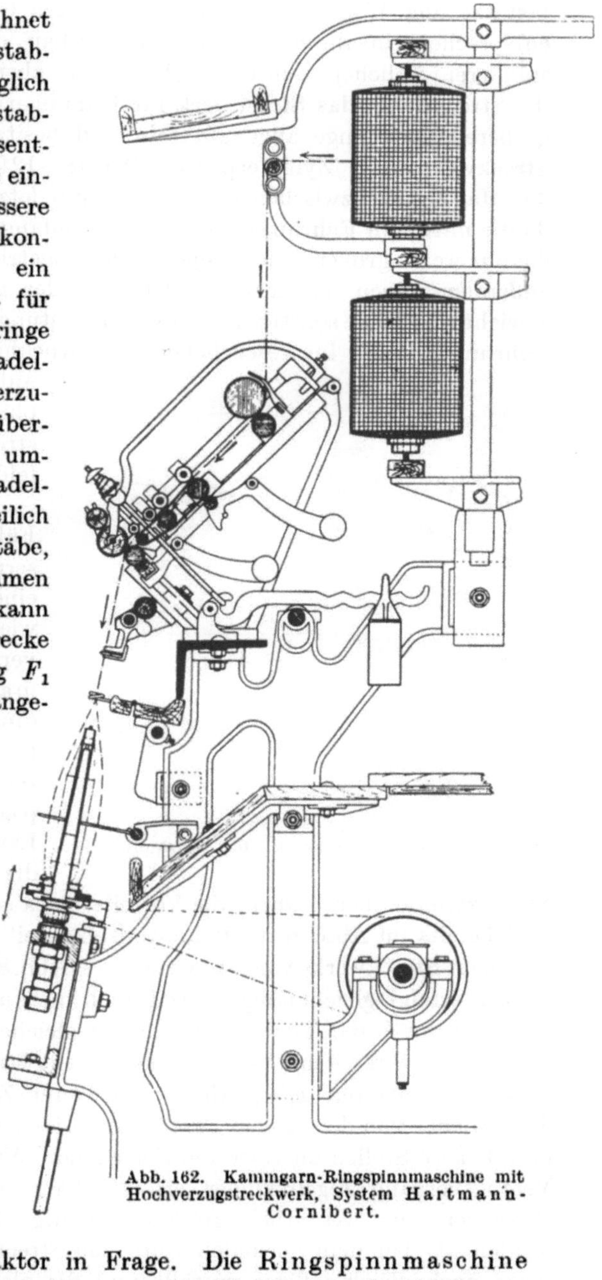

Als Feinspinnmaschine für Kurzfaser-Kammgarne kommt entweder die Ringspinnmaschine oder der Selfaktor in Frage. Die Ringspinnmaschine (Abb. 162) wird im allgemeinen nur für Kettgarne oder härter zu drehenden Schuß bis zu den mittleren Nummern (etwa $N_m = 50$)

Abb. 162. Kammgarn-Ringspinnmaschine mit Hochverzugstreckwerk, System **Hartmann-Cornibert**.

benutzt, der Wagenspinner für alle übrigen Garne. Beide Maschinen entsprechen in ihrem allgemeinen Aufbau den in der Baumwollspinnerei üblichen, unterscheiden sich aber von letzteren durch ihr Streckwerk: das Streckwerk für Kammgarn muß nämlich der viel größeren Faserlänge angepaßt sein und besitzt deshalb bei größerer Streckweite 4—5 Zylinderpaare. Der (8—12fache) Verzug findet in der Hauptsache zwischen dem ersten und letzten Zylinderpaar statt, da die mittleren Führungszylinder eine Umfangsgeschwindigkeit haben, die nur wenig größer ist als diejenige des angetriebenen Hinterzylinders; außerdem haben die mittleren Oberzylinder nur ein geringes Eigengewicht und keine sonstige zusätzliche Belastung. Daher wirken auch die Führungszylinder im wesentlichen nur zurückhaltend und ausgleichend auf die längeren Fasern, die ohne Führung sonst ihre gestreckte Lage im Verzugsfeld verlieren würden.

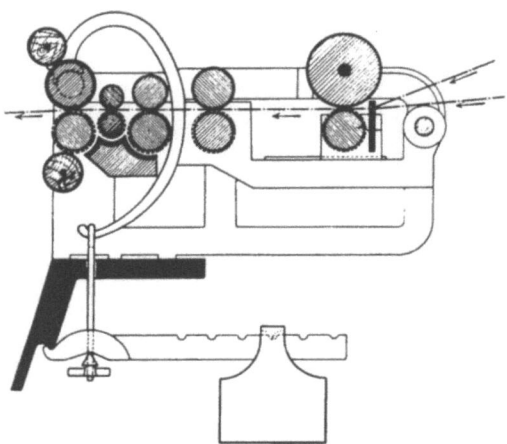

Abb. 163. Kammgarnstreckwerk (für Selfaktor).

Eine besonders gute Führung erhalten die Fasern durch die Anwendung eines unteren Laufleders, wie es durch das Hochverzugstreckwerk Hartmann-Cornibert neuerdings eingeführt wird (Abb. 162). Die Unterwalzen der drei Gleitwalzenpaare werden von einem Laufleder umschlossen, das die Fasern bis dicht an den Streckzylinder heranführt; die Vorteile eines solchen Streckverfahrens sind bereits im Abschnitt „Baumwollspinnerei" am Beispiel des Lederriemchen-Streckwerks von Casablancas (Abb. 81) erläutert worden. Der Verzug erfolgt gleichmäßiger, weil auch die kurzen Fasern infolge der Führung durch das Lederband sich mit gleicher Geschwindigkeit fortbewegen, während sie bei dem normalen Streckwerk zwischen den Gleitzylinderpaaren gelegentlich in größerer Zahl zurückbleiben und dann wieder von den langen Fasern mitgerissen werden, so daß dünnere und dickere Stellen im Garn die Folge sind. Weil aber andererseits der Verzugsvorgang regelmäßiger erfolgt, kann mit diesem Laufbandstreckwerk ein wesentlich größerer Verzug (15—20fach) genommen werden als bei dem normalen Durchzug-Streckwerk, wobei das Garn sogar noch gleichmäßiger ausfällt und die gleiche Festigkeit besitzt, wie im Spinnereibetrieb bewiesen worden ist.

Bei der Ringspinnmaschine für Baumwolle (S. 73) war gezeigt worden, daß die von der Spindel dem Garn erteilten Drehungen sich nicht bis an die Klemmstelle des Vorderzylinders fortpflanzen können, weil das Garn auf dem Unterzylinder aufliegt. Um die dadurch veranlaßten Fadenbrüche zu vermeiden, wird das Kammgarn-Streckwerk ziemlich steil gelegt (vgl. Abb. 162) und vielfach außerdem die Spindel zur Senkrechten geneigt gelagert. Über die Ringbankbewegung, den Antrieb usw. gilt ebenfalls das auf S. 76 bereits Gesagte.

Der Wagenspinner oder Selfaktor für Kammgarn gleicht demjenigen für Baumwolle in seinen wesentlichen Teilen; das Streckwerk hat dieselben Eigenschaften wie das auf dem Kammgarn-Ringspinner benutzte 4- oder 5-Zylinderstreckwerk, ist aber horizontal gelagert und hat deshalb den günstigen geraden Auslauf des Fadens, wie auf Abb. 163 zu sehen ist. Der Einzelantrieb mittels Elektromotors wird bei Kammgarnselfaktoren immer häufiger angewendet, wobei der stets gleichmäßige Verlauf jedes Wagenspieles der Hauptvorzug dieser Antriebsart ist. Einen weiteren Fortschritt bedeutet die neue Art von Wagenspinnern mit Differential-Rädergetriebe[1], das auf der Spindeltrommelwelle im Wagen angeordnet ist und dadurch den Spindelantrieb vom Wagenantrieb unabhängig macht. Die Hauptwelle des Selfaktors läuft dabei mit wesentlich verminderter Geschwindigkeit immer in demselben Dreh-

---

[1] Bauart der Soc. Alsacienne de Constr. Méc. Mülhausen bzw. S. M. F. vorm. Rich. Hartmann A.-G.

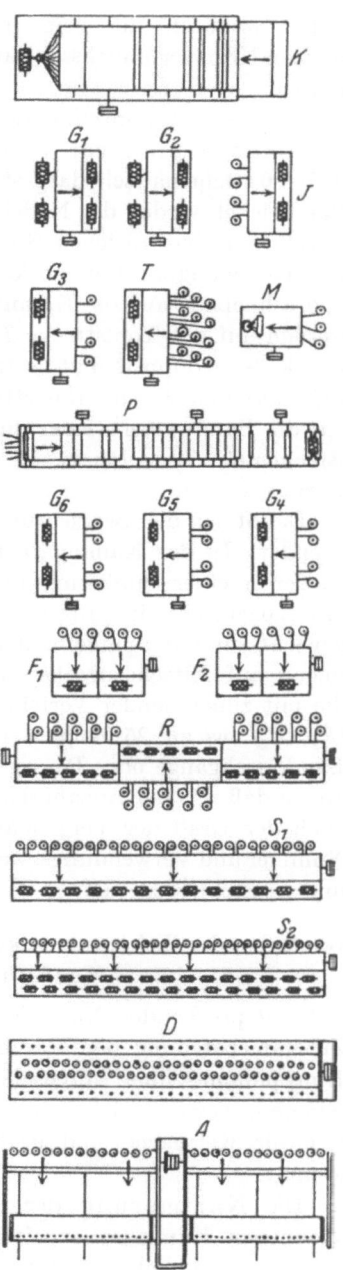

Abb. 164.
Maschinenzusammenstellung der Wollkämmerei und Kurzfaser-Kammgarnspinnerei.

sinne, wodurch die beim normalen Selfaktorgetriebe auftretenden starken Kraftverbrauchsschwankungen in vorteilhafter Weise verringert werden.

Die Gesamtanordnung der Maschinen der **Wollkämmerei** und **Kammgarnspinnerei** nach dem elsässischen Verfahren ist auf Abb. 164 schematisch dargestellt: Die von der Krempel K gelieferten Bandwickel werden der Nadelstabstrecke G_1 vorgelegt und darauf noch einmal auf einer gleichen Strecke G_2 bearbeitet. Die schon wesentlich vergleichmäßigten Bänder kommen gedoppelt auf den Intersecting I und schließlich auf die Kämmaschine M. Die abgelieferten Zugbänder werden auf der Topfstrecke T und auf der anschließenden Nadelstabstrecke G_3 gedoppelt und gestreckt. Die Kreuzspulen gelangen auf die Plättmaschine P zum Entfetten und Entkräuseln der Wollhaare, worauf die Bandwickel wieder auf Spulen gebracht und auf 2 Nadelstabstrecken G_4, G_5 nochmals einer vergleichmäßigenden Behandlung unterworfen werden.

Damit ist die Bearbeitung der Kammwolle in der Wollkämmerei beendet. In der Kammgarnspinnerei werden die Zugbänder zunächst wiederum einer Dublierung und Aufteilung auf der Nadelstabstrecke G_6 unterzogen, die ein ganz gleichmäßiges Band von bestimmtem Metergewicht für die Spinnerei liefert. Die weiteren Streckdurchgänge erfolgen auf Nitschelstrecken mit Nadelwalzen (bzw. Hechelstrecken), die mit zunehmender Verfeinerung der der Bänder eine von 2 Köpfen (F_1, F_2) bis zu 25 Köpfen wachsende Kopfzahl besitzen. Derartige Banddurchgänge oder Passagen wendet man wiederholt hintereinander an, so daß mit der Anzahl der Dublierungen, die bis etwa 100000 geht, auch der Grad der Vergleichmäßigung ein sehr hoher wird. Je nach Nummer und Verwendungszweck des Feingarnes hat man 6—10 Passagen und bezeichnet sie als

Grund- oder Zählerstrecke, Grob- und Halbgrob-, Zwischen-, Vorfein- und Feinstrecken

mit entsprechender Numerierung. Für das Fertigspinnen ist in der Zusammenstellung der Maschinen sowohl der Selfaktor als auch die Ringspinnmaschine vorgesehen, wobei die erste Maschine für alle feineren, sowie weiche und glatte Garne, die zweite hauptsächlich nur für Kettgarne und gröbere oder härtere Schußgarne in Frage kommt.

Die **Nummerung** der nach dem beschriebenen Verfahren gesponnenen Kammgarne erfolgt jetzt allgemein nach dem metrischen System; die üblichen Nummern solcher Garne liegen zwischen 10—100, die häufigsten Durchschnittsnummern sind für Merinogarne in deutschen Kammgarnspinnereien 30—36 N_m.

b) (Langfaser-) Kammgarnspinnerei nach englischem Verfahren.

Die von Kreuzzucht- und Cheviotwollen stammenden längeren und verhältnismäßig groben Wollfasern erfordern von der Wäscherei ab eine andere Behandlung als die Merino- und kurzen Kreuzzuchtwollen. Die Auflösung der Wollstapel in Einzelfasern erfolgt auf der sog. **Grob-kammgarnkrempel**, deren Tamboure, Arbeiter- und Wenderwalzen größeren Durchmesser und gröbere Beschläge besitzen als bei einer Krempel für Merinoklassen. Ebenso sind die Einstellungen, d. h. Abstände der Walzen untereinander größer, ihre Reihenfolge aber dieselbe wie bei einer Kammgarnkrempel. Die **Doppelkrempel** wird wiederum in dem Falle angewendet, daß die zur Verarbeitung kommenden Wollen sehr klettenhaltig und deshalb stark verfilzt sind, während die **einfache Krempel** mit Vorentklettung, Vortambour, Nachentklettung und Haupttambour mit 5 Arbeitern und Wendern bei wenig besetzten bis mittelfehlerhaften Klassen bevorzugt wird. Beim Krempeln ganz reiner Wollen kann man schließlich die Klettenschläger nach Bedarf hochstellen, um sie so außer Tätigkeit zu setzen. Zur Geraderichtung der Fasern und Vergleichmäßigung der Krempelbänder für das Kämmen genügen im allgemeinen 2 Durchgänge von Intersectings der auf Abb. 147—152 gezeigten Bauart, nur mit der Abweichung, daß sämtliche die Fasern bearbeitenden Teile, wie Kämme, Nadeln und Zylinderpaare größere Abmessungen erhalten, und entsprechend der größeren Faserlänge, die Streckweite gesteigert werden muß.

Das Kämmen erfolgt auf dem Kontinent auch bei derartigen langen Wollen fast ausschließlich auf dem Flachkämmer, während man in England den Rundkämmer vorzieht.

Wenn die Bänder auf dem **Flachkämmer** weiter bearbeitet werden sollen, so ist der Arbeitsgang derselbe wie bei den Kurzfaserwollen, d. h. nach dem Vorstrecken und Kämmen folgen nochmals 3 Doppelnadelstabstrecken, um dem Kammzug die nötige Vergleichmäßigung und Festigung für die Bearbeitung auf der Wasch- und Plättmaschine zu geben. Der Kammstuhl selbst entspricht ebenfalls bis auf die Abmessungen der Zangen, Nadeln usw. dem auf S. 159 beschriebenen.

Bei Benutzung des **Kreis-** oder **Rundkämmers** ist es jedoch üblich, hinter der Krempel zunächst einen Satz von 4 bis 6 einfachen Nadelstabstrecken (Gillbox) folgen zu lassen, wie sie Abb. 157 veranschaulicht. Bekannt sind die Rundkämmer von Noble und Lister; letzterer wird fast ausschließlich für ganz lange Wollen (und andere Tierhaare) verwendet. Die wesentlichen Teile der Kämmaschine, Bauart Noble, sind aus Abb. 165—168 zu ersehen: Die Nadelkämme, zwischen denen die nebeneinanderliegenden Bandstücke ausgekämmt werden sollen, sind auf sich berührenden Kreisringen untergebracht, und zwar drehen sich ein oder zwei kleinere Kammringe *B* innerhalb eines großen Ringes *A* mit gleicher Umfangsgeschwindigkeit und in demselben Drehsinne. Um den großen Nadelkranz herum liegen dicht nebeneinander auf Abrollwalzen die Bandwickel *W* mit je vier parallel aufgepulten Bändern; für die Vorbereitung dieser festen Wickel braucht man eine besondere Wickelmaschine. Der große Nadelkranz mit den daranhängenden Wickeln läuft langsam um (rd. 3,5 Umdr./min.), und das Kämmen erfolgt derart, daß an der Berührungsstelle des großen und kleinen Kreisringes gleiche Bandlängen gleichzeitig durch eine Einschlagbürste *E* in beide Nadelkränze, die mit ganz geringem Spielraum aneinander vorüberlaufen, eingedrückt werden; da sich unmittelbar hinter dieser Stelle die Nadelkränze aber wieder voneinander entfernen, werden die Faserbärte ausgekämmt, so daß ein Teil der Fasern im großen und ein Teil im kleinen Nadelkranz *B* hängenbleibt. Eine Messerscheibe *M* dient dabei zur Trennung zu langer Wollhaare. Die aus den beiden Nadelkränzen herausragenden Fasern werden dann von Abzugszylindern *c* erfaßt — wobei die andere Faserbarthälfte noch ausgekämmt wird —, zwischen Lederhosen abgeführt und gemeinsam mittels des Drehtrichters zu einem runden Band geformt in einem Drehtopf *T* abgelegt. Die in den Kämmen nach dem Ausziehen der langen Fasern noch zurückbleibenden kurzen Fasern werden durch kleine Bürstwalzen

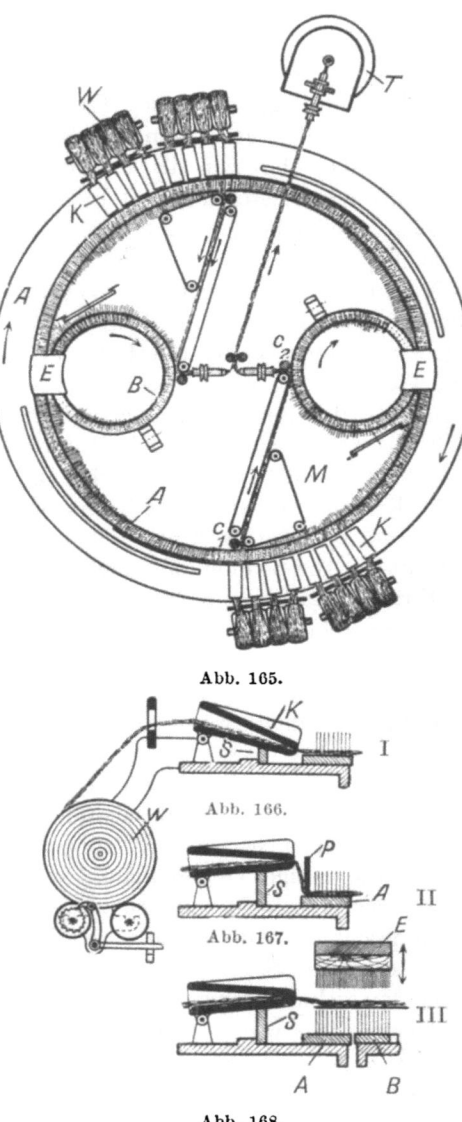

Abb. 165.

Abb. 166.

Abb. 167.

Abb. 168.

Abb. 165 bis 168. Rundkämmaschine, System Noble.

oder ähnliche Vorrichtungen ausgehoben und getrennt als Kämmling abgeführt. Das Abziehen gleichmäßig langer Bandstücke von den Wickeln wird durch zweckmäßig auf- und abbewegte Klappen K bewirkt, die in drei aufeinanderfolgenden Stellungen in Abb. 166—168 dargestellt sind. Stellung I zeigt eine der schwenkbar gelagerten Klappen nach dem Vorübergang an den Abzugszylindern c in ihrer tiefsten Lage. In Stellung II ist die Klappe bei ihrem Umlauf durch die feststehende Schiene S angehoben worden; gleichzeitig hat sich die Preßplatte P gesenkt, und dadurch den Faserbart auf dem Kammring festgeklemmt, so daß ein der Hubhöhe der Klappe entsprechendes Bandstück von dem Wickel nach Lösen eines Sperrädchens s abgezogen werden kann. Nach Anheben der Platte P wird der Faserbart durch Keilbleche aus den Kämmen herausgehoben und in der Stellung III an der Berührungsstelle der beiden Kreisringe in die Nadeln durch die Bürste E hineingeschlagen, worauf das schon beschriebene Auskämmen erfolgt.

Der Rundkämmer arbeitet also in fortlaufendem Arbeitsgang und hat deshalb auch verhältnismäßig eine bedeutend höhere Leistung als der Flachkämmer. Dazu kommt der Vorteil, daß das ohne Unterbrechung abgezogene Band gleichmäßiger ist als das Schuppenband, das die Flachkämmaschine liefert; dagegen ist bei dieser die Ausnutzung des Materials wegen des niedrigeren Kämmlingsprozentsatzes etwas besser, und die Anschaffungskosten sind geringer, so daß die Flachkämmaschine wenigstens in Deutschland, wo ja auch selten ganz lange grobe Cheviotwollen verarbeitet werden, unbedingt bevorzugt wird.

Die Vorspinnerei nach dem englischen Verfahren bezweckt die Vergleichmäßigung und das Verfeinern des Kammzuges, der gewöhnlich nicht vorher geplättet wird, und umfaßt 6—10 Durchgänge, von denen die ersten beiden normale Nadelstabstrecken sind. Bei dem weiteren Strecken bedarf das schwächer werdende Band in diesem Falle aber einer Hilfsdrehung, um es zu festigen; man gibt diesen geringen Draht mittels Flügelspindeln und verwendet entweder Spindelstrecken, die sich von den Baumwollflyern nur durch ein Vierzylinder-Streckwerk unterscheiden (die Spulen werden bloß mitgeschleppt oder auch durch Kegeltrieb besonders angetrieben), oder man ersetzt die Streckzylinder durch Nadelstäbe, wie die auf Abb. 169 schematisch dargestellte Spulen-Nadelstabstrecke zeigt.

Die den Töpfen entnommenen Bänder werden nebeneinanderlaufend zwischen den Einzugszylindern e und dem mit oberer Druckderhose versehenen Streckzylinder a verzogen und dabei die Fasern von den mitwandernden Nadelstäben N getragen und gerichtet. Das gestreckte dünne Breitband wird durch einen Gabelschlitz zusammengenommen und erhält von dem umlaufenden Flügel F gleichmäßige Drehung, durch dessen hohlen Kopf es hindurchgezogen ist. Die Spulen, die bei der ersten Strecke nur zu zweit nebeneinander angeordnet sind, sitzen auf einer auf- und absteigenden Brücke oder Bank *b* und werden von dem durch die Drehungserteilung gefestigten Band mitgeschleppt. Die folgenden Strecken sind mit Spulengattern ausgerüstet und erhalten bei Verarbeitung feiner, eingeölter Kammzüge den vom Baumwollflyer her bekannten Kegelantrieb für die Spulen, welches Verfahren man auch das deutsche nennt.

Für das Fertigspinnen können Flügelspinnmaschinen (insbesondere für Strickgarne), Ringspinner oder Wagenspinner Verwendung finden. Alle drei Maschinen unterscheiden sich von den schon besprochenen im wesentlichen nur durch die Ausführung des Streckwerkes, das den langen Wollen angepaßt ist und Streckweiten von 240 bis 330 mm hat. Zwischen den Einzugs- und Streckzylindern besitzt dieses Streckwerk, wie die schematische Darstellung (Abb. 170) einer Flügelspinnmaschine zeigt, 3 Paar kleine Führungszylinder *w*, die glatt sind, während bei der Einführung der Unterzylinder *e* gerieffelt, der Oberzylinder beledert ist, und die Streckzylinder *a* beide gerieffelt oder der obere auch mit nachgiebigem Überzug versehen ist. Für härtere Cheviotgarne, aber auch für Strumpfgarne wird namentlich in England gern die Glockenspinnmaschine benutzt, deren Aufbau Abb. 171 zeigt: bei dieser Feinspinnmaschine wird der Faden nicht durch einen Flügel oder Läufer, sondern von der umlaufenden Spule mitgenommen. Die Führung des Garnes beim Aufwinden auf die Spule und gleichzeitige Bremsung

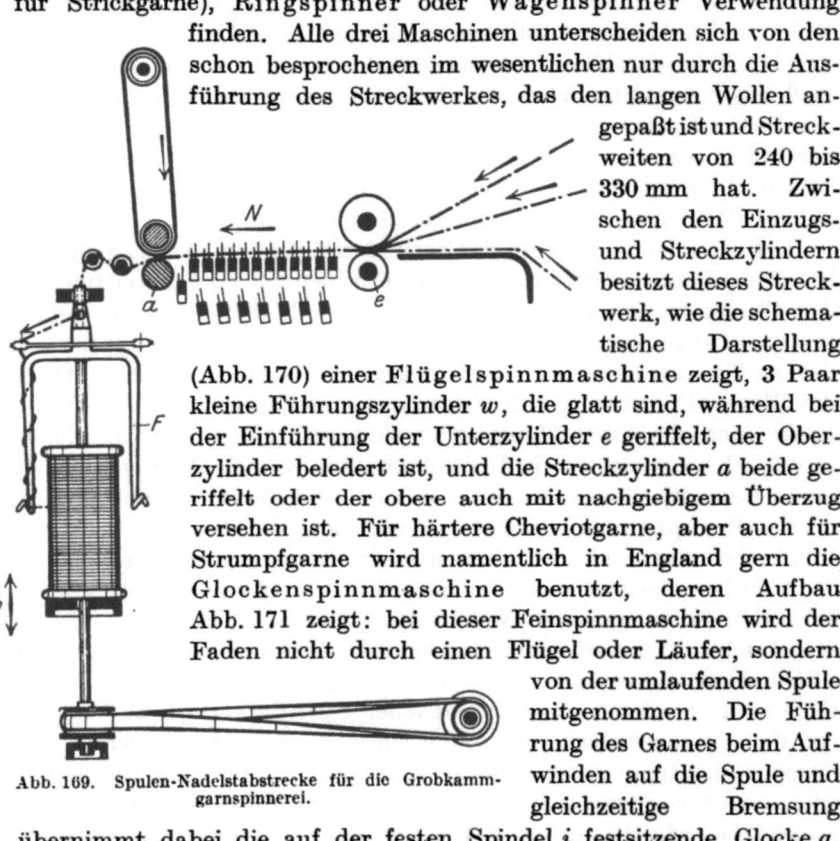

Abb. 169. Spulen-Nadelstabstrecke für die Grobkammgarnspinnerei.

übernimmt dabei die auf der festen Spindel *i* festsitzende Glocke *g*, an deren Rand der Faden den erforderlichen Widerstand findet, um den Kötzer fest genug winden zu können. Das Streckwerk ist steil gelegt und hat 3 Paare Führungszylinder zwischen Einführ- und Streckzylindern (*e* bzw. *a*), deren Hebelbelastung die Abb. 171 auch deutlich macht.

Die Nummerung der Langfaser-Kammgarne, die früher nach der englischen Methode zu 560 Yards auf 1 engl. Pfund üblich war, erfolgt jetzt meistens nach dem metrischen System. Gesponnen werden Garne von $N_m = 8$ bis etwa 70.

c) Halbkammgarnspinnerei.

Für gröbere Garne aus Kammwolle besteht noch ein Spinnverfahren, das sich an gewisse Vorgänge in der Streichgarnspinnerei anlehnt und gegenüber dem üblichen Kammgarnspinnprozeß eine bedeutende Vereinfachung darstellt. Dieses ein sog. **Halbkammgarn** liefernde Verfahren verzichtet nämlich erstens auf das Kämmen; die Krempelbänder werden also nicht von den kurzen Fasern befreit, sondern unmittelbar weiterverzogen, geordnet und vergleichmäßigt. Das fertige Garn enthält daher lange, mittellange und kurze Fasern etwa im gleichen Verhältnis wie die Rohwolle und kann deshalb nicht so glatt und fest sein wie das eigentliche Kammgarn, wozu auch noch der Umstand beiträgt, daß die beim Kämmen auf die Fasern ausgeübte geraderichtende Wirkung beim Halbkammgarn wegfällt. Wegen des Vorhandenseins von langen und ganz kurzen Fasern im Garn nennt man es auch **Mischgarn**. Da aber die Wollhaare der auch für dieses Garn ver-

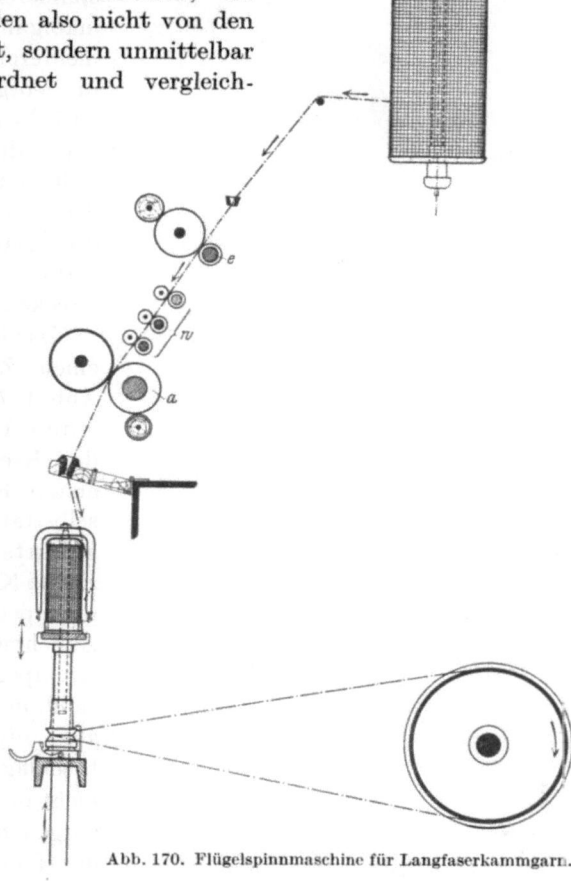

Abb. 170. Flügelspinnmaschine für Langfaserkammgarn.

wendeten Kammwolle nur sehr wenig gekräuselt oder schlicht sind, so erhält es ein glatteres Aussehen und dichtere Faserlage als das aus stark gekräuselter Wolle gesponnene Streichgarn.

Außer dem Fortfall der Kämmaschine unterscheidet sich aber die Halbkammgarn- von der Kammgarnspinnerei zweitens noch durch die Art der **Vorgarnbildung**, die der Streichgarnspinnerei entnommen ist. Das oft wiederholte Verziehen des Krempelbandes wird nämlich dadurch umgangen, daß das von der Kammgarnkrempel gelieferte Vlies durch Florteilung in eine Anzahl schmaler dünner Florstreifen zerlegt wird, die dann einzeln zu Bändern gerundet werden. Diese Bänder werden dann nach dem in der Kammgarnspinnerei üblichen Vergleichmäßigungsverfahren mittels mehrerer Streckdurchgänge in Vorgespinst verwandelt; da jedoch, wie schon erwähnt, nach diesem Verfahren nur gröbere Garne gesponnen werden, genügen schon zwei oder drei Durchgänge auf Nadelstab- oder Nadelwalzenstrecken.

Das Krempeln erfolgt auf einem Zweikrempelsatz nach Abb. 127/128, der aber nur je einen Abnehmer an den beiden Krempeln hat. Die der ersten Krempel durch einen selbsttätigen Vorwieger zugeführte Wolle wird auf die zweite Krempel mittels Längsfaserspeisung übertragen; der Abnehmer A (Abb. 172) dieser Krempel besitzt einen durch rundum laufende Aussparungen unterbrochenen Kratzenbeschlag, so daß die Fasern nicht in ganzer Beschlagbreite aufgenommen werden, und der Hacker infolgedessen mehrere getrennte Florstreifen abnimmt. Diese werden durch Trichter t zusammengenommen von den Walzen a abgezogen, hinter denen zum Geraderichten der Fasern gleich Nadelwalzenstreckwerke angeordnet sind. Die schmalen Einzelbänder werden dann zwischen Lederhosen r genitschelt und verdichtet, worauf sie zu Kreuzspulen gewickelt und in dieser Form der nächsten Strecke vorgelegt werden. Für das Fertigspinnen dieser Halbkammgarne verwendet man den Wagenspinner.

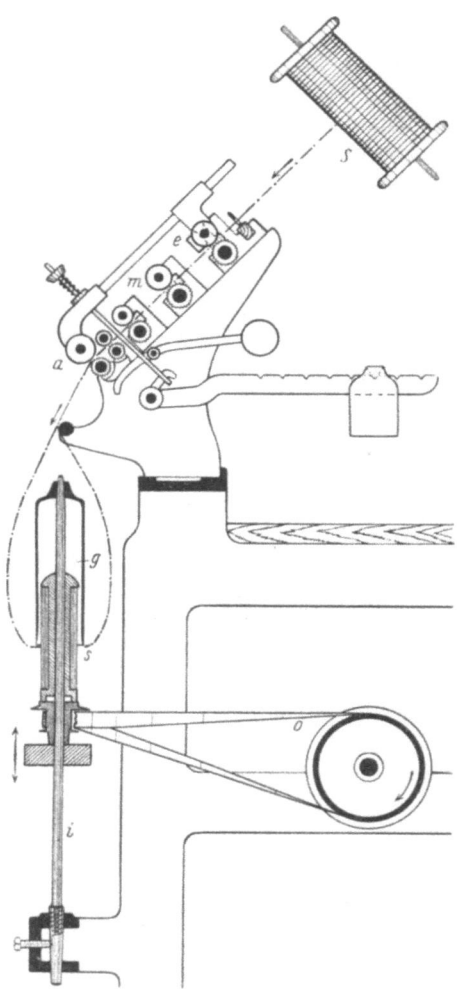

Abb. 171. Glockenspinnmaschine.

Langfaserige Kammwolle, Ziegenhaare usw. erfahren manchmal auch eine Vorbereitung, die sich grundsätzlich von den besprochenen Verfahren dadurch unterscheidet, daß das Krempeln ersetzt wird durch ein Hecheln der Bänder. Bei dem Krempelvorgarn würden nämlich verhältnismäßig viele dieser außerordentlich langen, starken und etwas spröden Wollfasern zerrissen werden, ohne daß dadurch eine befriedigende Gleichrichtung der Fasern in dem Krempelflor zu erreichen wäre; man benutzt deshalb sog. Vlies-Grobstrecken mit Anlegetisch, um die gewaschene Wolle zunächst in Vlies- und dann in Bandform zu bringen. Derartig vorbereitete Wolle kann dann auch gekämmt werden und wird als sog. gehechelter Kammzug, — zum Unterschied von dem gekrempelten Kammzug —, auf den Maschinen der Langfaserkammgarnspinnerei weiter verarbeitet. Ferner bezeichnet man als

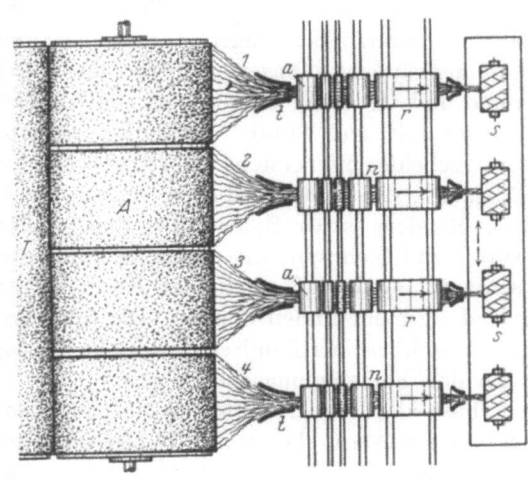

Abb. 172. Mehrfachbandkrempel der Halbkammgarnspinnerei.

nachgeahmtes Halbkammgarn ein Garn, das nach folgendem dem Streichgarnverfahren ähnelnden Prinzip erzielt wird: Bei dem verwendeten Dreikrempelsatz werden die Mittel- und die Vorspinnkrempel mit reiner Längsfaserspeisung versehen, indem von der Reiß- und Mittelkrempel der Flor durch einen Trichter zusammengenommen und als rundes Band abgezogen wird; dieses Band wird auf Spulen gewickelt, und die Spulen dienen, auf ein Gatter gesteckt, der nächsten Krempel als Vorlange, derart, daß die Bänder nebeneinander in gleichmäßig gestreckter Lage in die Krempel eingeführt werden.

Für das Fertigspinnen derartiger nachgeahmter Halbkammgarne und gehechelter Kammgarne hat sich am besten die Flügelspinnmaschine (Abb. 170) und — in England — die Glockenspinnmaschine (Abb. 171) bewährt.

3. Wollabfall- und Kunstwollspinnerei.

Wollabfälle aus der Kämmerei, Spinnerei und Weberei bilden noch ein wertvolles Fasermaterial, das entweder unmittelbar im eigenen Betriebe der Rohwolle wieder zugesetzt oder in der sog. Kunstwollspinnerei zusammen mit Wollfasern, die aus Gewebelumpen stammen, und meistens mit einer geringen Menge Langwolle vermischt verarbeitet wird. Die Abfälle entstehen an den verschiedensten Stellen des ganzen Bearbeitungsprozesses in der Kammgarn- und Streichgarnspinnerei: In den Wolltrockenapparaten z. B. bleiben einzelne Flocken an den Sieben hängen, die nach ihrer Entfernung gewöhnlich stark ölig und verfilzt sind. Beim Krempeln entstehen als Abfall an den Klettenschlägern sog. „Graupen", das sind nußartige Faserknäuel oder Noppen, die mit Kletten und anderen Pflanzenresten vermischt sind, ferner der aus den Kratzenbeschlägen stammende Krempelausputz, bandartig zusammenhängende Faserschichten, die durch Kratzenstaub, Klettenreste und Öl stark verunreinigt sind, schließlich der aus ganz kurzen Fasern mit viel Staub bestehende Krempelflug. In der Kämmerei unterscheidet man erstens den sofort wieder verwendbaren „kämmbaren Abgang", das sind Zugabrisse, entstanden beim Reißen und Knüpfen von Bändern, sowie Spulenreste, und zweitens den Kämmling, Kammstaub und Kehricht, die einesteils kurzfaserig und anderteils so verschmutzt sind, daß sie in der Kammgarnspinnerei selbst keine Verwendung mehr finden können. Die Spinnereiabgänge endlich bestehen hauptsächlich aus Bandresten von Vorgarnspulen, Wickeln und Fäden von den Feinspinnmaschinen usw.

Fast alle diese Abfälle, bis auf die Kammzugreste und Spinnereiabgänge müssen, ehe an ihre Wiederverwendung gedacht werden kann, entstäubt und aufgelockert oder, falls erforderlich, auch noch einmal gewaschen werden. Zur Entstäubung der genannten Wollabfälle und zur Ausscheidung von Kletten bedient man sich meistens des Spiralklopfwolfes (Abb. 112) oder des Zupf- und Schlagwolfes (Abb. 113), die sich durch schonende Behandlung der Fasern auszeichnen. Anschließend daran können namentlich die Graupen einer Nachbehandlung in größeren Graupentrommeln unterworfen werden, mit dem Erfolge, daß sich die Fasern fast vollständig von den Klettenresten trennen. Dadurch erübrigt sich die Karbonisation (vgl. S. 125) solcher klettenhaltigen Wollabfälle. Falls die Krempelabgänge noch verhältnismäßig viel gute Langwolle, versetzt mit Ringel- und Steinkletten enthält, so erfolgt die Trennung der Wollfasern von den Kletten auf einer besonderen Entklettungskrempel, nachdem vorher durch den Spiralwolf für ein Entstäuben und Auflockern dieser Abfälle gesorgt worden ist. Die wiedergewonnene lange Wolle kommt dann zum nochmaligen Waschen in das letzte Bad des Waschzuges.

Eine neuere Abfallreinigungsmaschine, gleichzeitig geeignet zur Entstäubung und Auflockerung aller Arten von Abgängen, ist im Abschnitt „Baumwollgrobspinnerei" beschrieben worden (vgl. Abb. 90/91). Die Abfälle gelangen in eine große langsamrotierende Siebtrommel (20 Umdr./min.), innerhalb deren eine Klopferwelle nach dem Vorbilde

Abb. 3 in entgegengesetzter Richtung mit etwa 60 Umdr./min. umläuft. Durch die glatten Schläger werden die Unreinigkeiten in sehr schonender Weise aus den Fasern herausgeklopft und fallen in eine unter der Siebtrommel liegende Rinne, aus der eine Schnecke die Fremdkörper nach einem Becherwerk schafft, das sie auswirft. Der Staub wird aus der ummantelten Trommel durch einen Exhaustor abgesaugt. Je nach Staubgehalt und Menge der zugeführten Abfälle kann die Klopfdauer, die an einem Zählwerk ablesbar ist, kürzer oder länger genommen werden.

Außer diesen Abfällen spielt aber in der Woll- und Abfallwollspinnerei noch die sog. Kunstwolle eine große Rolle, die in der Hauptsache aus neuen und alten Gewebelumpen (wollenen oder halbwollenen) künstlich zurückgewonnen wird und daher ihren Namen erhalten hat. Die Kunstwolle, die also aus „Rückfasern" besteht, ist stets minderwertiger als die Naturwolle, weil die Fasern durch die gewaltsame Auflösung der Gewebe, Strickwaren usw. eine Verminderung ihrer Länge, Festigkeit und Elastizität erleiden — abgesehen von der mechanischen Abnützung durch das vorangegangene mehr oder weniger lange Tragen der betreffenden Kleidungsstücke. Kunstwollfasern sind deshalb auch bei der mikroskopischen Untersuchung von noch nicht verarbeiteten Wollhaaren leicht durch die Knickstellen, ausgefransten Faserenden und Beschädigungen der Oberhautzellen des Einzelhaares zu unterscheiden (vgl. Abb. 104). Trotz dieser unverkennbar eingetretenen Verminderung der Spinnfähigkeit hat die Kunstwolle noch einen bedeutenden wirtschaftlichen Wert und wird namentlich in Deutschland in großen Mengen entweder allein oder vermischt mit Naturwolle oder auch Baumwolle wieder versponnen. Je nach Herkunft und mittlerer Faserlänge unterscheidet man drei Klassen von Kunstwolle: Mungo, Extrakt oder Alpaka und Shoddy.

Mungo stammt aus gewalkten tuchartigen Geweben, die beim Zerfasern Wollhaare von nur 5—20 mm Länge liefern. Diese Kunstwollsorte kann deshalb nur zusammen mit Langwolle (oder Baumwolle) versponnen werden und wird am geringsten bewertet. Mit Extrakt oder Alpaka bezeichnet man die aus halbwollenen gewalkten oder ungewalkten Lumpen durch Karbonisation der baumwollenen Kettfäden wiedergewonnenen wesentlich längeren und weniger beschädigten Wollhaare. Durch den Einfluß der zum Karbonisieren benutzten verdünnten Säuren werden aber diese Wollfasern recht spröde und lassen sich außerdem schlecht wieder walken. Die dritte Sorte, der Shoddy, ist am wertvollsten, weil die aus ungewalkten Tuchlumpen, von Strick- und Wirkwaren herrührenden Fasern noch eine genügende Länge, — mehr als etwa 20 mm —, haben und beim schonenderen Auflösen auf dem Lumpenwolf nicht so stark beschädigt worden sind.

Sämtliche zur Verarbeitung kommenden Lumpen müssen je nach Faserart sorgfältig sortiert werden; vorher hat aber eine gründliche Entstaubung in einer Lumpenklopfmaschine nach Abb. 173 zu erfolgen. Das Klopfen der in die Trommel T eingetragenen Lumpen bewirken die auf der Trommel befestigten starken Schlagstifte St zusammen mit einem oder mehreren Rechen R von feststehenden Stiften. Die mit 400—450 Umdr./min. umlaufende Schlagtrommel, deren Durchmesser über die Stiftspitzen gemessen, rd. 950 mm beträgt, ist mit gelochten Blechen oder Drahtrosten umgeben, so daß die schweren Unreinigkeiten in einen darunterstehenden Kasten K fallen, während der leichte Staub durch einen auf dem Gehäuse sitzenden Exhaustor E abgesaugt wird. Dieser Staubsauger kann bei Bedarf auch aus dem unteren Rostraum mittels einer Verbindungsleitung s den sich dort sammelnden Staub absaugen. Der Reinigungsgrad der Lumpen hängt von der Dauer ihrer Bearbeitung im Klopfer ab, dessen Leistung in umgekehrtem Verhältnis zu der Klopfdauer steht. Das Betätigen der Auswurfklappe für die gereinigten Lumpen und des Schiebers für

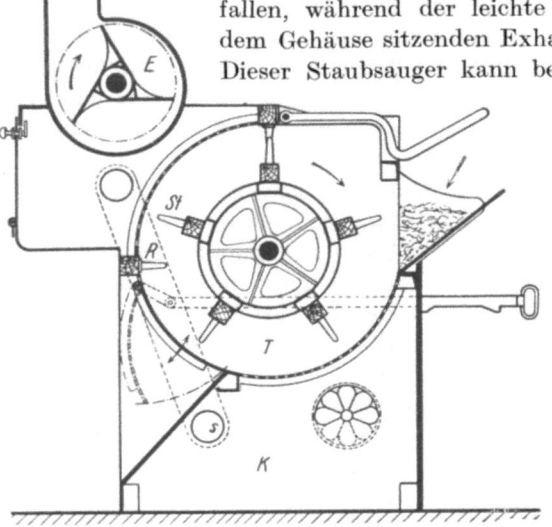

Abb. 173. Lumpenklopfmaschine[1].

die Beschickung der Trommel kann durch ein besonderes Getriebe von der Maschine aus gesteuert werden.

Für das Zerfasern auf dem Lumpenreißer werden die Lumpen entweder mit Wasser gut angefeuchtet oder nur mit einer Emulsion aus Olein und Wasser besprengt, um die Fasern geschmeidiger zu machen und die Staubentwicklung zu vermindern. Der Lumpenwolf, auch Kunstwollreißmaschine genannt, nach Art von Abb. 174, besitzt eine oder zwei Stifttrommeln T, die von dem Einführtuch aus nach oben umlaufen, in umgekehrter Richtung also wie die Reißtrommeln von Fadenreißern; damit wird nämlich bezweckt, daß von der Stifttrommel mitgerissene größere Lumpenstücke durch eine Öffnung im Gehäuse wieder ausgeworfen werden und auf das Zuführtuch Z zurückfallen, um mit den dort ausgebreiteten Lumpen erneut von den Einzieh-

---

[1] Bauart S. M. F. vorm. Rich. Hartmann A.-G.

walzen e ergriffen und der mit außerordentlich hoher Umfangsgeschwindigkeit laufenden Reißtrommel dargeboten zu werden. Kleine, noch nicht zerfaserte Lumpenstücke, sog. Pitze, werden nach Durchlaufen des Abstreichbleches m in einen Kasten k abgeschleudert, während die gut aufgelösten Fasern und Fadenreste nach hinten zwischen 2 Siebtrommeln S mit Hilfe des Ventilators V angesaugt, durch ein Riffelwalzenpaar a verdichtet und über ein Lattentuch L ausgeworfen werden. Da das von einem solchen Lumpenwolf gelieferte

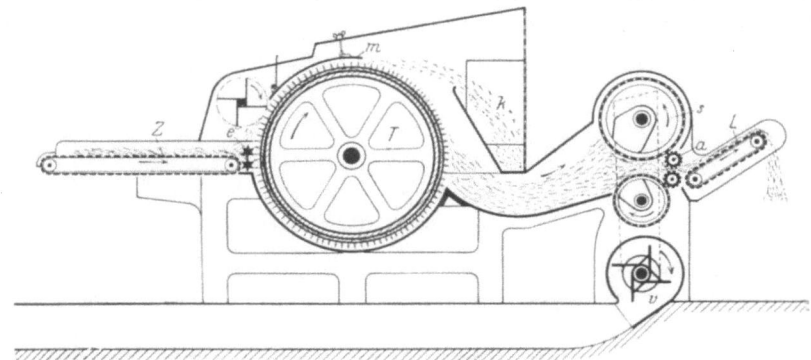

Abb. 174. Lumpenreißmaschine.

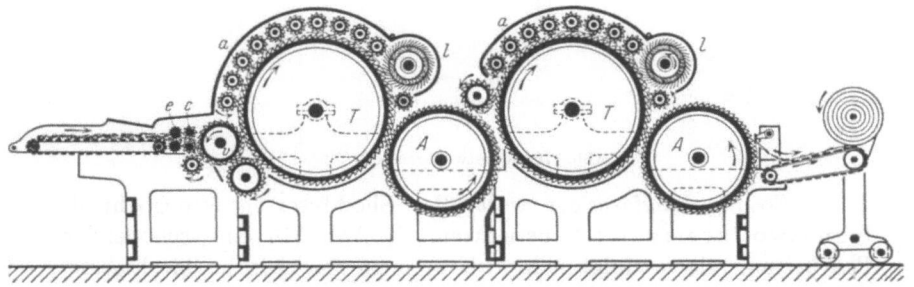

Abb. 175. Doppelfadenöffner (Garnettmaschine).

Fasermaterial niemals frei von ungelösten Fadenresten ist, läßt man dasselbe meistens noch durch einen einfachen oder doppelten **Fadenöffner** gehen.

Diese auch nach dem Erfinder Garnett benannte krempelartige Maschine (Abb. 175) hat sowohl auf den Haupttrommeln als auch auf den kleinen Walzen Sägezahnbelag und kann für die verschiedensten Faserarten benutzt werden. Auf einem Lattentuch werden die Fäden einem Riffelwalzenpaar e zugeführt und weiter von dem Sägezahnzylinderpaar c gegen den Angriff der Sägezahnvorwalze V festgehalten. Von dieser werden die abgerissenen Fadenteile an einem zum Abstreifen

12*

von gröberen Fremdkörpern dienenden Messer und einer Zerteilwalze für Fadenwickel vorbei an die Haupttrommel T herangeführt. Die Auflösung und gleichmäßige Verteilung des Fasermaterials auf der von Arbeiterwalzen a umgebenen Trommel T vollzieht sich dann ähnlich wie bei der Walzenkrempel, wobei hier nur die kleinen Walzen so dicht nebeneinander angeordnet sind, daß sie sich gegenseitig die mitgenommenen Fasern abnehmen und sie wieder an die Haupttrommel zurückstreichen. Wie bei der Krempel wird auch die von dem Trommelbeschlag aufgenommene Faserschicht mittels der Schnellwalze l an die Beschlagsspitzen angehoben, um von dem Beschlag des Abnehmers A nen. Das Abnehmervlies wird dann von einem Hacker abgekämmt und zu einem Wickel aufgerollt. Für

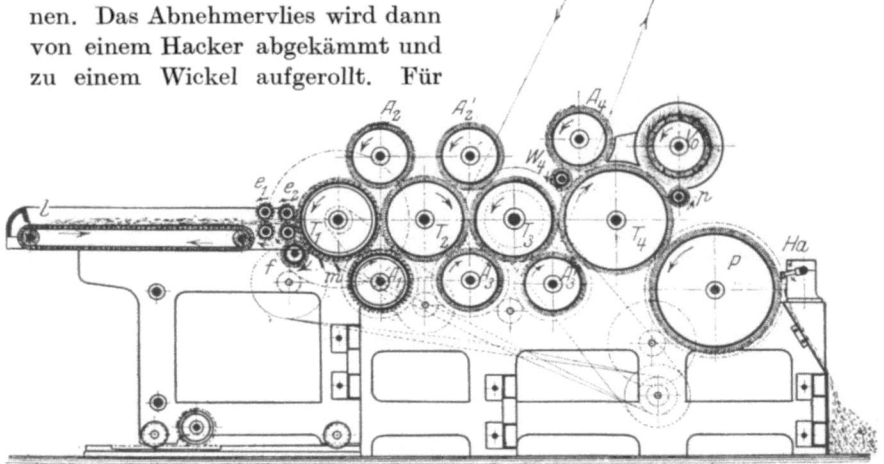

Abb. 176. Kunstwollkrempel[1].

die Auflösung langfaseriger wertvoller Shoddysorten ermöglicht die Kunstwollkrempel (Droussierkrempel) Abb. 176 eine schonendere Bearbeitung; sie vereinigt mehrere Trommeln von kleinem Durchmesser, die mit zunehmend dichterem und feinerem Beschlag versehen sind, hintereinander, zwischen denen oben und unten je eine verhältnismäßig große Arbeiterwalze angeordnet ist.

Die aus halbwollenen Lumpen stammende Extraktwolle muß nach dem Entstauben, Sortieren usw. zunächst durch das Karbonisieren von den beigemengten pflanzlichen Faserstoffen befreit werden. Man benutzt dazu entweder verdünnte Schwefelsäure oder viel häufiger gasförmige Salzsäure, die durch Verdampfen von roher Salzsäure gewonnen und in die langsam umlaufende Karbonisiertrommel eingeleitet wird.

Das Spinnen der Kunstwollgarne und Wollabfallgarne geschieht nach dem Streichgarnspinnverfahren. Für das Mischen der Kunst-

---

[1] Aus J. Bergmann: Handbuch der Spinnerei (1927).

wolle, Abfallwolle und Naturwolle dient der **Krempelwolf**, der aus der Streichgarnspinnerei (Abb. 115) bekannt ist und gleichzeitig zum Schmelzen der Wolle dient. Gekrempelt wird dann auf einem Zwei- oder Dreikrempelsatz ähnlicher Bauart wie die Streichgarnkrempeln, und das Kunstwollgarn schließlich auf einem Streichgarnwagenspinner fertig gesponnen.

4. Verspinnen von anderen tierischen Fasern.

Die längeren wolleähnlichen Tierhaare, wie Kamel- und Schafkamelwolle, sowie Ziegenhaare lassen sich im allgemeinen nach Streichgarnart ähnlich wie die Wolle verspinnen. Anders verhält es sich mit den **kurzen Kuh- und Kälberhaaren**, sowie den **Pferdehaaren** (nicht Schweif- und Mähnenhaare), die einer besonderen Behandlung bedürfen.

Diese im Vergleich zu anderen Textilfasern sehr kurzen Haare, deren Länge höchstens etwa 25 mm erreicht, sind verhältnismäßig stark, haben fast keine Kräuselung und sind deshalb steif und schwer spinnbar. Soweit sie von gegerbten Fellen stammen, sind die Tierhaare stark mit Kalkstaub verunreinigt und werden auf einem Klopfwolf nach Abb. 94 gründlich entstaubt und aufgelockert. Wegen ihrer Kürze und Steifheit erfolgt die völlige Auflösung der Faserflocken auf der Krempel sehr leicht, weil eben die Haare nicht miteinander verschlungen sind. Das Krempeln oder Streichen der Fasern würde aber aus demselben Grunde nicht wirksam sein und keinen geordneten Faserflor ergeben, wenn die Haare nicht vorher mittels einer klebrigen Schmelze behandelt würden, die ein besseres Anhaften der Haare aneinander und an den Krempelbeschlägen verursacht. Für das Schmelzen benutzt man den Krempelwolf nach Abb. 115, der zugleich zum Mischen der Haare dient. Das Faserordnen und die Bildung des Vorgarnes erfolgt auf einem Zweikrempelsatz mit folgender Ausrüstung:

Jede Krempel hat eine Vortrommel mit 2 Arbeitswalzenpaaren und eine Haupttrommel mit nur 4 Walzenpaaren; vorhanden sind ferner ein Speiser, selbsttätige Übertragung des Fasergutes mit Querfaserspeisung an der Vorspinnkrempel, die einen Riemchenflorteiler mit ganz breiten Nitschelhosen erhält, da sich die steifen Haare schwer zu haltbaren Vorgarnfäden runden lassen. Garne aus solchen Tierhaaren können nur zu groben Nummern von etwa Nr. 1 metr. versponnen werden, was auf dem Selfaktor oder auf der Schlauchkötzer-Spinnmaschine (nach Abb. 99) geschieht.

C. Bastfasern.

Einige dikotyle Pflanzen enthalten unterhalb der äußeren dünnen Haut (Kutikula) ihrer Stengel den sog. Bast, der aus Gefäßbündeln von beträchtlicher Länge besteht. Dieser Bast umgibt ringförmig den Holzkern des Stengels, der einen zentralen, oft mit Pflanzenmark gefüllten Hohlraum aufweist. Zu erkennen ist der Bastgehalt eines solchen Stengels dadurch, daß beim Knicken des Stengels nur der Holzkern durchbricht, während die Bastfaserbündel nicht reißen, sondern die gebrochenen Stengelteile zusammenhalten. Die Bastfasern besitzen eine große Festigkeit und Elastizität und eignen sich vorzüglich zum Verspinnen. Dazu müssen sie aber erst von dem Stengelholz befreit werden, was im technischen Großbetrieb durch ein Rösten der Stengel bewerkstelligt wird. Durch dieses Rösten oder Rotten der vorher lange getrockneten Stengel wird ein Gärungsprozeß eingeleitet, der durch Lösung des Pflanzenleims die Bastfasern isoliert und das Holz mürbe macht, so daß bei den nachfolgenden mechanischen Verfahren des Brechens, Klopfens, Schwingens und Hechelns die Bastfasern ziemlich leicht von den abbröckelnden Stengelteilen befreit werden können.

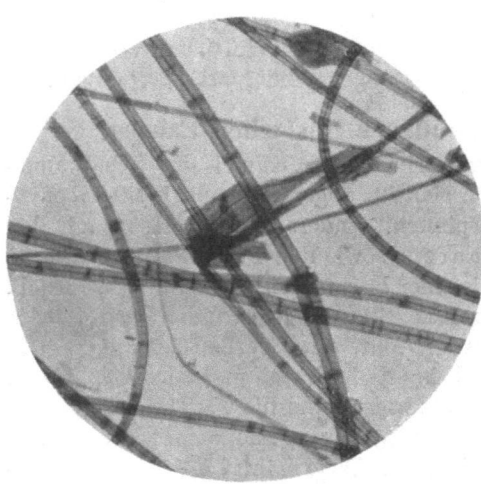

Abb. 177. Flachsfasern (in Chlorzinkjod)[1]. Die einzelne Bastfaser ist sehr dickwandig, daher steif; das Innere erscheint linienförmig (dunkel) und ist mit Eiweißresten erfüllt. An vielen Stellen sind knotige Auftreibungen sichtbar. — Vergr. 90.

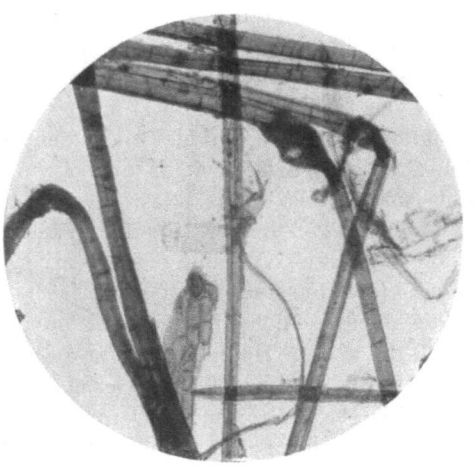

Abb. 178. Hanffasern (in Chlorzinkjod)[1]. Steife, knotig gegliederte, inhaltsarme Bastfasern. Unterhalb der Bildmitte ein Stück Stengeloberhaut mit Haarnarbe sichtbar. — Vergr. 90.

Technische Bedeutung haben unter den dikotylen Faserpflanzen der Flachs oder Lein, ferner Hanf, Jute, Ramie, Sunn- oder Bombayhanf usw. (vgl. Mikrophotos Abb. 177—179). Auch einige monokotyle Pflanzen liefern Bastfasern, die versponnen werden können; diese stammen aber von Blättern und werden durch Trocknen und nachfolgendes Klopfen usw.

[1] Aus Al. Herzog: Unterscheidung der Flachs- und Hanffaser (1926).

von dem Blattfleisch befreit. Zu diesen verspinnbaren Blatt-Bastfasern gehört der Manila- und der Sisalhanf, sowie der Neuseeländische Flachs.

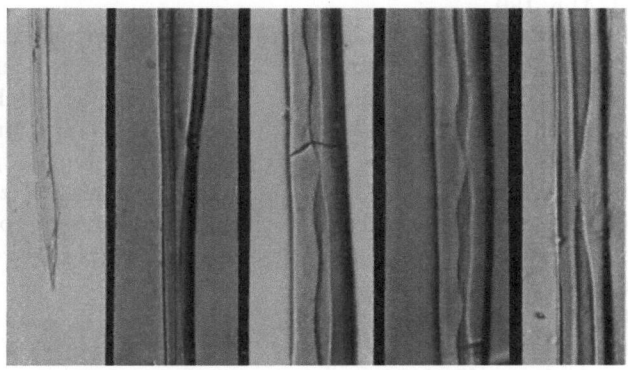

Abb. 179. Jutefasern (in Chlorzinkjod)[1].
Die Zellwand erscheint auffallend ungleichmäßig verdickt. — Vergr. 300.

a) Flachs oder Lein.

Die größte Bedeutung unter den Bastfasern hat für die Spinnerei der Flachs, der im gemäßigten Klima am besten gedeiht, aber einer sorgfältigen Kultur bedarf. In Deutschland ist der Flachsanbau seit den 70er Jahren ständig zurückgegangen; Rußland lieferte vor 1914 rd. 80 vH der Welterzeugung an Flachs, dann folgten in weitem Abstand Österreich-Ungarn, Belgien, Frankreich, Großbritannien mit Irland usw. Die Flachsstengel werden bei gewisser Reife aus dem Boden gerauft, von Blättern, Samenkapseln und Wurzeln durch Kämmen befreit (geriffelt) und an der Luft getrocknet. Der Gehalt des trockenen Flachsstrohes an Bastfasern beträgt dann etwa 25 vH; die Länge der Faserbündel ist bei belgischem Flachs z. B. i. M. 90 cm, bei galizischem i. M. 65 cm, bei Tiroler Flachs i. M. 125 cm. Je nach der Herkunft, Gewinnung und Aufbereitung hat der Flachs einen sehr verschiedenartigen spinntechnischen Wert; besonders guten Flachs liefert Belgien (Courtrai)

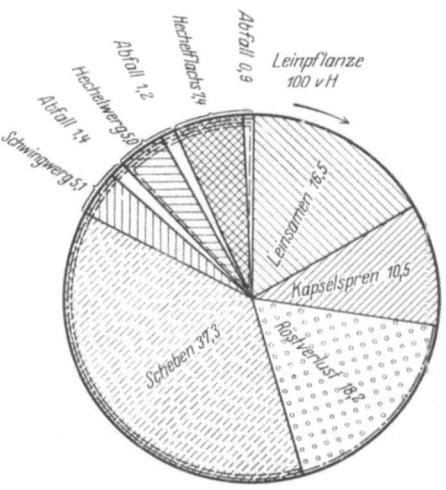

Abb. 180. Garnausbeute aus Rohflachs.

---

[1] Aus Heermann: Enzyklopädie der Textilchemie (1930).

und Irland. Die Garnausbeute aus dem Rohflachs, die für Hechel- und Werggarn zusammengenommen nur etwa 10 vH beträgt, zeigt das Schaubild Abb. 180.

Das Rösten der Stengel erfolgt heute noch nach verschiedenen Verfahren: Das einfachste, aber unrationellste wegen des Gewichts- und Zeitverlustes ist die Rasen- oder Tauröste, bei der die Flachsstengel auf dem Rasen ausgebreitet dem Einfluß der Witterung ausgesetzt werden. Bei der Wasserröste werden die mit den Stengeln gefüllten Lattenkästen in fließendes oder stehendes Gewässer eingesetzt, wobei Gärung eintritt. Die Wasser- kann auch mit der Tauröste kombiniert werden, ferner kann das Wasser zur Beschleunigung des Röstvorganges angewärmt, oder es kann verdünnte Schwefelsäure bei hoher Temperatur angewendet werden. Nach dem Rotten werden die mürbe gewordenen Stengel getrocknet und gedörrt.

Das Stengelholz muß zunächst mechanisch zerkleinert werden, um es

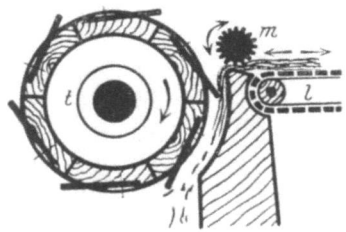

Abb. 181. Flachsschwingmaschine mit Trommel.

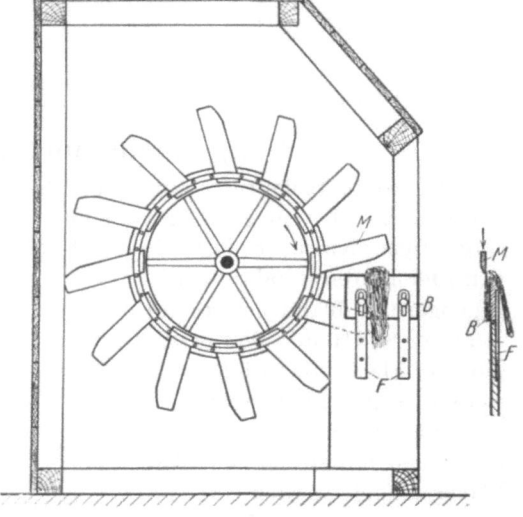

Abb. 182 u. 183. Flachsschwingmaschine.

dann von den Bastfasern trennen zu können. Diese Arbeit wird mittels der Flachsbrechmaschine bewirkt, die nach Art der in Abb. 2 dargestellten Brechwalzen eine Anzahl Walzenpaare mit immer feiner werdender Riffelung zum Zerknicken und Auseinanderbrechen der Stengelteile enthält. Zwischen den unter Federdruck zusammengepreßten Walzen werden die Holzteile oder Schäben in kurze Stückchen geknickt und fallen größtenteils bereits hier ab. Die noch an den weichen Faserbündeln haftenden Schäben müssen vor der Weiterverarbeitung der Fasern abgestreift werden, wozu die Schwingmaschine dient.

Die Flachsschwingmaschinen besitzen in Kreisbahnen umlaufende Messer, die mit der Schneidkante entweder parallel oder senkrecht zur

Drehachse auf einer Trommel oder Scheibe befestigt sind. Eine nach der ersten Anordnung gebaute Maschine zeigt Abb. 181 schematisch: Die auf einem Lattentisch l liegenden Faserstränge werden durch dessen Vor- und Rückgang von der in gleichem Sinne umlaufenden Druckwalze m auf eine feststehende Mulde gepreßt, so daß die herunterhängenden Faserenden von den umlaufenden Messern bestrichen und die anhaftenden Holzteilchen abgestreift werden. Dann werden die Strähne nochmals gewendet eingeführt, damit auch die anderen Enden von den Schäben befreit werden können. Eine Schwingmaschine, bei der die Messer in einer senkrechten Kreisbahn umlaufen, zeigt Abb. 182/183; hier erfolgt das Auflegen der Flachsbündel von Hand.

Zur restlosen Entfernung der zwischen den Fasern festhängenden kleinen Schäbeteilchen und zur Aufteilung der ganzen Faserstränge bedient man sich eines Verfahrens, das Hecheln genannt und entweder von Hand oder auf Hechelmaschinen vorgenommen wird. Das Handhecheln findet in der Weise statt, daß der an einem Ende von der Hand festgehaltene Fasersträhn in der Mitte in ein Nadelfeld geschlagen und das freie Ende durchgezogen wird. Das wiederholt sich mit dem anderen Ende des umgekehrt angefaßten Strähns. Obwohl dieser

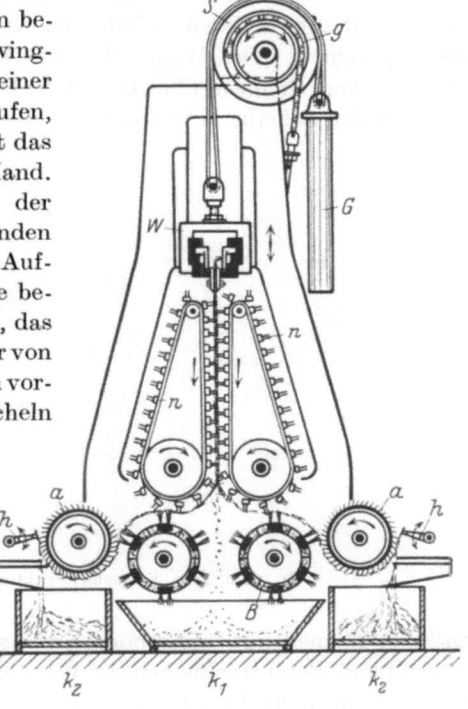

Abb. 184. Hechelmaschine.

Arbeitsvorgang ohne weiteres von einer Maschine ausgeführt werden könnte, behalten die Flachsspinnereien das Handhecheln als Vorstufe zu dem Maschinenhecheln bei, weil gleichzeitig eine sorgfältige Auswahl und Einteilung der Flachssträhne je nach ihrer Faserlänge, Farbe und Weichheit durchgeführt wird, was auf der Maschine nicht möglich wäre.

Die Einrichtung einer Hechelmaschine zeigen die Abb. 184—186. Von den Flachsristen werden zwei Handvoll zwischen je zwei Kluppen K so eingespannt, daß das längere Ende frei heraushängt, wenn die Kluppen mit ihren Führungsbolzen f in die Führungsschienen F des

Wagens W eingefegt worden sind. Unterhalb des Wagens befinden sich zwei gegeneinander nach abwärts laufende mit Nadelleisten besetzte Riemen, zwischen denen die Strähne ausgekämmt oder gehechelt werden. Diese Hechelstäbe bilden endlose Hechelfelder, von denen 6—12 nebeneinander angeordnet sind, wobei die Nadelfeinheit und Dichtstellung von Feld zu Feld zunimmt, um die Flachsfaserbüschel ganz allmählich und schonend zu zerteilen. Dazu müssen die Kluppen mit den daranhängenden Flachsristen nach erfolgtem Durchhecheln von einem Feld zum anderen weitergeschoben werden, was auf die folgende Weise geschieht: Der Wagen W, der an seinen beiden Enden mittels eines starken Riemens über eine Scheibe S aufgehängt ist, wird durch einen an der Scheibe befestigten Kettenzug g hochgezogen; das an dem

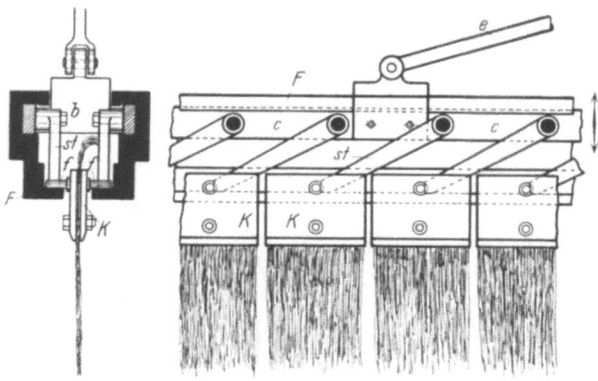

Abb. 185 u. 186. Umspannvorrichtung der Hechelmaschine.

anderen Riemenende hängende Gewicht G gleicht dabei das Wagengewicht aus. Beim Hochheben des Wagens gelangen die Strähne aus dem Bereich der Hechelleisten und können nun, ohne durch Anstreifen an die Nadeln verwirrt zu werden, durch die an den Bolzen b drehbar gelagerten Stoßstangen st zum nächsten Hechelfeld weitergeschoben werden. Die Stoßstangen sind sämtlich an Schienen c befestigt, die nach dem Vorwärtsgang von der Stange l wieder zurückgezogen werden, wobei die Stoßstangen über die Führungsbolzen f der Kluppen hinweggleiten. Durch die nach unten durch die Fasersträhne streichenden Nadeln der Hechelstäbe werden die Fasern gleichgerichtet, sowie kurze Fasern, Knoten und Holzteilchen ausgekämmt. Diese Schäben fallen in einen darunterstehenden Kasten k_1, während die ausgekämmten kurzen Fasern durch die Bürstwalzen B von den Nadelstäben abgenommen und auf die Kratzenwalzen a übertragen werden, von denen wiederum die Hacker h die Fasern abnehmen und in die Kästen k_2 fallen lassen.

Nach dem Durchlaufen sämtlicher Hechelfelder einer Maschinenseite werden die Kluppen aus den Führungsschienen nacheinander herausgenommen, um die Faserstrahne so umzuspannen, daß nunmehr die anderen Ristenenden ausgekämmt werden können, wozu eine gleiche danebenstehende Maschine dient. Dieses Umspannen erfolgt bei neueren Maschinen auch ganz selbsttägig, so daß der sonst hierfür erforderliche Arbeiter erspart wird.

Auf der Hechelmaschine erhält man die langen geordnet liegenden Fasern frei von Schäben und kurzen Fasern als **Langflachs**, die kurzen Fasern, die man **Werg** oder **Hede** nennt, werden zusammen mit dem beim Vorhecheln oder Spitzen der Flachsristen abgefallenen Werg getrennt für sich weiterverarbeitet. Der Langflachs und das Werg liefern so das Ausgangsmaterial für zwei Arten von Spinnverfahren, die **Lang-** oder **Hechelflachsspinnerei** und die **Wergspinnerei**.

1. Langflachsspinnerei.

Durch die vorhergehenden Verfahren sind die zu verspinnenden Fasern zwar voneinander und von den Holzteilen getrennt und geordnet, sie sind aber nicht mengenmäßig so eingeteilt, daß daraus ein gleichmäßiges Faserband als Grundkörper für die Spinnerei gebildet werden

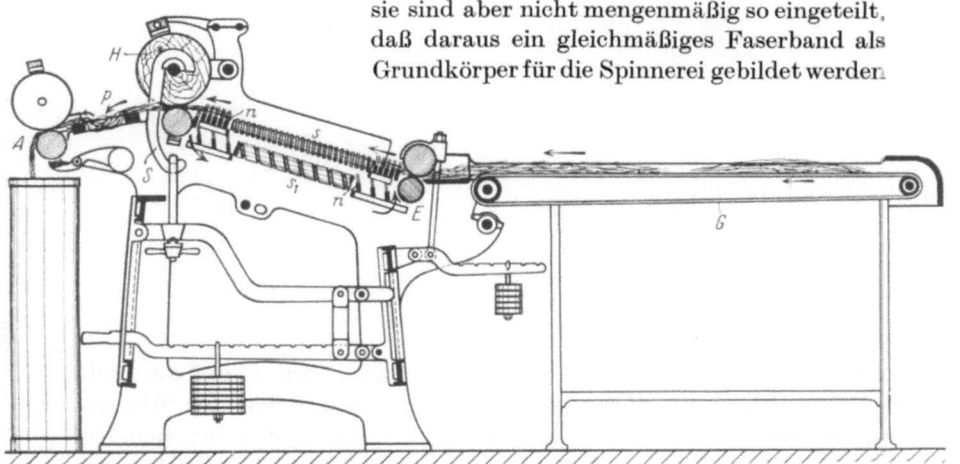

Abb. 187. Anlegemaschine.

könnte. Ein solches fortlaufendes, möglichst gleichmäßiges Band zu bilden, ist deshalb die Aufgabe der ersten Vorbereitungsmaschine in der Langflachsspinnerei, der auf Abb. 187 dargestellten **Anlegemaschine**. Die Faserstränge werden in möglichst gleichen Bündeln („Handvoll") von Hand auf den Gurttisch G dicht neben- und hintereinander so aufgelegt, daß ihre Enden sich überdecken, und von dem endlosen Gurtband einem **Nadelstab-Streckwerk** (Abb. 188) zugeführt, das die erste Vergleichmäßigung des breiten Faserbandes bewirken soll. Das Streckwerk besteht aus dem Einführzylinderpaar E und dem mit voreilender Geschwindigkeit umlaufenden Streckzylinder S nebst den durch Gewichte bei doppelter Hebelübersetzung belasteten Holzdruckrollen H; zwischen beiden Zylinderpaaren wandern die Nadelstäbe n im Kreislauf, indem sie von Schraubenspindeln s in der Streckrichtung mit mittlerer Zylindergeschwindigkeit vorwärts und von darunterliegenden Schraubenspindeln s_1, die größere Gewindesteigung besitzen, schnell wieder zurückgeführt werden. Die Nadelstäbe müssen dicht hinter den Einzugszylindern in die zugeführten Faserstränge senkrecht von unten einstechen und in dem Streckfeld den zu ver-

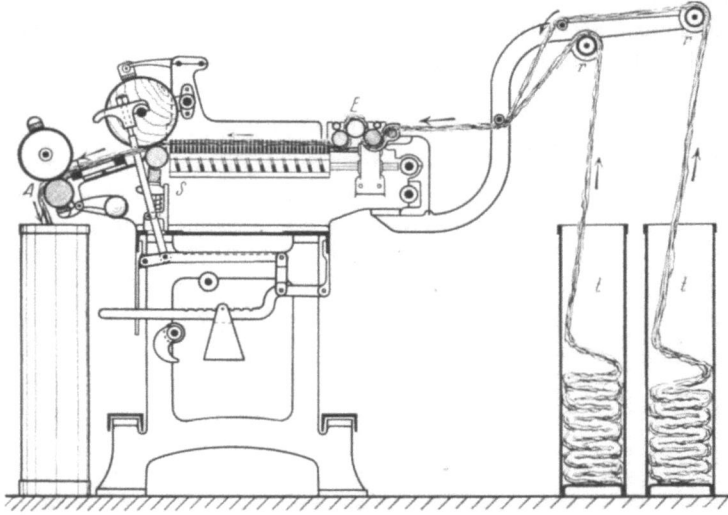

Abb. 188. Nadelstabstrecke (Flachsstrecke).

ziehenden Fasern Führung und gestreckte Lage geben, so daß am Ende des Nadelfeldes ein dünneres gleichmäßiges Band von den Abzugszylindern abgeliefert wird. Die Maschine besitzt 4—6 nebeneinanderlaufende Gurttische G und die Streckzylinder liefern eine gleiche Zahl Bänder ab, die auf einer Führungsplatte p zusammengeführt und als ein starkes sich selbst tragendes Band von dem Abzugszylinderpaar A in den Sammeltopf t_1 abgeliefert werden. Um die Grundnummer für das nachfolgende weitere Vergleichmäßigen und Verstrecken zu erhalten, wird eine bestimmte Länge (z. B. = 500 Yards, entsprechend der für Flachsgarne noch allgemein üblichen englischen Nummerung) abgewogen; die erfolgte Lieferung dieser Bandlänge wird daher durch ein Glockenzeichen angezeigt, das nach der entsprechenden Anzahl von Umläufen des Streckzylinders S ertönt.

Diese bestimmte Bandlänge wird deshalb in der Flachsspinnerei **Klingellänge** genannt; sie dient zur Bestimmung des Ansatzgewichtes, worunter man das Gewicht sämtlicher Kannen mit Bändern versteht, die der nachfolgenden Grobstrecke für eine Lieferung vorzulegen sind. Diese **Nadelstabstrecken** dienen zur Vergleichmäßigung der Flachsbänder und werden zu 2—4 Maschinen hintereinander angewendet, die dann als **Vor-** oder **Grob-, Mittel-** und **Feinstrecken** bezeichnet werden und sich nur durch die der zunehmenden Feinheit der Bänder

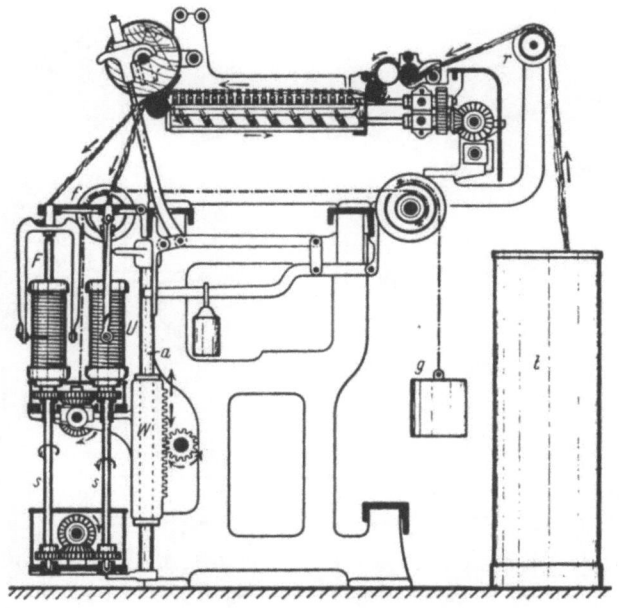

Abb. 189. Vorspinnmaschine mit Nadelstabstreckwerk für Bastfasern.

entsprechende Bänderzahl (4—8) für eine Nadelstabreihe (Kopf), die Feinheit und Dichte der Nadeln auf jedem Nadelstab und schließlich die **Streckweite** (reach) unterscheiden, die von Strecke zu Strecke immer kürzer wird. Die Anzahl der Köpfe je Maschine beträgt 2—6; die Bänder werden auf jeder folgenden Strecke immer schwächer, erhalten aber noch keine Drehung, da auch die Bänder von der letzten Feinstrecke durch die gleichmäßige Lage und gegenseitige Reibung der Fasern noch genügend Zusammenhalt haben, um sie freitragend aus den Sammeltöpfen auszuziehen.

Bei noch weitergehendem Verziehen der Faserbänder genügt die Adhäsion der Fasern nicht mehr, es wird deshalb, wie in der Baumwollfeinspinnerei den schwachen Bändern auf einer **Vorspinnmaschine** oder **Spulenbank** vor dem Aufwickeln auf die Holzspulen eine Hilfsdrehung gegeben, wie aus Abb. 189 zu ersehen ist. Die Spulen U haben Randscheiben und werden unabhängig von den mit gleicher Drehzahl umlaufenden Flügelspindeln F so angetrieben, daß sie entsprechend dem wachsenden Aufwickeldurchmesser hinter den Flügeln zurückbleiben (bei nacheilenden Spulen), damit das vom Streckwerk gelieferte Vorgarn gemäß seiner durch die Drehungserteilung eintretenden Verkürzung und unter der nötigen Spannung aufgewunden wird. Zur Re-

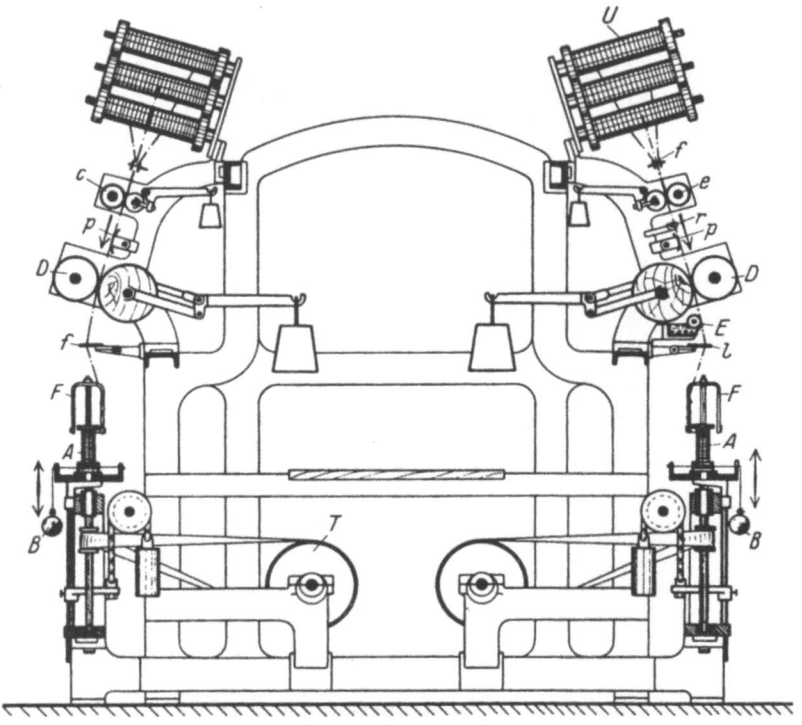

Abb. 190. Trocken- und Halbnaßspinnmaschine.

gelung der Spulendrehzahl dient ein Umlaufrädergetriebe (Differential-) wie beim Baumwollflyer mit Riemenkegeln, oder mit einem ausdehnbaren Seilkorb, dessen Durchmesser sich entsprechend dem wachsenden Spulendurchmesser einstellen läßt. Die zu verfeinernden Bänder gelangen, über Rollen r aus den Töpfen t gezogen, wie bei den Strecken, in ein Nadelstabstreckwerk (Gillfeld) und vom Streckzylinder weg durch ein Auge in der Flügelspitze an dem einen ausgehöhlten Flügelschenkel hinab an die Spule. Die Flügel, die in zwei Reihen angeordnet sind, werden bei Verspinnung gröberer Vorgarne und damit größerer Spulengewichte an ihrer Spitze noch in aufklappbaren Halslagern geführt und durch die langen Spindeln *s* von einer unten festgelagerten Welle mittels Kegel- und horizontalen Stirnrädern angetrieben. Die Spulen *U* sitzen auf dem senkrecht an den Stangen *a* geführten und durch Ketten mit Gegengewichten *g* ausgeglichenen Spulenwagen *W*; ihre Mitnehmerscheiben werden, wie bereits erwähnt, durch ein Umlaufrädergetriebe mit veränderlicher Drehzahl angetrieben.

Feinere Flachsgarne werden auf Flügelspinnmaschinen, sehr feine auch auf Ringspinnmaschinen fertiggesponnen. Diese Leinengarne können trocken gesponnen werden, wobei sie eine rauhe Oberfläche und einen weichen Griff erhalten, wie es für Bindfaden, gröbere Webgarne usw. üblich ist. Für mittelfeine Leinengarne, die ein ziemlich glattes rundes Aussehen erhalten sollen, benetzt man den aus besseren Hechelflachssorten gesponnenen Faden vor der Drahterteilung auf der Feinspinnmaschine. Abb. 190 zeigt eine derartige Flügelspinnmaschine, die auf der einen Seite als Trocken-, auf der anderen als Halbnaß-spinnmaschine eingerichtet ist. Die beiden Zweizylinderstreckwerke haben ziemlich gleiche Einrichtung: das von den Spulen *U* abgezogene Vorgarn wird durch hin- und hergehende Fadenführer *f* dem dadurch nicht so schnell sich abnutzenden Zylinderpaar *C* zugeleitet. Die Streckweite bis zum zweiten Zylinderpaar *D*, dessen Holzdruckrolle ebenso wie der obere eiserne Druckzylinder paarweise von innen mittels Gewichten und Hebelübertragung angepreßt wird, muß der jeweiligen Faserlänge entsprechend eingestellt werden. Beim Verziehen zwischen den Streckzylindern werden die Fasern über eine einstellbare Fadenplatte *p* geleitet, wodurch sie eine gewisse Führung und Bremsung erhalten. Die auf die gewünschte Feinheitsnummer gestreckten Fäden gehen beim Trockenspinnen dann durch eine aufklappbare Fadenführerplatte *l* unmittelbar zu den drahterteilenden Flügeln *F*, die das fertige Garn um die Spulen *A* schlingen, indem diese von dem Faden mitgeschleppt werden. Zur Erzielung einer festen und harten Windung werden dabei die Spulen durch eine am unteren Rand anliegende Schnur mit daranhängendem Gewicht *B* abgebremst. Da die langen und ziemlich spröden Flachsfasern beim Zusammendrehen kein glattes gleichmäßig rundes Garn ergeben, feuchtet man für feinere Garne die Fasern vorher an, wie bei der rechten Maschinenseite auf Abb. 190 gezeigt ist. Der Faden läuft unterhalb des Streckzylinders *D* über eine Messingrolle *E*, die in einer wassergefüllten Rinne umläuft und so den über die Rolle hingleitenden Faden oberflächlich benetzt. Die Flügelspindeln werden durch halbgeschränkte Bänder von Trommeln *T* in Gruppen von 4 Spindeln angetrieben; die Spulen sitzen auf einem durch Gegengewichte ausgeglichenen, senkrecht auf und niedergehenden Träger.

Für sehr feine Garne genügt das oberflächliche Benetzen beim Spinnen noch nicht, um die durch die Pflanzenleimreste noch aneinander haftenden Faserbündel für einen weitgehenden Verzug genügend aufzuteilen. Man leitet deshalb das Vorgarn vor dem Streckwerk durch einen mit Warmwasser gefüllten Trog, wie die auf Abb. 191 dargestellte zweiseitige Naßspinnmaschine zeigt. Das Vorgarn wird hier von den auf einem senkrechten Aufsteckgatter sich leicht auf Stiften drehenden Spulen U in den mit etwa 50° C warmem Wasser gefüllten Trog W

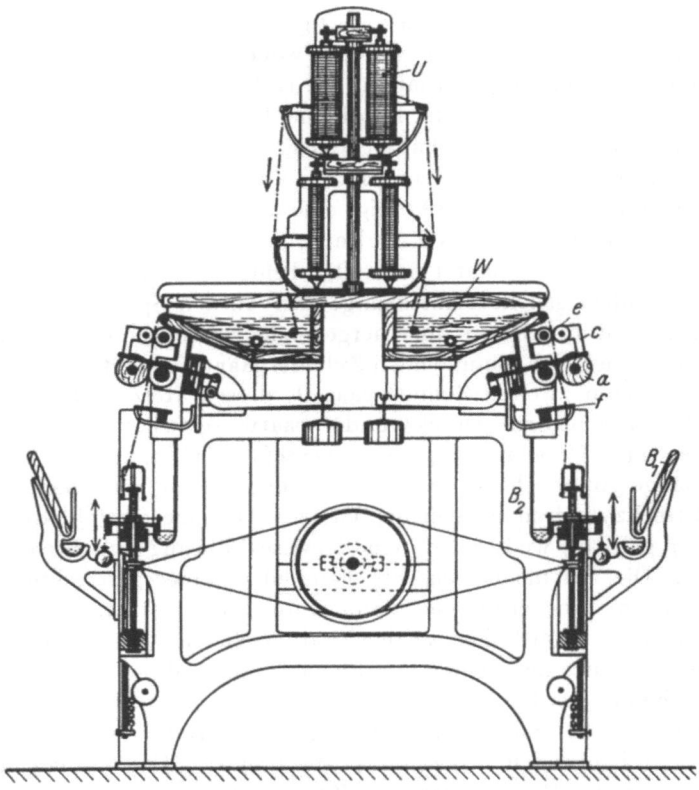

Abb. 191. Naßspinnmaschine.

eingeleitet, wodurch sich unter der Einwirkung des heißen Wassers der Pflanzenleim löst und der Verzug der Fasern zwischen den auf etwa 100 mm Streckweite eingestellten Zylinderpaaren e, a ermöglicht wird. Da diese Streckweite wesentlich kleiner als die mittlere Faserlänge des Flachses ist, würden wegen der verschiedenen Umfangsgeschwindigkeiten der beiden Streckzylinder bei festem Klemmdruck einzelne Fasern zerrissen werden, wenn nicht dadurch ein Durchziehen der nassen Fasern ermöglicht wäre, daß das Einzugszylinderpaar e glattgeriffelte Messingwalzen besitzt, zwischen denen die unter einem bestimmten Zug stehenden Fasern durchschlüpfen können. Der Streckzylinder a ist dagegen mit einer Holzdruckrolle stärker belastet, die mittels einer gemeinsamen Brücke b durch Gewichtshebel zusammen mit dem oberen Einzugszylinder angepreßt wird. Der gestreckte Faden wird von einem hin- und hergehenden Fadenführer f zu dem Spinnflügel und von diesem an die Spule herangeführt, auf die der Faden in derselben Weise wie bei der Trockenspinnmaschine nach Abb. 190 aufgewickelt wird. Vor und hinter der Spindelreihe sind in diesem Falle noch Holzbretter b vorgesehen, um die bei der Drehungserteilung aus dem Garn ausgeschleuderten Wassertropfen aufzufangen.

Das halbnaß oder naß gesponnene Flachsgarn würde durch Fäulnis geschädigt werden, falls man es nach dem Spinnen auf den Spulen lassen würde; um es schnell trocknen zu können, wird es deshalb in Strähnform gebracht und in Kanaltrockenmaschinen bei nicht zu hoher Temperatur der Warmluft getrocknet. Der Versand des Leinengarnes erfolgt daher nicht in Kötzerform, wie das bei den anderen Garnen üblich ist, sondern in Gebinden oder Bündeln.

Gröbere Flachsgarne (bis etwa Nr. 2) werden unmittelbar auf dem Flachsflyer nach Abb. 189, der dann als Grobspinnmaschine oder Vor- und Gillspinnmaschine bezeichnet wird, fertiggesponnen. Diese Maschine unterscheidet sich von der Vorspinnmaschine hauptsächlich durch eine höhere Spindelgeschwindigkeit, wodurch dem Garn eine schärfere Drehung gegeben werden kann als sonst für Vorgarn üblich ist, und ferner durch eine Einrichtung für Änderung des Spindeldrehsinnes, um die Grobgarne mit Links- oder Rechtsdraht spinnen zu können. Vielfach wird auch eine Gillspinnmaschine verwendet, deren Flügel Bandantrieb erhalten, während die Spulen von dem aufzuwickelnden Garn mitgeschleppt werden, wobei sie zur Erzielung einer genügend festen Wicklung die nötige Bremsung erfahren. Diese Maschinen werden ebenso wie die Bastfaserfeinspinnmaschinen in neuerer Zeit auch mit elektrischem Flügelantrieb (nach Dr.-Ing. H. Schneider) ausgerüstet, wodurch u. a. der Vorteil verbunden ist, daß jeder Spinnflügel einzeln durch Betätigung eines kleinen Druckknopfschalters ein- und ausgerückt werden kann. Die auf Abb. 192/194 dargestellte Grobspinnmaschine, Bauart O. Liebscher, Chemnitz zeichnet sich außerdem noch durch eine selbsttätige Spulenwechselvorrichtung aus, die eine bedeutende Zeitersparnis dadurch ermöglicht, daß das Abziehen der vollen Spulen und das Aufstecken leerer Spulen während des Spinnens erfolgt. Abb. 192 zeigt die Maschine in Spinnstellung: die an den kleinen Vertikalmotoren freihängenden Flügel sind in zwei gegeneinander versetzten Reihen angeordnet und werden durch die Druckschalter x, y betätigt. Das Garn gelangt nach dem Verziehen in dem Nadelstabstreckwerk N von dem Streckzylinder S

durch die hohle Rotorachse, die unmittelbar mit dem Spinnflügel F verbunden ist, an dem einen Flügelarm entlang und durch ein daran

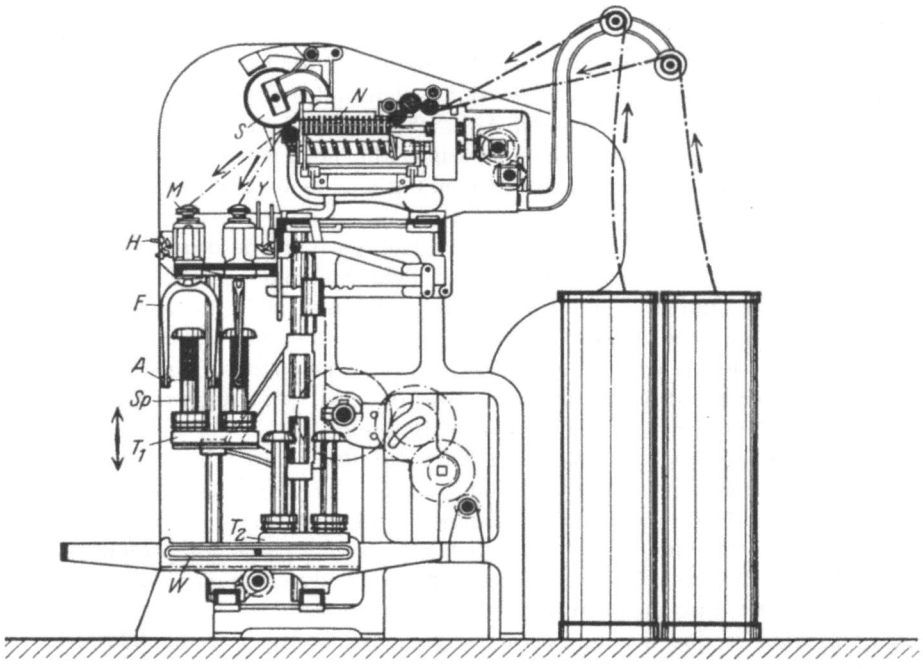

Abb. 192.

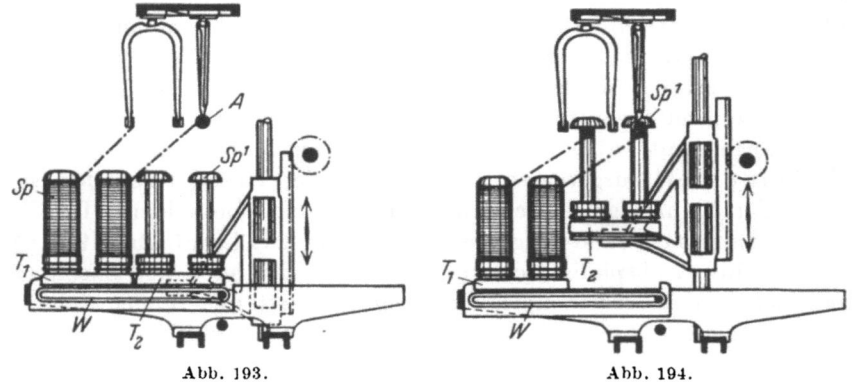

Abb. 193.   Abb. 194.

Abb. 192 bis 194. Grobspinnmaschine mit elektrischem Flügelantrieb.

angebrachtes Auge an die Scheibenspule, auf die es in zylindrischen Schichten aufgewunden wird. Unterdessen ist eine zweite Doppelreihe von leeren Holzspulen auf der Tischplatte T_2 in Bereitschaft gestellt worden, die nach Abb. 194 gegen die vollen Spulen ausgewechselt wird. Der Tisch T_1 wird dazu auf den Wagen W heruntergelassen und mit dem Tisch T_2 zusammen auf dem Wagen W vorgeschoben, so daß jetzt die leeren Spulen genau unterhalb der Spinnflügel zu stehen kommen. Beim Heben der auf der Platte T_2 stehenden Doppelspulenreihe erfolgt dann das Anspinnen, wie Abb. 194 zeigt, ganz selbsttätig, und die vollen Spulen können nach Abreißen der Fadenenden während des Ganges der Spinnmotoren abgenommen und durch leere Spulen ersetzt werden, worauf der Tisch T_2 in seine Anfangsstellung nach Abb. 192 zurückgebracht wird.

2. Kurzflachs- oder Wergspinnerei.

Die kürzeren Flachsfasern, die beim Schwingen und Hecheln sowie an den Strecken abfallen, und das Werg oder die Hede bilden, sind noch durch Schäben und allerhand Schmutz verunreinigt. Da diese Abfallfasern außerdem stark verwirrt und deshalb zur unmittelbaren Bandbildung ungeeignet sind, müssen sie zunächst gründlich gereinigt und entwirrt werden. Die Reinigung von Fremdkörpern erfolgt in einer **Schüttelmaschine**, die mit stark geneigtem, aus gespannten Längsdrähten gebildeten Boden durch hin- und hergehende Rechenstäbe die Holzteilchen, ganz kurzen Fasern und anderen Verunreinigungen aus den Wergfasern herausschüttelt, während das Werg durch den mit einem Holzverschlag abgedeckten Kasten herabgleitet und nun zur Bandbildung auf eine Krempel gelangt.

Auf der **Wergkrempel** (Abb. 195/197) sollen die noch sehr verwirrten Fasern geordnet, weiter gereinigt und schließlich zu einem gleichmäßig starken Band vereinigt werden. Die Einschaltung des Krempelverfahrens ist deshalb kennzeichnend für die Kurzflachsspinnerei. Die verwendeten Walzenkrempeln besitzen 4—10 Arbeitswalzenpaare, je nach der Güte der Hede; von den in der Streichgarnspinnerei gebräuchlichen Krempeln unterscheiden sich diese durch die Anordnung der Zuführung und Abführung des Fasergutes auf derselben Seite der Haupttrommel T. Die Kratzenbeschläge bestehen auf der Haupttrommel und auf den beiden Abnehmerwalzen (Doffer) aus geneigt stehenden starken Stahlstiften, die in Holzbrettchen eingesetzt sind, während die Arbeiter- und Wenderwalzen Bandkratzen haben.

Das Werg wird der Krempel durch einen abfahrbaren **Speiseapparat** zugeführt, dessen Kasten K einen aus Körben eingeschütteten größeren Wergvorrat aufnehmen kann. Obwohl der Speiser keine selbsttätige Wiegeeinrichtung besitzt, wird durch das mit einem Abstreifer versehene Nadelstabtuch doch eine genügend gleichmäßige Schicht auf das endlose Zuführtuch Z abgeworfen, die durch Speisezylinder c der nach unten umlaufenden Haupttrommel zugeführt wird.

196   Wichtigste Spinnereizweige.

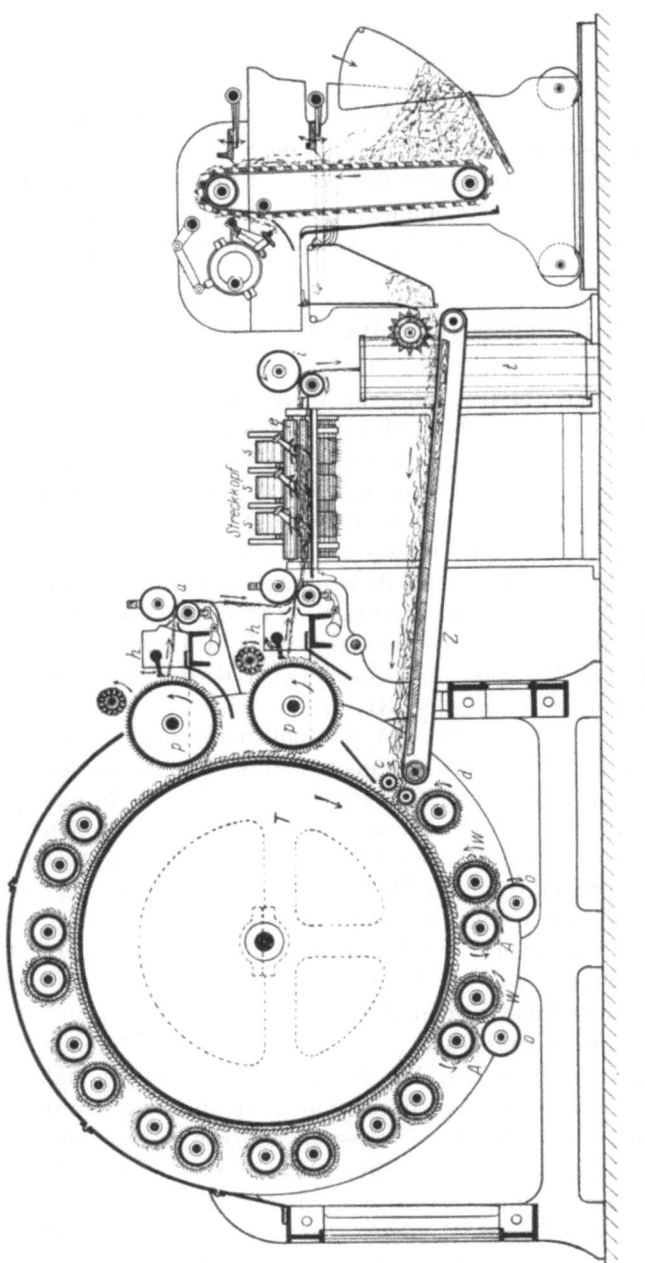

Abb. 195.

Kurzflachs- oder Wergspinnerei. 197

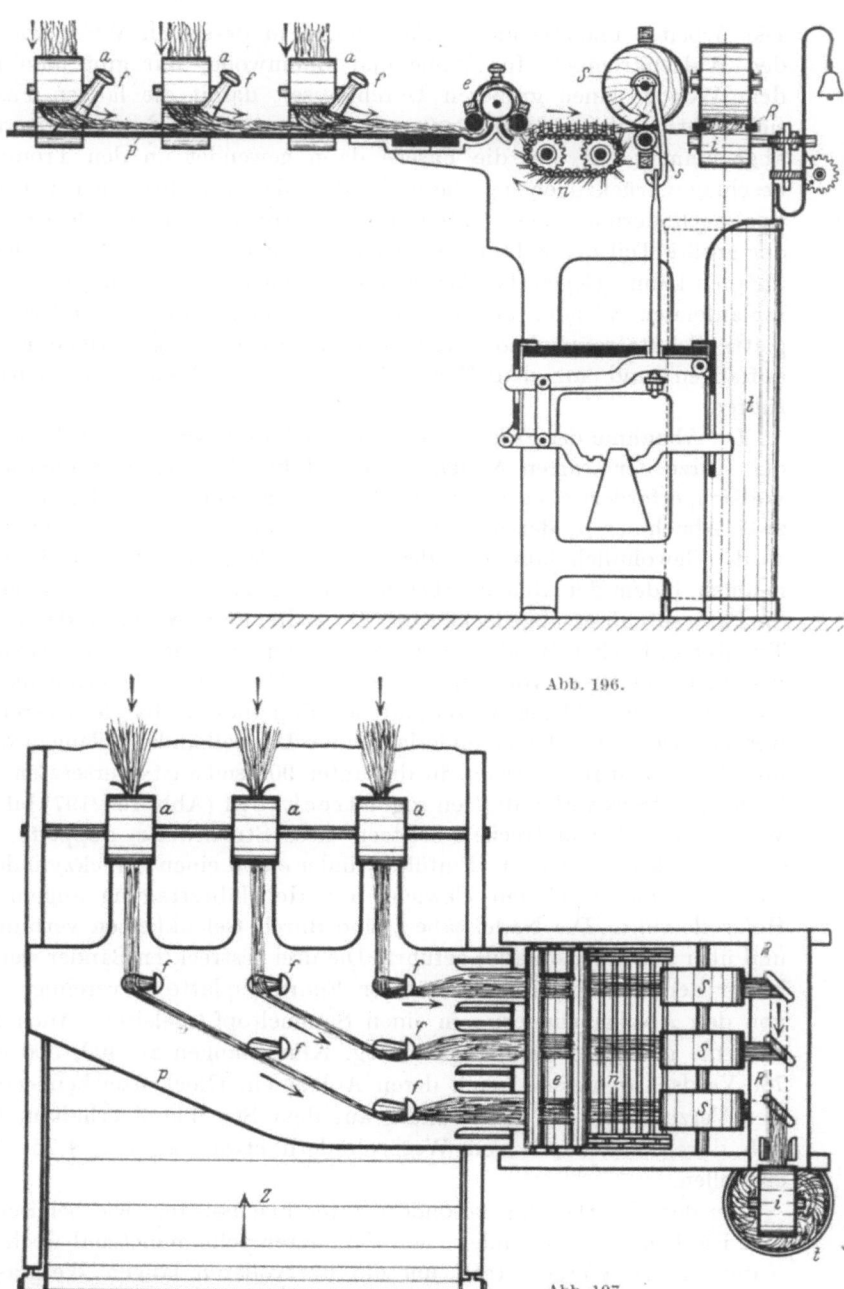

Abb. 196.

Abb. 197.

Abb. 195 bis 197. Wergkrempel mit Speiser und Streckkopf.

Die Arbeiter und Wender wirken genau in derselben Weise wie bei den Walzenkrempeln für Wolle und Baumwolle, nur gibt man hier dem Wender einen größeren Durchmesser, damit die langen Fasern sich nicht um ihn wickeln können, nachdem er sie von der Arbeiterwalze abgenommen hat, um die Fasern dann gewendet an den Trommelbeschlag zurückzugeben. Dadurch, daß die Haupttrommel von den Speisezylindern aus nach unten umläuft, erreicht man, daß dort bereits der größte Teil des Schmutzes, der Schäben und kurzen Fasern leicht abfallen kann. Gegen das Abschleudern langer Fasern von dem schnell umlaufenden Wender der unteren Walzenpaare werden andererseits glatte Schutztrommeln o vorgesehen, die solche ausgeworfene Fasern auffangen und an den Wenderbeschlag zum Neuerfassen zurückführen.

Die Abnahme des Faservlieses von dem Trommelbeschlag geht wegen der Kürze der starren Nadeln ohne Zuhilfenahme einer Schnellwalze vor sich, erfordert aber wegen der Dicke der ausgebreiteten Faserschicht zwei Abnehmer p, deren Flor wiederum durch Hacker h abgekämmt wird. Gewöhnlich läßt man den Flor in drei getrennten Streifen abnehmen, indem der Abnehmerbeschlag durch schmale Schutzringe gegen die Faseraufnahme abgedeckt wird. Diese drei Florstreifen werden durch Trichter zu flachen Bändern zusammengenommen und von den Walzenpaaren a abgezogen, wobei die vom oberen Abnehmer gelieferten Bänder vor den unteren Abzugswalzen mit den drei anderen Bändern vereinigt werden. Die drei nebeneinanderlaufenden Doppelbänder gelangen dann um Führungsstifte f herum, in die unter 90^0 seitwärts versetzten drei Nadelstabstreckwerke, die den sog. Streckkopf (Abb. 196/197) bilden. Wie bei den Flachsstrecken besitzen diese Streckwerke doppelte, mit einer Druckrolle belastete Einführzylinder e und einen Streckzylinder s, auf dem eine durch ein Gewicht mit Hebelübertragung angepreßte Holzrolle ruht. Die Nadelstäbe n sind durch Gelenkketten verbunden und über zwei Kettenräder geführt. Die drei gestreckten Bänder werden hinter den Streckzylindern in einer Führungsplatte R vereinigt und von den Abzugszylindern i in einen Sammeltopf t geleitet. Auch hier wird die gelieferte Bandlänge in sog. Klingellängen zu 400, 500 oder 700 Yards abgemessen, nach deren Ablauf ein Glockenzeichen ertönt. Der Verzug, den die Faserbänder auf dem Streckkopf erhalten, läßt sich durch Austausch von Wechselrädern etwa zwischen 1,75—4,25 einstellen.

Bei der Verarbeitung besonders guter Flachssorten, wie belgischem und irischem Flachs, findet nach dem Krempeln manchmal noch ein Kämmen des Werges statt, um die wertvolleren langen Wergfasern von den kurzen zu trennen, und aus diesem Langfaserwerg wegen seiner Gleichmäßigkeit und Reinheit Werggarne besonderer Güte und

Feinheit spinnen zu können. Für dieses Kämmen bedient man sich der Flachkämmaschine nach Abb. 153/156, die in der Wollkämmerei üblich ist.

Die weitere Behandlung der auf der Krempel bzw. der Kämmmaschine erhaltenen Wergbänder erfolgt dann genau so wie beim Langflachs; die Bänder, die der Streckkopf in gleichen Längen liefert, werden ebenso wie die Bänder der Anlegemaschine zu einem Satze von bestimmtem Gewicht vereinigt, um ein Werggarn bestimmter Nummer herstellen zu können. Je nachdem feine, mittlere oder grobe Garne gesponnen werden sollen, kommen zwei, drei oder auch vier Strecken zur Anwendung, auf die eine Vorspinnmaschine folgt. Die Streckweite der Nadelstabstrecken und der Spinnmaschinen muß natürlich der viel geringeren Faserlänge des Werges angepaßt werden und beträgt etwa nur die Hälfte der Streckweite beim Langflachs. Auch ist die Benadelung und die Arbeitsbreite der Nadelstäbe (Gills) feiner bzw. geringer als bei den Maschinen für Langflachs. Auf den Feinspinnmaschinen werden wiederum die gröberen Garne trocken, die feineren dagegen naß gesponnen.

Eine Zusammenstellung der Maschinen einer Langflachs- und Wergspinnerei zeigt Abb. 198. Auf der rechten Seite sind die Vorwerke der Langflachsverarbeitung, die zum Faserauflösen und -Ordnen dienen, auf der linken Seite die gleichen Maschinen für Werg eingezeichnet. In besonderen Räumen sind die für beide Spinnverfahren gleichartigen Feinspinnmaschinen angedeutet. Die Hechelmaschine H ist eine Doppelmaschine: bei 1 findet das Einspannen der Flachsristen, bei der Überführung zur zweiten Maschine (2) das Umspannen und bei 3 das Ausspannen der gehechelten Faserstränge statt, worauf die freigewordenen Spannkluppen zu der ersten Maschine zurückkehren. Bei der Anlegemaschine A sind die 4 Bandgänge für das Auflegen der gehechelten Flachsristen und die mit schrägen Schlitzen zum Zusammenführen der Bänder versehene Doppelungsplatte erkennbar. Das die Ablieferung verlassende gedoppelte Band wird in bestimmter Anzahl der Vorstrecke S_1 und entsprechend verfeinert der Feinstrecke S_2 in Kannen vorgelegt und schließlich auf der Vorspinnmaschine V, die ebenso wie die Strecken mehrere Köpfe besitzt, unter Drehungserteilung in Vorgarn umgewandelt. Die Wergvorbereitung erfolgt auf der Flachsschüttelmaschine U, der Wergkrempel K, 3 Strecken S_1/S_3 und einer Vorspinnmaschine, die sämtlich kürzere Streckweite als die Langflachsmaschinen haben. Für das Feinspinnen sind je nach den gewünschten Garneigenschaften die doppelseitigen Trocken-, Halbnaß- und Naßspinnmaschinen T, HN und N vorgesehen; die Naßspinnmaschine müßte dabei wegen des durch das Warmwasser entstehenden Dunstes in einem abgetrennten Raum untergebracht werden. Für das

Weifen der Garne sind noch Haspeln, wie durch die Maschine L angedeutet, vorzusehen.

Für die Anlage einer Flachs- oder Wergspinnerei von Garnen bestimmter Nummer und Menge kann auf Grund eines **Spinnplanes** die erforderliche Anzahl Feinspindeln und der dazugehörigen Vorwerke genau berechnet und der Kraft- und Platzbedarf im voraus bestimmt werden; die Kosten der ganzen Spinnerei pflegt man dabei in derselben

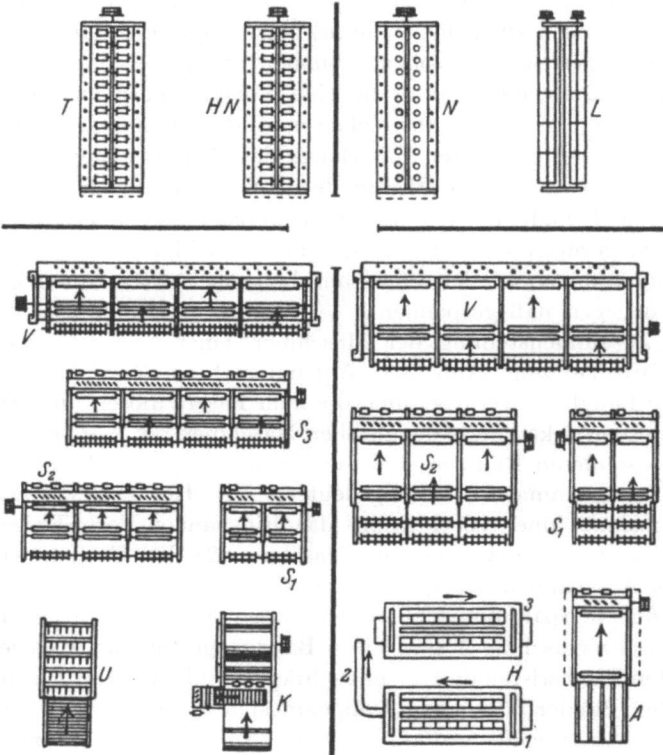

Abb. 198. Maschinenzusammenstellung der Langflachs- und Wergspinnerei.

Weise, wie z. B. bei der Baumwollspinnerei auf eine Feinspindel bezogen, anzugeben. Die **Nummerung** der Flachs- und Werggarne erfolgt nach der englischen oder nach der irländischen Art; bei beiden Systemen ist die Garnnummer gleich der Anzahl Gebinde zu 300 Yards ($= 274{,}3$ m), die auf 1 Pfd. engl. gehen. 1 Schneller enthält bei der englischen Nummerung 12 Gebinde (engl. leas), bei der irländischen dagegen 10 Gebinde zu 300 Yards. Flachs- und Werggarne werden gesponnen in den Nummern 1 bis 100, die mittlere Nummer in deutschen Flachsspinnereien beträgt etwa 25.

b) Hanf.

Die Hanffaser kommt der Flachsfaser in bezug auf ihre spinntechnischen Eigenschaften am nächsten, obwohl sie wesentlich spröder, kräftiger und länger als die Flachsfaser ist (vgl. Abb. 177/178). Die Hanfpflanze[1] ist einjährig und trägt wie der Lein die männlichen und weiblichen Blüten auf verschiedenen Pflanzen; sie gedeiht in gemäßigten und wärmeren feuchten Klimaten und liefert Stengel von 1,5—2,5 m Höhe, wobei die männlichen Pflanzen die kürzeren Stengel, aber besseren Fasern geben. Die technischen Fasern erreichen bei den besseren italienischen und ungarischen Sorten i. M. 250—300 mm, bei den russischen und galizischen Sorten i. M. 100 mm Länge. Als Anbaugebiete kommen außerdem noch Spanien, Algier, Türkei, Nordamerika, China, Japan und das nordöstliche Deutschland in Frage. Der Hanfstengel enthält ungefähr 25 vH seines Gehaltes an Faserbast, der durch Brechen und Schwingen der Stengel oder auch durch Abschälen oder Abschleißen von holzigen Teilen getrennt wird. Der nach dem letzteren Verfahren gewonnene Hanf wird Schleiß- oder Pelhanf genannt. Vorauszugehen hat, wie beim Flachs, eine chemische Vorbereitung der Stengel durch die Rotte oder Röste. Die mechanische Bearbeitung zwecks Lösung des Faserbastes von den holzigen Stengelteilen ist ähnlich wie diejenige des Flachses, nur erfordert die größere Sprödigkeit der Fasern noch eine besondere quetschende Behandlung der bereits gebrochenen Hanfstengel. Das sog. Boken geschieht durch schwere Stampfhölzer, die abwechselnd auf das ausgebreitete Hanfstroh niederfallen, während das Reiben mittels zweier Rillenkegel erfolgt, die auf einem ringförmigen Troge umlaufen (ähnlich einem Kollergang). Der durch Schütteln auf einer Schüttelmaschine von den Schäben getrennte Reinhanf wird dann vor dem Hecheln auf der Hanfstoßmaschine (Abb. 199/200) auf eine kürzere mittlere Faserlänge gebracht.

Die auf den beiden Seiten der Stoßmaschine paarweise angeordneten Rillenscheiben R_1, R_2 klemmen durch den Druck der Gewichtshebelwerke h, st, h_1, G die bei e eingebrachten Hanfristen, während die zwischen ihnen schnell umlaufenden Schneidscheiben mit den eingesetzten Stahlbolzen das Durchreißen der Faserbündel ausführen. Die Wurzelenden werden getrennt zu gröberen, die Mittelstücke und Spitz- oder Kopfenden zu feineren Hanfgarnen versponnen[2].

Die Hanffasern haben je nach dem Grade des Hechelns, das auf gleichartigen Hechelmaschinen wie in der Flachsspinnerei erfolgt, verschiedene Feinheit, die aber stets geringer als beim Flachs ist. Die Faserfestigkeit ist jedoch bedeutend größer, weshalb der Hanf der

---

[1] Vgl. Al. Herzog: Unterscheidung der Flachs- und Hanffaser (1926).
[2] Nach J. Bergmann: Handbuch der Spinnerei (1927).

geeignetste Faserstoff für die Herstellung von Seilen und Tauen ist, die auch besonders wetterbeständig sind und geteert werden können. Das Verspinnen des Langhanfes erfolgt auf denselben Maschinen wie sie in der Flachsspinnerei benutzt werden, jedoch mit dem Unterschiede, daß wegen der größeren Faserlänge und Stärke der Einzelfasern die

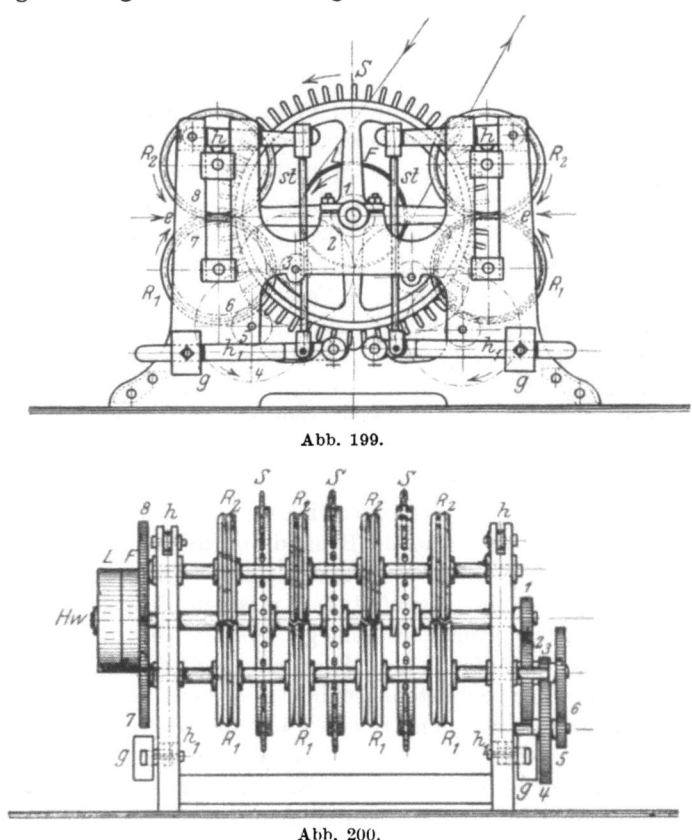

Abb. 199.

Abb. 200.

Abb. 199 u. 200. Hanfstoßmaschine[1].

Nadelstabstreckwerke eine größere Streckweite und gröbere Nadelung besitzen. Die Hanfgarne werden nicht zu so feinen Nummern ausgesponnen wie die Flachsgarne; die trocken gesponnenen Garne erhalten eine rauhe Oberfläche, die naß gesponnenen ein glattes rundes Aussehen. Verwendet werden die feineren Garne zu Hanfleinwand, Segel- und Zelttuch, Schläuchen usw., die gröberen besonders zu Seilerwaren. Die Hanfwerggarne werden aus den Abfällen der Langhanfspinnerei sowie aus minderwertigen Hanfsorten, die meistens dunklere, grünliche

---

[1] Aus J. Bergmann: Handbuch der Spinnerei (1927).

oder gelbbraune Färbung haben, gesponnen. Das Verfahren gleicht der Flachswergspinnerei. Wegen der Zugabe von langen Hanfsorten zu dem Hanfwerg wird das ganze Rohmaterial vor dem Krempeln auf einem Reißwolf, wie er auch in der Jutewergspinnerei gebräuchlich ist, aufgelockert, gemischt und gleichzeitig auf etwa gleiche Faserlänge gebracht. Das Krempeln, Strecken, Vor- und Feinspinnen bietet dann nichts Besonderes im Vergleich zur Flachswergspinnerei. Die Nummerung der Hanf- und Hanfwerggarne ist dieselbe wie die bei Flachsgarnen übliche.

c) Jute.

Die Bastfaser, von der bei weitem die größten Mengen zur Verarbeitung gelangen, ist die Jute, eine Handelsbezeichnung für die aus zwei oder drei verschiedenen einjährigen Kräutern gewonnenen außerordentlich langen und starken Fasern (vgl. Abb. 179). Die technischen Fasern haben i. M. 1,5—2,5 m Länge, erreichen aber bei den besten Sorten auch 4—4,5 m, während die Einzelzellen nur wenige Millimeter lang sind. Die Verarbeitung der Jute erfolgt in ähnlicher Weise wie die der Bastfasern Flachs und Hanf und unterscheidet sich im wesentlichen nur durch die Zubereitung der Pflanzenstengel und die Vorbereitung der Fasern zum Verspinnen.

Das wichtigste Anbaugebiet für die Jute ist Vorderindien, wo auch etwa die Hälfte der gewonnenen Fasern unmittelbar verarbeitet werden, während der Rest nach England, Deutschland, den Vereinigten Staaten und Frankreich ausgeführt wird. Die zahlreichen Handelsmarken der Jute unterscheiden sich hauptsächlich durch die Feinheit und Geschmeidigkeit, die Länge und Farbe der Fasern; minderwertige Sorten sind die Rejektions, die ausgesonderte holzige und harte Teile des Faserbastes darstellen, und die Cuttings, d. h. abgeschnittenen Wurzelenden der Stengel. Von den etwa 15—25 mm dicken Stengeln wird die Bastschicht durch Abschälen gewonnen, nachdem die Stengel vorher bündelweise in Teichen oder langsamfließenden Flußläufen mehrere Tage lang einem Röstprozeß unterworfen worden sind. Die langen Faserbündel werden rein gespült, getrocknet und dann in Ballenform verschickt.

Jutespinnerei.

Ebenso wie beim Flachs und Hanf sind auch bei der Jute zwei Spinnverfahren üblich, von denen das eine die langen gehechelten Fasern der besseren hellfarbigen Jutesorten zu feineren Garnen verarbeitet, während das andere die geringeren Sorten und das kurze Werg, das bei der Hechelgarnspinnerei abfällt, zu gröberen Hechelgarnen verspinnt. Die Vorbereitung der Jute für das Verspinnen ist bei beiden Spinnverfahren etwa die gleiche: Die unter hohem Druck in Ballenform gepreßten Juteristen werden in größeren Betrieben durch Juteöffner, die drei unter Federdruck aufeinandergepreßte, tiefgeriffelte Walzenpaare besitzen, stark geknickt und gequetscht, so daß sich die Faserbündel nach Verlassen dieser Maschine leicht voneinander trennen lassen. Die Rohjute muß dann noch mit Wasser und Ölen genetzt werden, um die Fasern geschmeidiger zu machen und die Klebstoffe zwecks besserer Teilung der zusammenhängenden Faserbündel zu lösen. Dieses Batschen kann entweder durch Einschichten der in Zopfform gebrachten Juteristen in die Batschfächer und längerdauerndes Durchtränken mit der Batschflüssigkeit erfolgen, oder zugleich mit einem Knicken und Quetschen auf der Jutequetschmaschine (Abb. 201). Diese auch Brech- und Netzmaschine genannte Vorrichtung enthält 20—60 geriffelte Walzenpaare, die von einer querliegenden

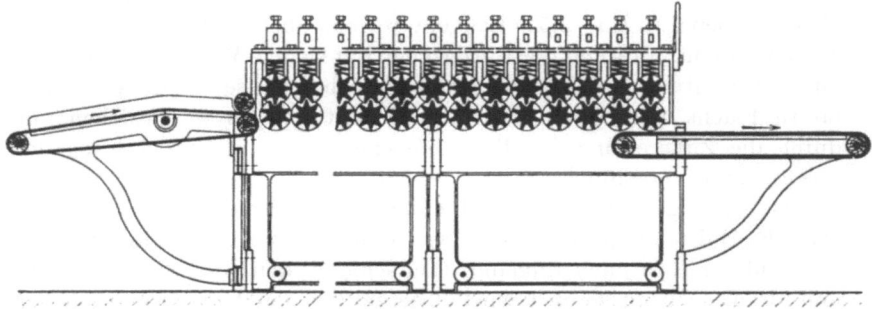

Abb. 201. Jutequetschmaschine.

Welle aus sämtlich durch Kegelräder angetrieben werden und zwischen den mit starkem Federdruck angepreßten Oberwalzen und den Unterwalzen die Faserbündel nach allen Richtungen quetschen. Gleichzeitig wird aus oberhalb der Maschine angebrachten Behältern die Batschflüssigkeit auf die Faserschicht gut verteilt in regelbarer Menge aufgetropft.

Das weitere Verarbeiten der Jutefasern nach dem für Hechelflachs üblichen Verfahren wird verhältnismäßig selten und nur für feinere Garne aus den besten Jutesorten angewendet. Es erfordert das vorherige Abschneiden der Wurzelenden und unter Umständen auch der Kopfenden sowie ein Zerschneiden oder Zerreißen der übrigbleibenden noch zu langen Mittelteile der Risten, wozu eine mit Sägescheiben ausgerüstete Schneidmaschine oder eine sog. Jutereißmaschine dient. Diese noch 6—700 mm langen Risten werden auf der Hechelmaschine gehechelt, darauf auf der Anlegemaschine in Bandform gebracht und nach Durchlaufen von drei Strecken auf der Vor- und Feinspinnmaschine in Garne der gewünschten Nummer verwandelt.

Häufiger wird auch für mittelfeine Garnnummern (2—12 nach der engl. Flachsnummerung) ein Spinnverfahren angewendet, das der Jutewerggarnspinnerei nachgebildet ist. Hier tritt an die Stelle der Anlegemaschine die Krempel, der einerseits die Aufgabe zufällt, die zu langen Fasern auf gleichmäßige Länge zu zerreißen, so daß sie sich auf Nadelstabstrecken mit normaler Streckweite gut verziehen lassen, und andererseits zufolge der früher erläuterten Krempelwirkung die Faserbündel zu zerlegen, von kurzen Wergfasern zu befreien und aus den ziemlich gleichlangen reinen Jutefasern ein möglichst gleichmäßiges,

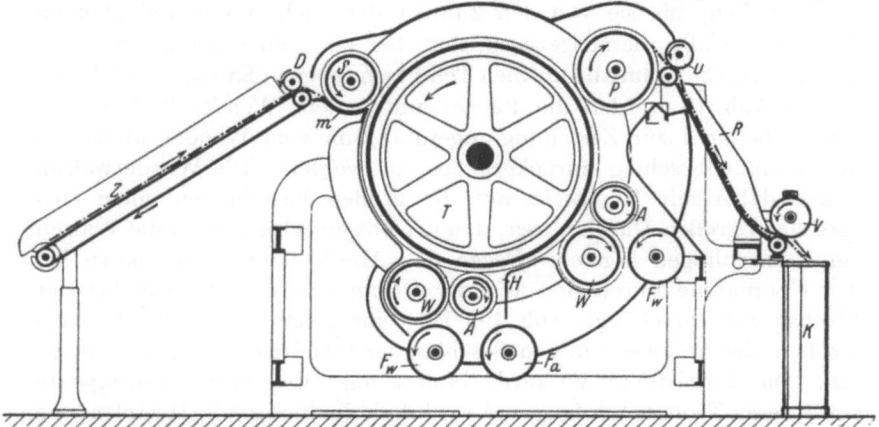

Abb. 202. Jutevor- oder -grobkrempel[1].

gut durchgearbeitetes Faserband als Grundkörper für das weitere Spinnverfahren zu bilden. Gleichzeitig ermöglicht das Krempeln der Jute ein gutes Mischen und Verteilen der verschiedenen Sorten Rohjute und Abfälle, aus denen derartige mittlere und grobe Garne gesponnen zu werden pflegen, so daß diese Art der Bandbildung wesentliche Vorzüge vor der auf der Anlegemaschine besitzt. Das Zerreißen der längeren Fasern vollzieht sich auch ohne größere Schädigung der Faserfestigkeit zwischen der Speisewalze und der mit viel höherer Geschwindigkeit umlaufenden Haupttrommel der Krempel sowie zwischen Trommel und Arbeitswalzen, so daß die auf diese Weise aus Fasern etwa gleicher mittlerer Länge (450—550 mm) hergestellten Jutegarne eine genügende und gleichmäßigere Reißfestigkeit ergeben, als wenn sie noch die ungekürzten Fasern mit enthielten. Das Krempeln der Jute erfolgt entweder in zweimaligem Durchgang auf einer Vor- und einer Feinkarde oder nur auf einer einzigen Krempel.

Die Einrichtung einer Vor- oder Grobkarde zeigt Abb. 202. Die gebatschten, also geschmeidig und schlüpfrig gemachten Faserstränge

[1] Bauart O. Liebscher.

werden sortiert in gleichmäßigen Lagen auf den Zuführtisch Z mit ihren Enden übereinandergreifend aufgelegt und unter einer kleinen Druckwalze D der Speisewalze S zugeführt. Um auf der Vorkarde ein gleichmäßiges Band von bestimmter Nummer bilden zu können, muß die Auflage der Faserstränge so erfolgen, daß auf eine bestimmte Lauflänge des Zuführtisches das gleiche Auflagegewicht einschließlich einer Zugabe für die beim Krempeln entfallenden Abgänge vorgelegt wird, was durch einen Zeigerapparat am Speisetisch erleichtert wird. Zwischen der Speisewalze S und der glatten Mulde m werden die Faserstränge vorgeschoben, bis sie von den Zähnen der nach unten umlaufenden Trommel erfaßt, herausgezogen und bei zu großer Länge zerrissen werden. Nach der im allgemeinen Teil beschriebenen Krempelanordnung gemäß Abb. 19 werden die Fasern unter dem Wender W hindurch dem Arbeiter A zur Zerteilung zugeführt, um vom Wender wieder an den Trommelbeschlag zurückgegeben zu werden. Die Wenderwalzen haben dabei mit Rücksicht auf die großen Faserlängen einen entsprechend großen Durchmesser, damit nicht einzelne Fasern die Walzen ganz umschlingen können. Gegen das Abschleudern von Fasern bei der Übernahme durch den Wender ist an dieser Stelle wie bei der Flachswergkrempel (vgl. Abb. 195/197) eine glatte Fangwalze Fw vorgesehen, die die Fasern in den Beschlag der Wenderwalze hineindrücken soll. Die dargestellte Vorkarde besitzt nur zwei Arbeitswalzenpaare am unteren Trommelumfang und wird deshalb auch als halbzirkulare Krempel bezeichnet; die Faserzuführung erfolgt ziemlich an der höchsten Stelle der Trommel, damit zwischen der Speisemulde m und dem ersten Walzenpaar ein genügend großer Spielraum für das Auszupfen und Einziehen der langen Fasern in den Trommelbeschlag bleibt; eine geschlossene Blechhaube sorgt dabei dafür, daß die Fasern nicht abgeschleudert werden können, während zwischen den Arbeitswalzenpaaren entweder ein Rost vorgesehen, oder ein freier Zwischenraum x gelassen ist, damit hier kürzere Fasern, Knoten und Verunreinigungen abfallen und an der Fangwalze Fa vorbei, die längere Fasern wieder zur Walze Fw und an den Wender zurückführt. Ebenfalls hochgelegt ist der Abnehmer P, der sich mit bedeutend geringerer Umfangsgeschwindigkeit als die Haupttrommel bewegt und entgegengesetzt gerichteten Kratzenbeschlag hat, so daß die Fasern vom Trommelbeschlag abgenommen und gleichzeitig einer kämmenden Wirkung unterzogen werden. Das Abziehen der dichten Faserschicht von der Abnehmerwalze besorgt das Walzenpaar U und läßt das lockere Faserband durch einen Rutschtrichter R zusammenführen und durch das Walzenpaar V verdichtet in den Sammeltopf K ablegen.

Da die Jutefasern auf der Vorkarde noch nicht genügend aufgelöst, gekürzt und von Unreinigkeiten befreit werden können, werden die

Töpfe mit dem Vorkrempelband unmittelbar der zweiten oder **Feinkarde** (Abb. 203) vorgestellt, oder es werden mehrere Bänder nebeneinanderlaufend auf einer Wickelmaschine zu einem Wickel gerollt, von denen einige nebeneinander auf den Zuführtisch der Feinkarde gelegt werden. Diese Wickelspeisung bietet den Vorteil, daß durch die Auflage je zweier Wickel hintereinander eine Banddoppelung bei der Speisung vorgenommen werden kann, die natürlich wesentlich zur Vergleichmäßigung des gelieferten Feinkrempelbandes beiträgt. Die Jutefeinkrempel hat infolge der bereits erfolgten Faserverkürzung kleinere Walzendurchmesser und kommt deshalb auch mit geringeren Zwischen-

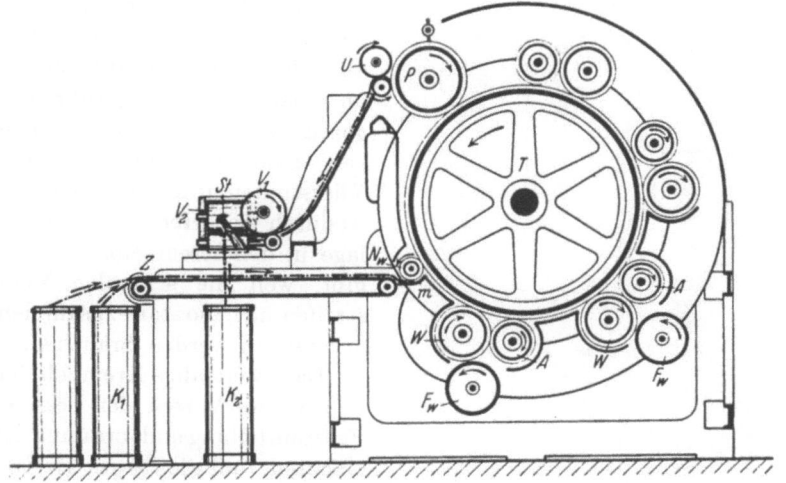

Abb. 203. Jutefeinkrempel[1].

räumen zwischen der Speisemulde und dem ersten Walzenpaar sowie dem letzten Walzenpaar und dem Abnehmer aus. Infolgedessen lassen sich am Umfang der Haupttrommel vier Arbeitswalzenpaare unterbringen, wie Abb. 203 zeigt, so daß die Feinkarde dieser Bauart als **Zirkularkarde** anzusprechen ist. Durch die Ausnutzung eines verhältnismäßig sehr großen Teiles des Trommelumfanges für die Arbeitswalzen ergibt sich die Notwendigkeit den Abnehmer P auf dieselbe Seite der Krempel wie die Faserzuführung zu legen, die in diesem Falle durch eine Mulde m mit Nadelwalze Nw erfolgt. An den beiden unteren Walzenpaaren sind wiederum Fangwalzen Fw zur Verhinderung des Abschleuderns von Fasern vorgesehen, eine Maßnahme, die an den oberen Walzenpaaren nicht notwendig ist.

Für feinere Garne erhält die Feinkarde auch zwei Abnehmer, deren Breitbänder übereinandergelegt von dem Lieferwalzenpaar abgeführt

[1] s. S. 205.

werden; diese Zweidofferkarden erhalten stets Wickelspeisung, um durch die Doppelung die Garneigenschaften zu verbessern. Die Abführung des von dem Lieferwalzenpaar V_1 verdichteten Flachbandes muß wegen der Lage oberhalb des Zuführtisches nach der Seite erfolgen, wie auch Abb. 203 erkennen läßt; zu diesem Zwecke wird das Faserband um einen schräggestellten Führungsstift St herum zu einem zweiten Lieferwalzenpaar V_2 und von diesem in einen Sammeltopf K_2 geleitet. Die Faservliese der Zweidofferkarden werden in ähnlicher Weise, wie auf Abb. 172 an einer Halbkammgarnkrempel gezeigt worden ist, nicht im ganzen, sondern in zwei oder drei Vliesstreifen unterteilt abgeführt, wodurch sich eine bessere Faserlage in den Krempelbändern ergibt, weil die schmalen Vliesstreifen nicht so stark zusammengezogen zu werden brauchen.

Das zweimalige Krempeln hat neben dem Vorteil der besseren Faseraufteilung und -ordnung den Nachteil, daß die Fasern vielfach zu stark gekürzt werden und daß sich Faserknäuel bilden. Außerdem würde durch nur einmaliges Krempeln der Faserverlust verringert und eine Kapital- und Lohnersparnis erzielt werden können. Aus diesem Grunde ist an manchen Stellen das nach den Erfindern Land wehr und Deppermann benannte Einkardenverfahren eingeführt worden, das nur mit einer abgeänderten Einkarde arbeitet und ein gleichmäßigeres Band bei geringeren Faserverlusten liefern soll.

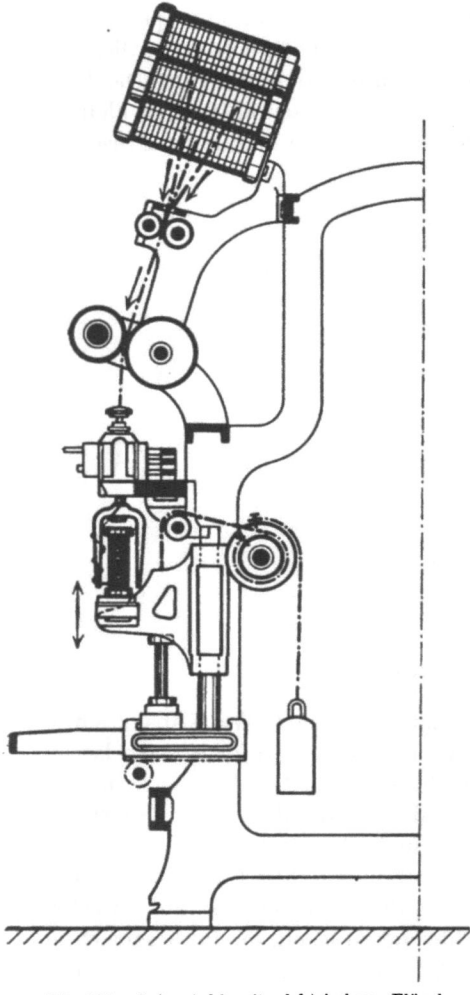

Abb. 204. Spinnstuhl mit elektrischem Flügelantrieb, System Dr.-Ing. H. Schneider.

Die Beschläge für die Jutekrempeln müssen entsprechend der Festigkeit und Länge der Fasern sehr widerstandsfähig sein, besonders

Jutespinnerei.

diejenigen der Vorkrempeln. Die stark geneigten Stahlstifte der Speisewalze, Haupttrommel und Wender sitzen in Holzbrettern, die Arbeiterwalzen und Abnehmer haben dagegen U-förmig gebogene Häkchen, die in Lederbänder eingesetzt sind.

Zur weiteren Vergleichmäßigung der Krempelbänder und Gleichrichtung der Fasern durchlaufen die Bänder zunächst noch 2 (bis 3) Streckdurchgänge, die als Vor- und Feinstrecke bezeichnet werden und mit 2- bis 4facher Doppelung arbeiten, während der Verzug etwa zweimal so groß genommen wird. Man nimmt dazu Schraubenstrecken, die in bezug auf die gleichmäßige Faserlage günstiger arbeiten, oder Kettenstrecken nach Art der an der Wergkrempel (Abb. 195/197) dargestellten Strecke, die eine größere Leistung ergeben. Das Vorspinnen besorgt ebenso wie in der Jutehechelgarnspinnerei der Juteflyer, der lediglich eine den kürzeren Wergfasern angepaßte geringere Streckweite hat. Grobe Garne werden gleich auf der Vorspinnmaschine (nach Abb. 189) unter Anwendung stärkeren Drahtes fertiggesponnen; für mittlere Garne benutzt man die Hechel- oder Gillspinnmaschine nach Abb. 192/194, deren Spinnflügel Band- oder elektromotorischen Antrieb besitzen, während die gebremsten Holzspulen mitgeschleppt werden.

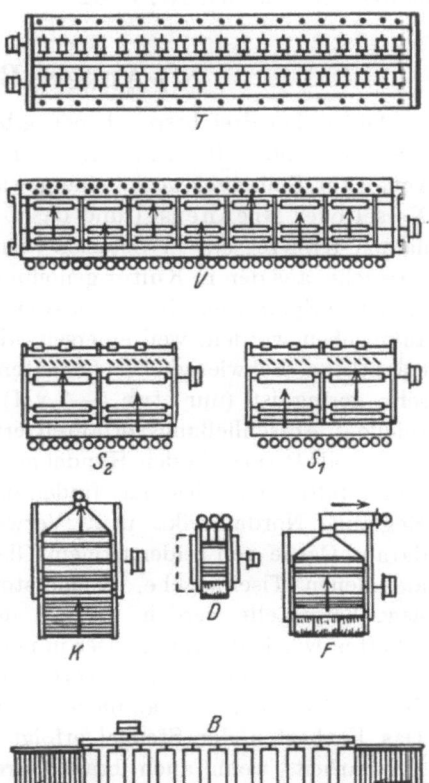

Abb. 205. Maschinenzusammenstellung der Jutespinnerei.

B Batsch- und Quetschmaschine
K Vorkrempel
F Feinkrempel
D Bandwickelmaschine
S_1, S_2 Vor- und Feinstrecke
V Vorspinnmaschine
T Trockenspinnmaschine.

Die feineren Garne von Nr. 2 (engl. Flachs-Nr.) aufwärts werden dagegen auf den in der Flachsspinnerei üblichen Trockenspinnstühlen fertiggesponnen (Abb. 204).

Eine schematische Zusammenstellung der in der Jutewergspinnerei üblichen Maschinen zeigt Abb. 205.

Die Nummerung der Jutegarne ist englisch, wobei die Anzahl der Gebindesträhne von je 300 Yards Länge, die auf 1 Pfd. engl. gehen, die Nummer angibt. Gesponnen werden Garne von Nr. $1^1/_2$—20, am häufigsten zwischen Nr. 4—12.

d) Andere Bastfasern.

Außer den drei besprochenen gibt es noch eine ganze Reihe Bastfasern liefernde Pflanzen, von denen wiederum aber nur zwei Nesselarten für Spinnereizwecke eine gewisse Bedeutung haben: die gemeine Nessel oder Brennessel und das Chinagras oder mit dem Handelsnamen Ramie, das in Ostasien heimisch ist. Die öfters wiederholten Versuche, aus den in Kultur genommenen Brennesselstauden der Textilindustrie Spinnfasern in nennenswerten Mengen zuzuführen, sind wieder aufgegeben worden, weil einerseits der Anbau und die Gewinnung beträchtliche Schwierigkeiten bereiten, andererseits die Faserausbeute sehr gering ist (nur etwa 5—7 vH) und ein umständliches und kostspieliges Aufschließungsverfahren erfordert.

Die als Ramie in den Handel gelangenden Fasern der namentlich in China kultivierten Nesselart finden dagegen in Deutschland, Frankreich, England, Nordamerika usw. Verwendung in Ramiespinnereien, die daraus Garne von seidenartigem Glanz und großer Festigkeit spinnen, aus denen Tischwäsche, Kleiderstoffe, Spitzenvorhänge, Möbelstoffe usw. hergestellt werden. Wegen der guten spinntechnischen Eigenschaften würde die Ramiefaser in noch viel größeren Mengen verarbeitet werden, wenn dem nicht der verhältnismäßig hohe Preis entgegenstünde, der sich aus der umständlichen Vorbereitung der Spinnfasern ergibt. Das Entbasten der Stengel erfolgt in China noch größtenteils durch Handarbeit, wenn auch brauchbare Dekortikationsmaschinen erfunden worden sind, auf denen die Stengel durch geriffelte Walzen vorgebrochen und mittels einer sogenannten Brechschwinge vielfach geknickt werden, worauf eine schnell umlaufende Stiftenscheibe die zerknickten holzigen Stengelteile von dem Faserbast abschlägt. Meistens kommt der so gewonnene mit Holzteilen noch stark versetzte Faserbast in diesem rohen Zustand als Ramie in den Handel; die gelblichbraunen Faserbündel haben eine mittlere Länge von 1,5—2 m und sind so nicht zum Verspinnen, sondern nur zu Seilerwaren zu verwenden, für welchen Zweck die hohe Wetterbeständigkeit der Ramiefaser sehr geschätzt wird. Um die Rohfasern für das Spinnverfahren vorzubereiten, müssen sie erst kotonisiert werden, worunter man die Zerlegung der Faserbündel in Einzelfasern (Bastzellen) durch Auflösen des Pflanzenleimes (Degummieren) versteht. Aus diesem mit verschiedenen alkalischen Bädern und anschließender Bleiche arbeitenden Verfahren geht die kotonisierte Ramiefaser in blendend weißer bis gelblicher Färbung mit einem seidenartigen Glanz und etwa 150 mm mittlerer Länge hervor. Ihr Wert als Spinnfaser wird nur dadurch heruntergesetzt, daß sie eine geringe Dehnung und mangelhafte Schmiegsamkeit sowie keine Kräuselung besitzt.

Das Spinnen der Ramiefaser ist nach drei verschiedenen Verfahren möglich, und zwar wie Langflachs, wie Schappeseide oder wie Baumwolle (Dreizylinderspinnerei). Für das erste Verfahren müssen aus den ungekürzten wirren Fasern zunächst zusammenhängende Pelzstücke auf einer Pelzmaschine (vgl. die Fillingmaschine Abb. 208), wie sie in der Florettseidenspinnerei üblich sind, gebildet werden. Aus diesen Pelzstücken werden dann auf einer Flachkämmaschine die kurzen Fasern ausgeschieden, die flachen Bänder einer aus der Flachsspinnerei bekannten Anlegemaschine vorgelegt und daraus ein als Ansatz für die Grobstrecke dienendes Band bestimmter Nummer gewonnen. Die weitere Verarbeitung spielt sich dann genau wie in der Langflachsspinnerei ab, und als Feinspinnmaschine dient je nach der Feinheit und erforderlichen Glätte und Gleichmäßigkeit des Garnes der Naß- oder Trockenspinnstuhl.

Das Schappespinnverfahren erfordert zunächst ebenfalls die Herstellung von Pelzstücken aus der wirren Fasermasse auf der Fillingmaschine, dann das Kämmen und ein oft wiederholtes Doppeln und Strecken des auf der Wattenmaschine aus den übereinandergelegten Zugvliesen erhaltenen Faserpelzes, der dabei in Bandform übergeführt wird. Von der letzten Strecke kommen die Bandspulen auf eine flyerartige Vorspinnmaschine und werden schließlich auf der Ringspinnmaschine fertiggesponnen.

Nach dem Baumwollspinnverfahren können die Ramiefasern nur nach einer entsprechenden Kürzung mit Ramiekämmling oder auch mit Baumwolle zusammen versponnen werden. Zur dementsprechenden Faservorbereitung dient die Walzenkrempel, die dann ein Faserband mit wesentlich kürzerer Faserlänge liefert, das den Baumwollstrecken und weiter den übrigen Maschinen der Dreizylinderspinnerei zugeführt wird. Diese Ramiewerkkrempel ähnelt der Streichgarnkrempel mehr als der für Flachswerg üblichen Krempelbauart; sie besitzt außer einer Vorwalze eine kleinere Vortrommel mit nur 2 Arbeitswalzenpaaren und eine Haupttrommel mit 4 Paar Arbeiter- und Wenderwalzen nebst einem Abnehmer, von dem der Flor abgenommen und in Bandform in einem Drehtopf aufgefangen wird. Solche baumwollähnliche Ramiegarne werden in den metrischen Nrn. 10—80 gesponnen.

Die beim Verspinnen der genannten Bastfasern entstehenden Abfälle von den Krempeln, Strecken und Spinnmaschinen können größtenteils durch getrennte Verarbeitung zu gröberen Garnen noch nutzbringend verwertet werden. Bei größerer Faserlänge dieser Abgänge als etwa 150 mm können die Fasern zunächst gekämmt und die Kammzugbänder in der beschriebenen Weise gedoppelt, gestreckt und auf einer Trockenspinnmaschine zu feineren Garnen fertiggesponnen werden. Die kürzeren Abfallfasern verspinnt man dagegen nach dem Wergspinnverfahren, nachdem man sie vorher auf einem Klopfwolf nach Vorbild Abb. 107 gereinigt und aufgelockert hat. Die für diesen Zweck benutzte Abfallwergkrempel unterscheidet sich von der Krempel nach Abb. 195 bis 197 dadurch, daß die Arbeitswalzen so dicht aneinandergerückt sind, daß zwischen ihnen keine Fasern abgeworfen werden können, und daß die Arbeiter- und Wenderwalzen am unteren Umfang der Haupttrommel an ihrer Berührungsstelle in derselben Richtung umlaufen, um auf diese Weise ebenfalls das Abschleudern von Fasern zu verhindern. Die von dem dreigeteilten Abnehmerbeschlag abgezogenen Florstreifen werden durch Tragtücher nach dem Streckkopf geleitet und bei geringer Streckweite (etwa 180 mm) in bezug auf die Faserlage vergleichmäßigt, um dann auf einem Nadelstabstreckwerk gedoppelt und gestreckt zu werden. Eine Vorspinnmaschine mit kurzem Nadelstabstreckwerk genügt für das Fertigspinnen dieser groben Abfallgarne (etwa bis Nr. 2 metr.).

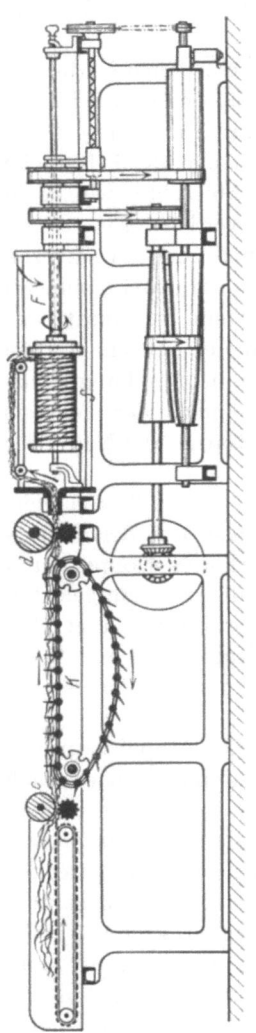

Abb. 206. Grobspinnmaschine (für lange grobe Fasern).

Abfälle aus dem Naßspinnraum, also Vorgarnreste und bereits schärfer gedrehte Garnreste, müssen zunächst getrocknet und darauf auf Reißwölfen (vgl. Abb. 89) wieder in lose Flocken aufgelöst werden. Derartige Abfälle werden dann zusammen mit dem Kämmling, der bei der Verarbeitung der längeren Rückfasern entsteht, auf Streichgarnart mit 2 Krempeln in Vorgarn verwandelt und dieses auf Flügelspinnmaschinen ohne Streckwerk oder auf dem Selfaktor ausgesponnen.

Für die Verarbeitung zu ganz groben Garnen eignen sich schließlich noch manche Hartfasern, die aus dem Pflanzenreich stammen. So liefern z. B. die Kokosnüsse in ihrem Fruchtfleisch spröde Fasern, die nach dem Anfaulenlassen der Früchte dadurch gewonnen werden, daß man das weichgewordene Fruchtfleisch auswäscht und die freigelegten Fasern von den Nußschalen abtrennt. Ein ähnliches Spinnmaterial stellt auch die Holzwolle dar, die aus feinen Hobelspänen besteht. Aus derartigen harten und spröden Fasern werden gröbste Garne in einem einzigen Arbeitsgang auf einer Spinnvorrichtung hergestellt, die Abb. 206 zeigt.

Diese Grobspinnmaschine vereinigt einen Zuführtisch, ein Einzugszylinderpaar, eine Nadelstabkette, ein zweites Streckzylinderpaar und eine oder zwei Spindeln für die unmittelbare Aufwindung des starken Garnes. Das auf den Zuführtisch Z aufgelegte Fasergut gelangt durch das Zylinderpaar c auf die Nadelstabkette K, wo die Fasern einigermaßen gleichgerichtet und geordnet werden; statt der Nadelstabkette können dazu auch endlos laufende Kratzenbänder dienen. Das zweite Zylinderpaar d führt die verdichteten Fasern dem röhrenförmigen Ansatz des umlaufenden Flügels F zu, so daß sie zu einem runden Band geformt an dem Flügelarm entlang geführt werden können und durch dessen Umlauf die erforderliche Drehung aufnehmen. Die Spule S, auf die das durch den Draht gefestigte Garn aufgewickelt wird, kann entweder von dem Garn mitgeschleppt werden, wobei sie zur Erzielung einer festen Wicklung gebremst werden muß — oder sie erhält, wie auf Abb. 206 dargestellt, einen besonderen Antrieb mit veränderlicher Geschwindigkeit, damit die Spule unabhängig von dem zunehmenden Aufwindungsdurchmesser stets um die Länge des fertiggesponnenen Garnstückes der Spindel vor- oder nacheilt. In beiden Fällen erhält die Scheibenspule den für eine gleichmäßige Bewicklung erforderlichen Hin- und Hergang.

D. Seide.

1. Haspeln und Zwirnen der Rohseide.

Die Gewinnung des Seidenfadens und das Zwirnen mehrerer solcher Fäden wird nach dem geltenden Sprachgebrauch als Spinnen bezeichnet, obwohl diese Art der Fadenbildung nicht dem Spinnen im technologischen Sinne entspricht. Der feine Doppelfaden, aus dem der Kokon der Seidenraupe gebildet ist, liegt nämlich in seiner fertigen Länge und Gestalt bereits als Rohstoff vor, und das sog. Spinnen besteht in diesem Fall deshalb nur in einem Abhaspeln des endlosen Fadens von dem Fadenknäuel. Dieses Abhaspeln gelingt aber erst nach einer Erweichung der Kokons in heißem Wasser oder Dampf, um dadurch den die Fäden untereinander verklebenden Seidenleim (Sericin) zu lösen. Die „echte" Seide stammt von den Kokons des Seidenspinners (Bombyx mori), dessen Raupen künstlich aufgezogen und mit den

Blättern des weißen Maulbeerbaumes gefüttert werden; sie ist glänzend weiß bis gelb oder auch graugrünlich. Die „wilde" Seide stammt dagegen von meistens bräunlichgefärbten Kokons wilder Seidenspinner, deren Fäden bei weitem nicht so fein sind und sich nicht so gleichmäßig abhaspeln lassen. Die Tussah-, Yamamay-, Ailanthusseide u. a. gehören zu diesen wilden Seiden, die in den asiatischen Erzeugungsländern zur Herstellung der bekannten Rohseidenstoffe dienen.

Der aus regelmäßigen festen Fadenwindungen bestehende Kokon ist umgeben von einem lockeren Fadengewirr, der Flockseide, die nach dem Einweichen der Kokons in heißem Wasser durch leichtes Schlagen mittels feiner Reiserbesen, Drahtbürsten o. dgl. zuerst entfernt werden muß. An den sich beim Schlagen ablösenden Flockseideschichten hängt nun der Anfang des eigentlichen Kokonfadens, den die Spinnerin von den Bärten (Strozzi) der Flockseide trennen und mit mehreren anderen Kokonfäden zusammenzunehmen hat, worauf dieser gedoppelte Rohseidenfaden durch das Auge eines Fadenführers zu einem Haspel geführt und zu einem Strang aufgewickelt wird. Je nach dem Verwendungszweck der Seide und der Beschaffenheit des Kokonfadens müssen beim Haspeln 3—8 oder mehr Fäden zusammengenommen und beim Abreißen eines Fadens sofort ein neuer angelegt werden, damit die Rohseide oder Grège möglichst gleichmäßig in der Fadenstärke (Titer) ausfällt. Dieses Fadenanlegen erfordert besondere Geschicklichkeit und Aufmerksamkeit auch aus dem Grunde, weil die Fäden verschiedener Kokons unter sich nicht gleichstark sind und außerdem der einzelne Faden in seiner Dicke von der äußeren Kokonschicht nach innen zu allmählich abnimmt. Die geübte Hasplerin kann da einen Ausgleich schaffen, aber auch durch sinnreiche selbsttätige Haspeleinrichtungen für Rohseide ist es neuerdings gelungen sehr gleichmäßige Fäden zu erzielen.

Einen Seidenhaspel, bei dem das Fadenanlegen noch von Hand erfolgen muß, zeigt Abb. 207[1]. Die Kokons werden in einen Kasten aus gelochtem Blech eingelegt, der zusammen mit anderen gleichen Kästchen in einem Kocher abwechselnd der Einwirkung von heißem Wasser und Dampf ausgesetzt wird. Nach genügender Erweichung kommen die Kokons dann zum Lockern der Flockseide in die gelochte Porzellanschale P_3, über der eine kreisrunde Bürste $Bü$ vor- und rückwärtsdrehende Bewegungen ausführt, während das durch die Löcher mit der Schale in Verbindung stehende äußere Wasserbad durch die Dampfzuleitung d auf 60—70° C Temperatur gehalten wird. Die Flockseide bleibt an der Bürste hängen und nimmt beim Herausheben der Bürste auch die Fadenenden der eigentlichen Kokons mit, die dann in den danebenstehenden Trog (Bacinelle) übertragen werden, der nur mit

[1] Nach Bergmann: Handbuch der Spinnerei (1927).

lauwarmem Wasser gefüllt ist. Die Hasplerin hat nun die Enden von mehreren Kokonfäden zusammen durch das Glas- oder Porzellanauge eines elastischen Fadenführers a hindurch und auf den Haspel Ha zu führen, der durch Reibungsantrieb (S_1, S_2) in schnellen Umlauf versetzt wird und bei Bruch des Fadens mittels des Trittes Tt und der federnden Bremse Br sofort zum Stillstand gebracht werden kann. Zwischen Fadenführer und Haspel ist jedoch noch eine Vorrichtung vorgesehen, die in sinnreicher Weise eine Glättung, Rundung und innigere Vereinigung der zu haspelnden Kokonfäden bewirkt; es ist das die sog. Torta oder Kreuzung, die durch den Fadenlauf 1, 2, 3, 4, 5 angedeutet

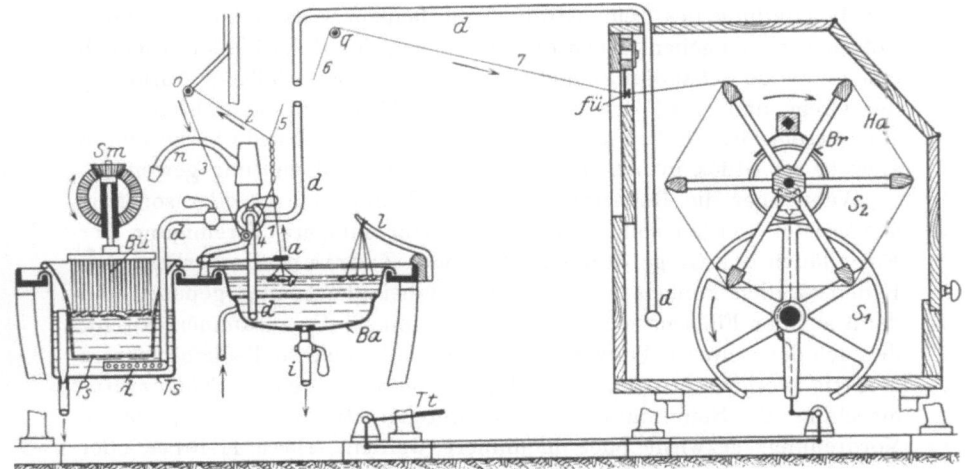

Abb. 207. Seidenhaspel.

ist. Durch diese mehrfache Fadenumschlingung wird auch die überschüssige Feuchtigkeit abgestreift, während der erweichte Seidenleim an den Fäden haftet und sie auf dem in einem geheizten Gehäuse untergebrachten Haspel zu einem einzigen Rohseidenfaden zusammenkleben läßt. Durch eine hin- und hergehende Bewegung des Fadenführers $fü$ wird jedoch der Faden beim Aufwinden in sich kreuzenden Schichten gehaspelt, um ein Zusammenkleben der Fadenlagen zu verhindern.

Die gehaspelte Rohseide oder Grège trägt im Handel je nach ihrer Herkunft, Herstellungsart, Form der Aufmachung usw. verschiedene Bezeichnungen und wird außerdem nach ihrer Fadendicke oder, genauer gesagt, nach dem Gewicht einer bestimmten Fadenlänge numeriert oder titriert. Der jetzt allgemein anerkannte „legale Titer" gibt dabei an, wieviel Denier im Gewicht von 0,05 g eine Fadenlänge von 450 m wiegt; oder es ist der Titer eines Seidenfadens gleich 1, wenn 9000 m des Fadens genau 1 g wiegen. Entsprechend dieser internationalen Vereinbarung muß der verwendete Haspel einen Umfang von 112,5 cm besitzen, so daß bei 400 Haspelumläufen die gehaspelte Fadenlänge gleich 450 m ist. Die Rohseide wird auch nach ihrem Verwendungszweck eingeteilt in Webgrèges und Zwirngrèges, je nachdem, ob daraus Gewebe oder gezwirnte Seiden, wie Organsin (Kettenseide), Trame (Einschlagseide), Näh- oder Strickseide usw. hergestellt werden sollen. Die Grège selbst kann unmittelbar weder gefärbt noch erschwert werden, weil die Einzelfäden nicht durch Drehungserteilung, sondern nur durch das Klebvermögen des Sericins zum Rohseidenfaden vereinigt worden sind. Dieser Zusammenhalt würde aber bei der Behandlung des Seidensträhns mit heißem Wasser oder in Färbflotten verloren gehen. Nach dem Verweben der Rohseide kann jedoch eine derartige Behandlung „im Stück" erfolgen, ohne daß eine Auflösung der Grège und eine Verwirrung der Einzelfäden zu befürchten wäre. Aus diesem Grunde hat die Ausrüstung der aus Rohseide hergestellten Gewebe im Stück in neuerer Zeit auch sehr an Bedeutung gewonnen.

Wenn aber die Rohseide bereits im Strang gefärbt oder sonstwie ausgerüstet werden soll, so ist vorher eine innigere Vereinigung der Einzelfäden der Grège durch Drehen oder Zwirnen erforderlich. Die Fäden werden zunächst gespult und dabei gleichzeitig geputzt und dann auf der Filiermaschine rechts- oder linksläufig zusammengedreht. Je nach der weiteren Verwendung der Seide können schließlich mehrere derartig vorgedrehte Fäden gedoppelt und auf einer Seidenzwirnmaschine oder Spinnmühle in der entgegengesetzten Richtung, wie die Vordrehung, gezwirnt oder mouliniert werden. Diese filierte oder moulinierte Seide kann, je nach ihrem Verwendungszweck, aus 2—10 und noch mehr Rohseidenfäden bestehen, die wiederum je 3—24 Kokonfäden enthalten; ebenso wählt man den Drehungsgrad den an die Seide zu stellenden Anforderungen entsprechend.

Die Seide hat, wie die schon besprochenen Textilfasern, eine große Aufnahmefähigkeit für Wasser, die bis zu etwa 30 vH ihres Gewichtes betragen kann, ohne daß der Faden oberflächlich feucht wird. Für den Handel ist deshalb, im Hinblick auf die Hochwertigkeit der Seide, die Frage der Konditionierung von besonderer Bedeutung. Die Seide darf gemäß internationaler Vereinbarung einen Feuchtigkeitsgehalt von 10 vH haben, der durch Trocknen einer Probe im Konditionierapparat bei 110° und sofort anschließende Wägung bestimmt wird, indem man nachträglich 11 vH des Trockengewichts zuschlägt, um so das übliche Handelsgewicht zu erhalten.

Die Rohseide ist infolge des noch auf ihr haftenden Sericins ziemlich hart und steif und hat nur geringen Glanz; sie wird deshalb in diesem Zustand nur für einige besondere Zwecke, wie Flugzeug- und Ballonstoffe, Beuteltuch o. dgl., verwendet und als ungekochte oder Ecruseide bezeichnet. Für andere Zwecke löst man die Sericinschicht durch heiße Seifenlösung und spült hinterher gründlich in warmem reinem Wasser nach. Erst durch dieses Kochen oder Degummieren erhält die Seide ihren weichen Griff und schönen Glanz, sie erleidet aber dabei auch einen Gewichtsverlust von 20 bis 30 vH. Die gekochte oder entschälte Seide wird im Handel als Cuiteseide bezeichnet; ist der Bast nur unvollständig entfernt worden, was für manche Fälle namentlich bei nachträglicher dunkler Färbung genügt, so heißt die Seide mi-cuite. Für bestimmte Färbungen ist eine vorherige Behandlung der Seide mit Metallsalzen oder Gerbstoffen sehr vorteilhaft, weil durch die Aufnahme solcher Stoffe die gefärbte Seide einen besseren Glanz und eine größere Echtheit erhält. Aus dieser Erkenntnis entwickelte sich schon frühzeitig der Brauch, die Seide durch die Aufnahme von gewissen Metallsalzen, wie Chlorzinn, Zinnphosphat o. dgl., zu erschweren oder chargieren, wie es im Handelsgebrauch heißt. Durch eine derartige Erschwerung wird nicht nur das Gewicht, sondern auch das Volumen des Seidenfadens vergrößert, so daß die Seide, abgesehen von der besseren Färbfähigkeit, auch im Gewebe besser „deckt" oder füllt. Zu hoch erschwerte Seide hat jedoch eine wesentlich geringere Festigkeit und Dehnung als unbeschwerte Seide; bestimmte Grenzen der Erschwerung, die je nach der Seidenart, Färbung usw. verschieden hochliegen, dürfen daher aus Rücksicht auf die Haltbarkeit der daraus hergestellten Stoffe keinesfalls überschritten werden.

2. Seidenabfall- oder Schappespinnerei.

Die verschiedenartigsten Seidenabfälle liefern einen Rohstoff, aus dem im Gegensatz zur Gewinnung des Seidenfadens aus dem Kokon ein Garn im technologischen Sinne wirklich gesponnen werden kann. Solche Abfälle entstehen z. B. beim Abhaspeln der Kokons, das erst nach dem Ablösen der äußeren wirren Fadenschicht, der Flockseide, erfolgen kann, ferner beim Haspeln, Spulen und Zwirnen der Rohseide. Einen weiteren Rohstoff für diese Schappespinnerei liefern die wilden Seiden, deren Kokons sich vielfach nicht ordnungsmäßig abhaspeln lassen oder in großen Nestern vereinigt nur als wirre Fasermasse gewonnen werden können (Nesterseide der afrikanischen Anaphespinner). Aus allen diesen Seidenabfällen (Florettseide) sucht man zunächst ein gleichmäßiges Vlies herzustellen, das den Grundkörper für ein der Kammgarnspinnerei ähnliches Spinnverfahren liefert; das gewonnene Garn bezeichnet man als Schappe, seltener als Florett.

Das Entbasten der Flockseide und ähnlicher Abfälle wird am vorteilhaftesten nicht durch Kochen, sondern durch ein Fäulen (Maceration) in Gruben vorgenommen, die mit warmem Wasser, mit geringem Soda-

218   Wichtigste Spinnereizweige.

zusatz, gefüllt sind. Nach dem folgenden Waschen mit warmem Seifenwasser und reinem kalten Wasser wird die Florettseide auf besonderen Trockenvorrichtungen getrocknet. Durchgebissene oder sonstwie beschädigte Kokons, die ebenfalls nach dem Schappeverfahren versponnen werden, müssen zuerst gestampft oder geschlagen werden, damit die Fadenschichten sich ablösen, und werden dann ebenfalls mit warmer Seifenlösung entbastet, gewaschen, getrocknet und auf einem sog. Kokonöffner oder Filling in Vliesform gebracht. Der Filling hat eine mit grobem Kratzenbeschlag besetzte Trommel, der eine bestimmte Menge Kokons mittels Lattentuch und Speisewalzen oder Mulde zur

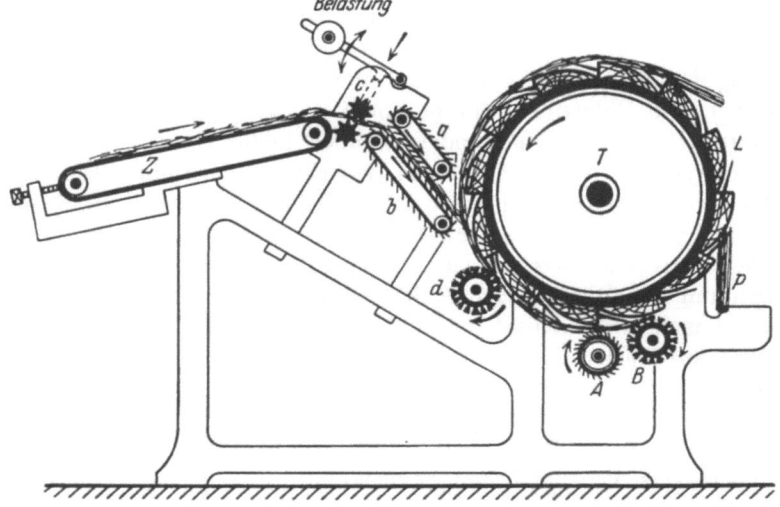

Abb. 208. Öffner für Abfallseide und Nesselfasern.

Auflösung zugeführt wird. Die Seide bildet auf dem Beschlag der Trommel einen dichten Pelz, der nach Aufarbeitung des vorgelegten Materials und Stillsetzung der Maschine durchgetrennt und von der Trommel abgenommen wird.

Die Weiterverarbeitung der Florettseide ist nach verschiedenen Verfahren üblich; wichtig ist auf jeden Fall eine gründliche Mischung der verschiedenartigen Abfälle, die z. B. zugleich mit dem Aussondern kurzer Fasern, Unreinigkeiten usw. auf dem in Abb. 208 dargestellten Öffner oder „großen Filling" erfolgen kann. Diese Maschine wird in gleicher Bauart auch für die Vorbereitung von Ramie oder Chinagras verwendet, obwohl sie wegen des intermittierenden Betriebes und der damit verbundenen Handarbeit recht unwirtschaftlich arbeitet. Die große Trommel T trägt auf ihrem Umfang eine Anzahl mit doppelter

Nadelreihe versehener Leisten L, an denen die von der Speiseeinrichtung a, b, c zugeführten Fasern in der ganzen Breite der Trommel als dichte Faserbärte hängenbleiben. Diese Faserbärte werden durch die Einwirkung einer benadelten Arbeitswalze A glattgestrichen und von kurzen Fasern usw. befreit, während eine Bürstwalze B den Arbeiter von anhaftenden Fasern reinigt. Eine zweite Bürstwalze d hält ferner das Lattentuch rein. Für die Trommel ist jedoch keine selbsttätige Abnahmevorrichtung, wie bei der Krempel, vorgesehen, sondern man schneidet das dichte Faservlies vor den einzelnen Nadelreihen durch und kann nun die Faserbärte mit Kluppen fassen und herausheben, oder für die Weiterverarbeitung auf Rundkämmaschinen um runde Holzstäbe wickeln.

Die von dem Öffner kommenden Faserbärte werden auf **Flach-** oder auf **Rundkämmern** weiter behandelt, worauf hier nicht näher eingegangen werden kann. Die dabei ausgekämmten kurzen Fasern, der Kämmling, bilden den Rohstoff für die **Bourettespinnerei**, in der ein nochmaliges Kämmen dieses kurzen Fasermaterials mittels der in der Baumwollspinnerei üblichen **Heilmann**schen oder **Lister**schen Kämmaschinen erfolgt. — In der Schappespinnerei wird aus den von den Flach- oder Rundkämmern stammenden Zugvliesen auf der Wattenmaschine ein zusammenhängendes Vlies gebildet, das auf einer Anlegestrecke in Bandform übergeführt und dann wiederholt gedoppelt und gestreckt wird. Aus dem letzten Streckenband wird auf einer dem Kammgarnflyer gleichenden Vorspinnmaschine ein schwachgedrehtes Vorgarn gebildet, das schließlich auf einer Ringspinnmaschine fertiggesponnen wird.

Die Schappegarne werden metrisch numeriert und in steigendem Maße für Futterstoffe, Handschuhe, Strümpfe und namentlich in der Samtweberei verwendet, während Bourettegarne hauptsächlich für Kleider- und Möbelstoffe gebraucht werden.

E. Kunstseide.
1. Allgemeine Grundlagen der Herstellung.

Die Erzeugung eines **Kunstseidenfadens** kann ebensowenig wie die Gewinnung der Naturseide, die im vorhergehenden Abschnitt besprochen wurde, als ein „Spinnen" im technologischen Sinne bezeichnet werden, obwohl sich diese Benennung mangels eines anderen Wortes dafür eingebürgert hat. Da aber der Kunstseidenfaden in seiner Weiterverarbeitung zu Geweben, Strickwaren usw. ganz ähnliche Eigenschaften zeigt wie die aus anderen Textilrohstoffen hergestellten Garne oder Zwirne, so erscheint ein kurzer Überblick über die Entstehung der gebräuchlichen Kunstseidearten in diesem Abriß der Spinnerei doch berechtigt.

Dabei kann entsprechend dem Wesen dieses Buches die Kunstseidenherstellung bis zur Vorbereitung der spinnfertigen Lösung nur angedeutet werden; die technischen Spinneinrichtungen werden dagegen soweit behandelt, als es zur Vermittlung einer Übersicht der üblichen Spinnverfahren erforderlich ist. Die wirtschaftliche Bedeutung der Kunstseide innerhalb der gesamten Textilindustrie ist freilich noch verhältnismäßig gering, wenn man den Anteil der Kunstseide an der Gesamterzeugung von Textilfaserstoffen zum Vergleich

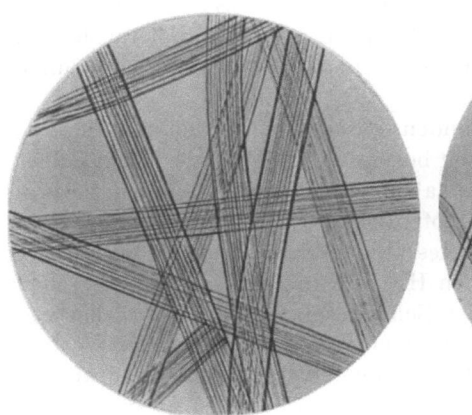

Abb. 209[1]. Viskoseseide (Küttner) mit feinen Längsfurchen, die einen prachtvollen ruhigen Glanz und hohe „Deckkraft" des Fadens ergeben. Vergr. 75.

Abb. 210[1]. Feinfädige Kupferseide, nach dem Streckspinnverfahren hergestellt; in ihrem mittleren Durchmesser kommt diese Kunstseide der echten Seide gleich. Vergr. 100.

nimmt, der heute kaum 2 vH beträgt. Andererseits hat die Kunstseide mengenmäßig die Naturseide längst überflügelt, die auf einem Anteil von etwa 0,4 vH an der Weltproduktion von Textilrohstoffen stehen geblieben ist.

Die Kunstseide wird als ein feiner, glasklarer Faden von endloser Länge nach dem Vorbilde des von der Seidenraupe erzeugten Seidenfadens aus einer düsenartigen Öffnung ausgepreßt. Mehrere solcher Einzelfädchen werden unmittelbar hinter den Düsenöffnungen zusammengenommen und gemeinsam auf eine Spule oder in einer sich drehenden Kapsel in gekreuzten Schichten aufgewickelt (vgl. Abb. 209/211).

Als Ausgangsmaterial für die zähflüssige Spinnlösung dienen bisher nur pflanzliche, natürlich gewachsene Stoffe, wie Holz, Baumwolle, Espartogras usw. Der billigste Rohstoff, der aus Fichtenholz nach dem Sulfitverfahren hergestellte Zellstoff kann nur bei größter Gleichmäßigkeit und Reinheit verwendet werden, ist aber dann in bezug auf

---

[1] Nach A. Herzog: Die mikroskopische Untersuchung der Seide und der Kunstseide (1924).

die Wirtschaftlichkeit des Verfahrens den anderen Rohstoffen weit überlegen. Etwa 80 vH der Weltproduktion an Kunstseide werden zur Zeit aus Zellstoff hergestellt, und nur diejenigen Verfahren, die die Erzeugung besonders feinfädiger hochwertiger Kunstseide zum Ziele haben, gehen von der Baumwolle als Rohstoff aus. Benutzt werden in diesem Falle die sog. Linters, ganz kurze Baumwollfasern, die nach dem Entfernen der verspinnbaren langen Fasern auf der Egreniermaschine noch an den Samenkernen hängenge blieben sind. Die Herstellung der fertigen Spinnlösung vollzieht sich bei den verschiedenen Kunstseidearten nach abweichenden Verfahren und soll im nächsten Abschnitt kurz erläutert werden. Die Spinnlösung selbst aber muß in jedem Falle folgende Eigenschaften besitzen:

Vollständige Gleichmäßigkeit und Reinheit,
gleichmäßig hohe Viskosität,
Luftfreiheit.

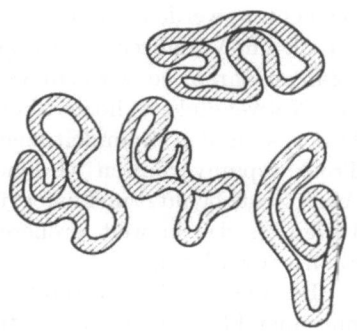

Abb. 211[1]. Luftseide aus Zellulose-Azetat (Querschnitte). Vom Gesamtfaservolumen entfallen rd. 27 vH auf den luftgefüllten Hohlraum; scheinbares spez. Gewicht der Faser = 0,97 g.

Um diesen Anforderungen zu genügen, muß die aus der besonders vorbereiteten und gereinigten Rohzellulose nach den verschiedenen Verfahren gewonnene Spinnlösung sorgfältig durch dichteste Filter gedrückt werden, was wegen der hohen Viskosität nur mittels hohen Druckes unter Anwendung von Filterpressen o. dgl. möglich ist. Da auch nachträglich in den Leitungen, durch die die Lösung zu den Spinndüsen gedrückt wird, wieder kleine Zusammenballungen entstehen können, werden unmittelbar vor die Spinndüsen nochmals Filter eingebaut. Die genaue Einhaltung des richtigen Zähigkeitsgrades, gleichmäßiger Zusammensetzung oder vorgeschriebenen Reifegrades kann nur durch ununterbrochene Überwachung des ganzen Herstellungsverfahrens nach wissenschaftlichen Methoden gewährleistet werden. Die Forderung der Luftfreiheit schließlich kann durch ein Evakuieren der mit der Lösung gefüllten Spinnkessel erfüllt werden, wodurch auch die kleinsten Luft- oder Gasbläschen restlos entfernt werden müssen, die beim Austreten des frischen Fadens aus der feinen Spinnöffnung sonst ein Abreißen oder zumindest eine schwache Stelle im Faden verursachen könnten.

Das als Spinnen bezeichnete Verfahren der Bildung eines Kunstseidenfadens vollzieht sich allgemein so, daß die aus einer feinen Düsenöffnung ausgepreßte Spinnlösung nach dem Austritt zum Erstarren gebracht wird, so daß ein fester Faden von praktisch unveränderlicher

[1] Nach einer Originalzeichnung von A. Herzog (stark vergrößert).

Gestalt entsteht. Bei der Bildung des feinen Doppelfädchens der Seidenraupe erfolgt dieses Gerinnen der Substanz beim Auftrocknen der Feuchtigkeit an der Luft. In derselben Weise verläuft auch das künstliche **Trockenspinnverfahren**, indem die Spinnlösung leichtflüchtige organische Lösungsmittel enthält, die beim Austreten des Fadens aus der Düse verdunsten und dadurch den bisher noch bildsamen Faden erstarren lassen. Da diese Lösungsmittel sämtlich verhältnismäßig teuer sind, hängt von ihrer Wiedergewinnung die praktische Durchführbarkeit jedes Trockenspinnverfahrens im Fabrikbetrieb in erster Linie ab. Diese Frage kann jedoch im allgemeinen als gelöst betrachtet werden, und da außerdem die Koagulation des Fadens bei diesem Verfahren besser geregelt werden kann als bei dem Naßspinnverfahren, so verdient es in manchen Fällen den Vorzug, obwohl die Notwendigkeit hochviskoser Spinnlösungen und deshalb hohen Druckes in den Spinnleitungen usw. einen Nachteil bedeutet. Das Trockenspinnverfahren wird noch zur Herstellung von Nitroseide und Azetatseide benutzt und liefert im allgemeinen festere und gleichmäßigere Fäden als das in weit größerem Umfang praktisch verwertete **Naßspinnverfahren**.

Bei diesem Spinnverfahren befindet sich die Spinndüse in einem mit einer Flüssigkeit bestimmter Zusammensetzung gefüllten **Fällbad**, das den Zweck erfüllt, dem austretenden Faden entweder gewisse Bestandteile durch Lösung zu entziehen oder ihn durch chemische Umsetzung in einen unlöslichen Faden (aus Zellulose) zu verwandeln. Fällbäder von der zuerst beschriebenen Art, wo also lediglich die Koagulation des Fadens gefördert werden soll, werden bei der Herstellung von Nitro- und Azetatseide angewendet, während ein Fällbad mit chemischer Einwirkung auf die Spinnlösung bei der Kupferseide und der so riesig angewachsenen Gewinnung von Viskosekunstseide in Frage kommt. Bei dem ersteren Verfahren ist wiederum, wie beim Trockenspinnen die Wiedergewinnung der vom Fällbad aufgenommenen Lösungsmittel von großer Bedeutung für die wirtschaftliche Durchführung dieses Naßspinnverfahrens.

Die nach dem Naßspinnverfahren gewonnene Kunstseide muß noch einer eingehenden Nachbehandlung mit wiederholtem Waschen unterworfen werden. Infolgedessen ist die Art der **Aufwicklung** hier von besonderer Bedeutung, weil davon die Möglichkeit einer einfachen und gleichmäßig wirkenden Nachbehandlung abhängig ist. Die Methode, mit der die größte Leistung zu erzielen ist, ist das Aufwinden auf **Haspeln** in Strähnform. Die gehaspelten Strähne können dann einfach abgenommen und zum Entsäuern, Waschen usw. in die Waschkufen eingehängt oder darin umgezogen werden. Da das Aufhaspeln aber mit ungleichmäßiger Fadenspannung erfolgt, kommt dieses Verfahren hauptsächlich für eine Art Kunstseide in Frage, bei der es auf genaue Einhaltung des Titers usw. nicht ankommt, nämlich für die sog. Stapelfaser (Viskoseseide), die danach in kurze Längen geschnitten und ähnlich wie Seidenschappe weiterverarbeitet wird. Beim zweiten Verfahren wird der aus dem Fällbad kommende Kunstseidenfaden auf perforierte Spulen in Kreuzwindung aufgewickelt, weshalb diese Maschine Spulenspinnmaschine genannt wird (vgl. Abb. 216). Das dritte Verfahren hat vor den beiden genannten den wesentlichen Vorzug, daß dem aus der Gruppendüse austretenden Fadenbündel Drehung erteilt wird, so daß das sonst erforderliche erste Zwirnen der Einzelfäden nach dem Abspulen von den Spinnspulen in Wegfall kommen kann. Dieser Zweck wird erreicht durch eine als Zentrifugenspinnmaschine oder Spinntopfmaschine bezeichnete Bauart (vgl. Abb. 217). Das Abziehen des Fadens erfolgt hier durch eine angetriebene hochliegende Rolle, von der der herabhängende Faden mittels eines Fadenführers in einen schnell umlaufenden Spinntopf in sich kreuzenden Lagen abgelegt wird. Dieses Verfahren bietet, abgesehen von dem Wegfall des besonderen Zwirnens, noch den Vorzug großer Leistungsfähigkeit infolge des höheren Fassungsvermögens eines solchen Spinntopfes, weshalb auch seine Anwendung in der Viskoseseidenspinnerei immer mehr zunimmt. Dagegen wird die Spulenspinnmaschine für feinfädige Kunstseide (z. B. Kupferseide feineren Titers) bevorzugt.

Die Spinndüsen müssen aus einem Stoff bestehen, der weder von der Spinnlösung noch vom Fällbad angegriffen wird und den erforderlichen hohen Drücken standhält. Die Lochweite und die Stärke der Düsenplatte müssen genauestens eingehalten werden, damit aus sämtlichen Düsen einer Spinnmaschine Einzelfäden von gleichem Titer gesponnen werden können; man verwendet für die Düsenherstellung Glas, Porzellan, Platin, Gold usw. Mit der steigenden Nachfrage nach sehr feinfädigen Kunstseiden, die in bezug auf den „Griff" und Glanz der Naturseide am nächsten kommen, bereitete die Herstellung so feiner Düsen immer größere Schwierigkeiten; vor allem wurde ihre Verwendung im Betrieb aber durch die zunehmende Verstopfungsgefahr behindert. Deshalb bedeutete die Einführung des sog. Streckspinnverfahrens einen großen technischen Fortschritt: bei diesem Verfahren wird der noch bildsame frische Kunstseidenfaden mit einer Geschwindigkeit abgezogen, die wesentlich größer als die Austrittsgeschwindigkeit der Spinnlösung aus der Düsenöffnung ist. Während des Streckvorganges muß der Faden noch genügend plastisch sein, die Koagulation muß also durch besondere Mittel verzögert werden. Die Erfüllung dieser Bedingung ist bisher nur beim Naßspinnverfahren gelungen und hauptsächlich auf das Kupferoxydammoniakverfahren beschränkt geblieben[1].

[1] (neuerdings ist auch die Herstellung feinfädiger Viskoseseide gelungen).

In diesem Falle kann aber die Streckung des aus verhältnismäßig weiten Düsen (etwa 0,5 mm l. W.) gesponnenen Fadens so weit getrieben werden, daß Einzelfäden gewonnen werden, die feiner sind als die Naturseide; eine Feinheit von rd. 1 den. ist dabei die im praktischen Betrieb erreichte Grenze des Einzeltiters (vgl. Abb. 210).

Die von der Spinnmaschine gelieferte Kunstseide bedarf in fast allen Fällen noch einer ziemlich umständlichen Nachbehandlung. Zur Entfernung von Säure- oder Salzresten muß die frische Kunstseide gründlich gewässert werden, wobei die Verwendung einwandfreien weichen Wassers eine unerläßliche Vorbedingung ist. Nach dem Waschen hat eine ganz gleichmäßige Trocknung der Kunstseide zu erfolgen, worauf je nach dem Herstellungsverfahren noch Reinigungsoperationen vorzunehmen sind, wie das Entschwefeln bei Viskoseseide, das Entkupfern bei Kupferseide oder der chemische Vorgang des Denitrierens bei der Kollodiumseide. Keinerlei derartige Nachbehandlung erfordert nur die nach dem Trockenspinnverfahren gewonnene Azetatseide. Wie bei der Schilderung des Zentrifugenspinnverfahrens bereits erwähnt wurde, werden die zu einem Faden vereinigten Einzelfädchen durch den umlaufenden Spinntopf bereits zusammengedreht, was für die Weiterverarbeitung der Kunstseide im allgemeinen unerläßlich ist. Bei allen anderen Herstellungsverfahren, wo die Einzelfäden ohne Drehung nebeneinanderliegend aufgespult werden, muß deshalb die Drahterteilung noch auf besonderen Zwirnmaschinen erfolgen. Dazu dienen die Etagenzwirnmaschinen, die zwei oder drei Doppelreihen von Spindeln übereinander enthalten und den erforderlichen Draht so erteilen, daß die Kunstseidenspulen auf diese Spindeln gesteckt und in schnelle Umdrehung versetzt werden, während der gezwirnte Faden auf horizontalliegende Spulen mit einer Abzugsgeschwindigkeit von 20—30 m pro Min. aufgewunden wird. Eine gleichmäßigere Verteilung des Dralls auf die Zwirnlänge kann bei den Ringzwirnmaschinen erreicht werden, deren Aufbau den auch für andere Garne verwendeten Maschinen entspricht und die eine größere Leistung zulassen. Vor der weiteren Nachbehandlung wird die gezwirnte Kunstseide dann auf Haspelmaschinen in Strähnform gebracht und gelangt auch in diesem Zustand nach der Sortierung zum Versand.

2. Einzelne Herstellungsverfahren.
a) Nitroseide.

Nach diesem ältesten Verfahren zur Herstellung von Kunstfäden wird aus Baumwollinters (heute meistens aus Sulfitzellstoff) zunächst Nitrozellulose durch Behandlung des gereinigten Rohmaterials mit einer Nitriersäure aus Salpetersäure, Schwefelsäure und Wasser in ganz bestimmter Zusammensetzung gewonnen. Das Nitriergut wird dann abgeschleudert, gewaschen und im Holländer weitgehend zerkleinert, schließlich gekocht, nochmals gewaschen und abgeschleudert. Durch Lösen in einem Ätheralkoholgemisch, gegebenenfalls nach vorheriger Verdrängung des in der Nitrozellulose noch vorhandenen Wassers mittels Alkohols, entsteht dann die Spinnlösung, die noch sorgfältig filtriert werden muß, ehe sie verwendungsfähig ist.

Das Verspinnen der Kollodiumseide kann sowohl nach dem zuerst angewendeten Naßspinnverfahren als auch nach dem Trockenspinnverfahren, das sich heute durchgesetzt hat, erfolgen. Das letztere Verfahren hat zwar den schon erwähnten Nachteil der viel höheren Betriebsdrücke und der schwierigeren Rückgewinnung der flüchtigen Lösungsmittel, dafür wird aber die Spinneinrichtung wesentlich einfacher wegen des Wegfalles der Fällbäder, der Verbrauch an Lösungsmitteln ist geringer infolge der höheren Konzentration des Kollodiums, und aus demselben Grunde kann der Faden mit höherer Geschwindigkeit abgezogen und so eine gesteigerte Leistung pro Düse erreicht werden. Die Düsen bestehen aus Glasröhrchen mit Kapillaren von etwa 0,1 mm Weite und wenigen Millimeter Länge und lassen den Faden senkrecht nach oben austreten. Die Abzugsgeschwindigkeit läßt man für Herstellung einer bestimmten Kunstseide unverändert, die Düsen ebenso: falls sich nun die Viskosität der Spinnlösung etwas ändert, was im praktischen Betrieb nicht zu vermeiden ist, so ändert man den Druck, um in der Zeiteinheit gleiche Austrittsmengen zu erhalten. Die Abmessungen der Glaskapillaren müssen natürlich zur Erzielung eines bestimmten Titers ganz genau den berechneten Maßen entsprechen; für ihre Prüfung sind besondere Kontrollapparate erdacht worden.

Das Abziehen der Fäden erfolgt mit einer solchen Geschwindigkeit, daß unmittelbar hinter der Düse eine wesentliche Streckung des noch bildsamen Fadens eintritt. Auf die Holzspule wird der Faden in lockerer Kreuzhaspelung aufgewickelt, wobei der Aufwindedurchmesser von Schicht zu Schicht ständig etwas zunimmt. Dadurch würde sich aber auch die Abzugsgeschwindigkeit des frischen Fadens und damit sein Titer ändern, wenn die Spule axial angetrieben würde. Man legt deshalb die Spule auf einen mit gleichmäßiger Geschwindigkeit umlaufenden glatten Metallzylinder, durch den die Spule mitgenommen und der Faden mit konstanter Umfangsgeschwindigkeit auf die Spule aufgewickelt wird. Wegen der großen Bedeutung der möglichst restlosen Wiedergewinnung der beim Spinnen frei werdenden Lösungsmittel wird die ganze Spinnmaschine durch aufklappbare Glasrahmen eingeschlossen, aus denen die Dämpfe abgesaugt und in die Rückgewinnungsanlage für Ätheralkohol gedrückt werden. Ein Teil des Lösungsmittels wird bei den neueren Spinnmaschinen auch schon dadurch zurückgewonnen, daß man die Spulen in einer flachen wassergefüllten Rinne umlaufen läßt, wobei das Wasser den Ätheralkohol mit abführt. Durch dieses Feuchthalten der Spulen wird vor allen Dingen auch die Explosionsgefahr der noch nicht denitrierten Kollodiumseide vermindert. Die noch feuchten aber nicht zusammenklebenden Einzelfäden werden dann in der beschriebenen Weise gezwirnt und schließlich durch Behandlung mit Schwefelnatrium denitriert, wobei sie ihre hohe Brennbarkeit, aber leider auch etwas von ihrem schönen Glanz und ihrer Festigkeit verlieren. Ausgiebiges Waschen und Trocknen beschließt die Nachbehandlung.

b) Kupferseide.

Als Ausgangsmaterial kommt fast ausschließlich Baumwolle (Linters) in Frage, obwohl deren Verdrängung durch den viel preiswerteren Zellstoff in Zukunft möglich erscheint. Die Vorbereitung auf den Lösungsvorgang der Zellulose besteht im Reinigen, Beuchen (schwach alkalische Kochung), Bleichen und Mahlen der Fasermasse. Die Lösung der sehr „schmierig" gemahlenen Baumwolle erfolgt dann mittels Kupfervitriollösung unter Zusatz von so viel Natronlauge, als zur Fällung des gebildeten Kupferhydroxyds erforderlich ist. Die durch die chemische Umsetzung bedingte Temperatursteigerung muß dabei durch mehr oder weniger starke Kühlung herabgesetzt werden. Nach Wasserzusatz wird die Lösung filtriert, in geschlossenen Kesseln entlüftet und gleichzeitig von dem überschüssigen Ammoniak befreit.

Für das Spinnen der Kupferseide hat das bereits erläuterte Streckspinnverfahren eine besondere Bedeutung erlangt (vgl. Abb. 210). Die aus einer Spinnbrause nach unten austretenden feinen Fäden gelangen in einen Doppelglastrichter, in dem ein schwach alkalisches Fällbad zirkuliert. Fadenbündel und Fällbad treten durch die untere Trichteröffnung aus, und der Faden wird gleich darauf über einen Glasstab seitlich abgeführt, während das abfließende Fällbad darunter aufgefangen wird. Über eine Rinne hin, in der dem Faden Schwefelsäure entgegenrieselt, die das Kupfer auslöst, wird der Faden dann durch eine gleichmäßig umlaufende Spule abgezogen und durch Hin- und Herbewegung der Rinne selbst oder eines anderen Fadenführers in Kreuzwindung aufgewickelt. Das Strecken der gefällten Einzelfäden vollzieht sich bereits innerhalb des Spinntrichters unter der Einwirkung der in der Richtung der Fäden strömenden Flüssigkeit, so daß es auf eine ganz gleichmäßige Abzugsgeschwindigkeit nicht so sehr ankommt und infolgedessen statt der Spulen auch Haspel verwendet werden können. Auch mit der Einführung von Spinntopfmaschinen, die sich für Viskoseseide vorzüglich bewährt haben, hat man neuerdings gute Erfahrungen gemacht.

Die Nachbehandlung der in Strähnform gebrachten Kupferseide besteht im Absäuern, Waschen und Trocknen.

Der Wiedergewinnung des Kupfers und des Ammoniaks kommt große Bedeutung zu, weil durch deren Verbrauch der hohe Gestehungspreis der Kupferseide gegenüber der Viskoseseide, abgesehen von der Verwendung des teureren Ausgangsmaterials, im wesentlichen bedingt ist. Als Vorzüge der Kupferseide stehen den hohen Gestehungskosten aber die hervorragende Trocken- und Naßfestigkeit sowie bei den feinfädigen Sorten der milde, seidenähnliche Glanz und weiche Griff gegenüber.

c) Viskoseseide[1].

Die weitaus größte wirtschaftliche Bedeutung hat heutzutage die Viskosekunstseide, für deren Gewinnung ein besonders sorgfältig hergestellter Sulfitzellstoff verwendet wird. Die Herstellung der Viskose kann hier nur kurz angedeutet werden: Der in kleine Platten geschnittene Zellstoff wird zunächst durch Eintauchen in Natronlauge und Abpressen der überschüssigen Lauge in Alkalizellulose verwandelt, die in einem Zerfaserer zerkleinert und dann in abgeschlossenen Gefäßen zum „Vorreifen" stehengelassen wird. Nach Erreichung des erforderlichen Reifegrades wird die Alkalizellulose innerhalb einer langsam umlaufenden Sulfidiertrommel mit Schwefelkohlenstoff umgesetzt, worauf das so entstandene Xanthogenat in Rührgefäßen durch Zusatz von Natronlauge in die eigentliche Viskose verwandelt wird. Die Viskose wird mittels Filterpressen sorgfältig von allen Verunreinigungen befreit und muß dann einen Reifeprozeß von bestimmter Dauer bei gleichmäßig niedriger Temperatur durchmachen, bevor sie zum Verspinnen in Druckluftkessel gebracht wird. Von diesen Spinnkesseln wird die Viskose durch Rohrleitungen den einzelnen Spinnmaschinen zugedrückt, von denen jede eine größere Anzahl Spinnstellen besitzt. Da die Zuführung genau gleichmäßiger Viskosemengen zu den einzelnen Gruppendüsen infolge der unvermeidlichen Schwankungen des Druckes und der Viskosität ohne den Einbau von Fördereinrichtungen in die Viskoseleitung unmöglich wäre, schaltet man allgemein vor jede Spinnstelle eine kleine Pumpe ein, die den Zufluß zu der betreffenden Düse genau regeln soll. Dazu dienen Kolben- oder Zahnradpumpen[2]; die zweite Bauart ist häufiger in Gebrauch und auf Abb. 212/213 in einem Ausführungsbeispiel dargestellt.

Bei dieser Zahnradpumpe erfolgt die Förderung der Spinnlösung zwischen den mit ganz geringem Spielraum kämmenden Stirnrädern Z_1, Z_2, indem Z_1 durch das Triebrad T von einer durchlaufenden Maschinenwelle aus angetrieben wird. Durch Auswechselung von T kann der zu spinnende Titer ohne weiteres geändert werden. Bei Abnützung der

---
[1] Vgl. Faust: Kunstseide (1928).
[2] Vgl. Süvern: Die Künstliche Seide (1926).

Zahnräder muß entweder eine Nachstellung zwecks Verringerung des Spielraumes oder ein Austausch gegen neue Räder erfolgen.

Als Spinndüsen werden nur noch Gruppendüsen verwendet, die eine der Anzahl der zu vereinigenden Einzelfäden entsprechende Lochzahl besitzen; die Fadenzahlen betragen etwa 14—50 bei einer Feinheit des Gesamtfadens von 90—240 den. Die Düsenplatte p (Abb. 214/215) besteht aus Platingold oder einer anderen Goldlegierung, die zwischen Dichtungsringen r mittels der Überwurfmutter k auf den Hartgummiunterteil u aufgeschraubt wird. Unter die Düsenplatte, die auch hutförmig ausgebildet und aus Porzellan hergestellt sein kann, legt man gewöhnlich noch ein ganz feines Stoffilter s, während eine sog. Filterkerze zwischen Spinnpumpe und Düsenrohr eingeschaltet wird, wie Abb. 217 bei Fi zeigt.

Die beiden nebeneinander benutzten Spinnmaschinen für Viskose sind auf Abb. 216 und 217 in ihrem allgemeinen Aufbau dargestellt.

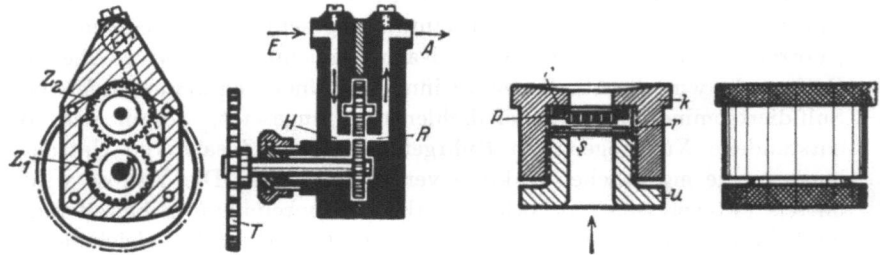

Abb. 212 u. 213. Zahnradspinnpumpe[1].   Abb. 214 u. 215. Spinndüse.

Beide Maschinen sind doppelseitig und mit sehr stabilen Rahmen versehen, damit Erschütterungen, die für den gleichmäßigen Abzug der Kunstfäden schädlich sein könnten, vermieden werden. Die ältere Spulenspinnmaschine (Abb. 216) ist von der Spinntopfmaschine noch nicht verdrängt worden, weil sie den Vorzug der einfacheren Bauart und der niedrigeren Anschaffungs- und Instandhaltungskosten bietet. Die Düsen D, denen die Spinnlösung durch die Pumpen P aus der Viskoseleitung V zugedrückt wird, tauchen in ein gemeinsames Fällbad B, durch das die Fäden von der hochliegenden Spule Sp abgezogen werden. Ein durch Hebel h und Stange st hin- und hergeführter Fadenführer aus Glas oder Porzellan erzeugt die Kreuzspulenform der entstehenden Spule; die Bewegung des Fadenführers wird von einer herzförmigen Scheibe oder durch ein Planetengetriebe eingeleitet. Das Getriebe für die Spulen und Fadenführer wird bei den neuesten Maschinenbauarten ganz eingekapselt und läuft in Öl, um es der Einwirkung der Säure sowie des sich bildenden Schwefelwasserstoffs zu

---

[1] Bauart Fr. Küttner.

entziehen. Die Spulen *Sp* tauchen in eine mit verdünnter Säure gefüllte Rinne *T*, was zur Erzielung vollständiger Koagulation des Fadens von Vorteil ist.

Die Zentrifugenspinnmaschine oder Topfspinnmaschine (Abb. 217) hat die schon erwähnten Vorteile der Drehungserteilung beim Ablegen des Fadens in den Spinntopf und der höheren Leistung vor der Spulenspinnmaschine. Das Fadenbündel wird durch die hochliegende Rolle *Ro* abgezogen, die auch quer zur Längsrichtung der Maschine angebracht sein kann, und gelangt durch den Trichter *Tr* in die Spinnzentrifuge *Z*. Der nach unten rohrartig verlängerte Trichter dient zugleich als Fadenführer, indem er mittels der am Maschinengestell geführten Stange *St* und des Doppelhebels *H* auf- und abbewegt wird. Durch die Zentrifugalkraft werden die sich kreuzenden Fadenlagen an die Wand des Spinntopfes gedrückt, wobei nur bei genau zentraler Lage des Trichterendes und schwingungsfreien Laufes des Spinntopfes eine gleichmäßige Einlagerung des Fadens zu erzielen ist. Aus dem letztgenannten Grunde bereitete die konstruktive Ausführung der Zentrifugen und insbesondere ihr Antrieb lange Zeit Schwierigkeiten, die aber durch die vorzüglichen neuen Konstruktionen überwunden sind.

Am vorteilhaftesten ist der elektrische Einzelantrieb der Spinntöpfe mit schwingungsfreier Aufhängung bzw. Schwingungsdämpfung des umlaufenden Aggregates. Der kleine Motor *M* muß freilich sorgfältig gegen das Eindringen von Säure o. dgl. geschützt werden, die noch aus dem Spinntopf abtropft. Jede Zentrifuge kann natürlich für sich abgestellt werden, wozu Fußschalter *A* unterhalb der Maschine vorgesehen sind. Die Koagulation der Fäden muß bei diesem Verfahren bereits beim Verlassen

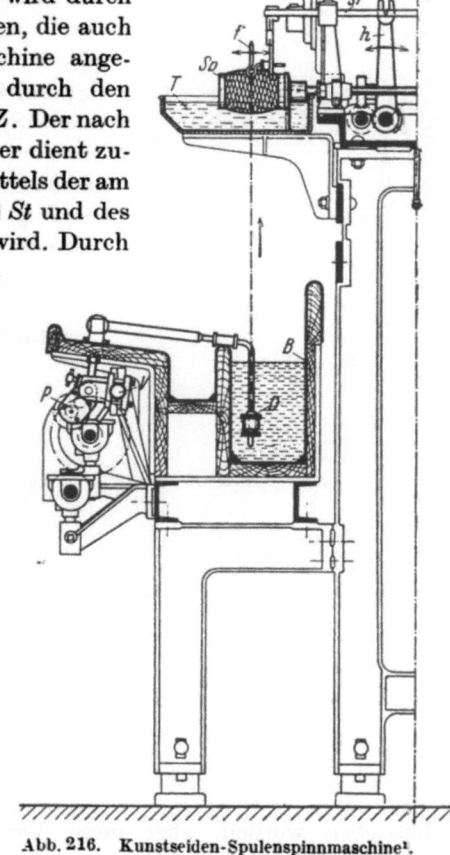

Abb. 216. Kunstseiden-Spulenspinnmaschine[1].

[1] Bauart Carl Hamel A.-G.

des Fällbades B vollständig beendet sein, weshalb durch geeignete Fadenführung bzw. Höhe der Fällbadrinne der vom Faden im Fällbad zu durchlaufende Weg je nach der Abzugsgeschwindigkeit gegebenenfalls verlängert werden muß. Die üblichen Drehungen von etwa 100 pro Meter Fadenlänge können schon bei Zentrifugendrehzahlen von 5—6000 pro Min. für eine Abzugsgeschwindigkeit von 40 m pro Min. dem Faden erteilt werden, es besteht aber auch die Möglichkeit, bei den neuen Zentrifugenantrieben die Drehzahlen noch wesentlich zu steigern und dadurch entweder den Drall oder bei gleichbleibendem Drall die Spinnleistung noch zu erhöhen. Die aus den Spinntöpfen genommenen Spinnkuchen brauchen also nicht mehr gezwirnt zu werden, sondern werden gleich naß gehaspelt und dann ausgiebig gewaschen und getrocknet. Die Spulenseide muß dagegen zunächst auf den Spulen salz- und säurefrei gewaschen und getrocknet werden; nach schwachem Anfeuchten kann sie dann erst gezwirnt werden. Die nach beiden Verfahren gewonnene Viskoseseide wird schließlich in Strangform gebracht und auf Spezialmaschinen entschwefelt, gewässert, gebleicht und nach nochmaligem Wässern getrocknet.

d) Azetatseide.

Die Herstellung von Kunstfäden aus Azetylzellulose ist zwar schon vor mehr als 20 Jahren fabrikmäßig betrieben worden, aber diese Versuche scheiterten einerseits an den zu hohen Gestehungskosten infolge des großen Lösungsmittelverlustes und andererseits an den Schwierigkeiten, die sich der Anfärbung dieser Azetatseide entgegenstellten. In neuerer Zeit sind diese Hindernisse aber durch vollkommenere Wiedergewinnungs- bzw. Färbverfahren überwunden worden, und die Erzeugung von Azetat-

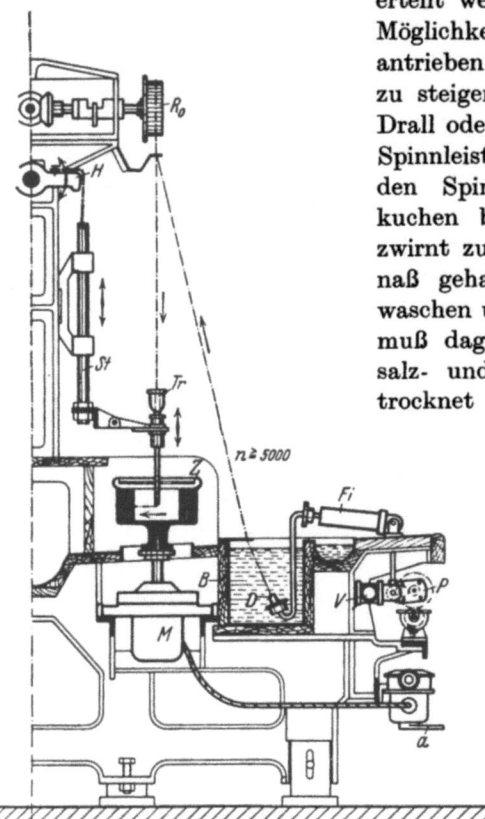

Abb. 217. Zentrifugenspinnmaschine[1].

---

[1] Bauart Düsseldorf-Ratinger Masch.- u. Apparatebau A.-G. mit S. S. W.-Antrieb.

seide ist in ständigem Wachsen begriffen. Diese Kunstseide hat nämlich vor den bereits besprochenen Arten den Vorzug, daß ihre Festigkeit in feuchtem Zustand viel weniger abnimmt, daß sie ein geringeres spezifisches Gewicht hat und schwerer entflammbar ist; sie kann feinfädig ausgesponnen werden und besitzt einen seidenähnlicheren Glanz als die Viskoseseide.

Als Ausgangsstoff für die Azetylzellulose kann außer Baumwolle auch Zellstoff bester Beschaffenheit verwendet werden, aus dem durch ein hier nicht näher zu beschreibendes Verfahren unter Zusatz von Essigsäure, Schwefelsäure usw. ein Azetat gewonnen wird. Die eigentliche Spinnlösung entsteht dann durch Auflösen des getrockneten Azetats in einem Lösungsmittel (Azeton, Alkohol-Benzol o. dgl.). Das Spinnen kann nach dem Naß- oder Trockenspinnverfahren vor sich gehen; das letztere wird bevorzugt, seitdem die Frage der Wiedergewinnung der Lösungsmittel gelöst ist. Wie bei der Kupferseide wird aus einer Brausedüse von oben nach unten gesponnen, die Düse befindet sich aber in einem rohrartigen, nach unten trichterförmig auslaufenden Kasten, der durch Einführung von Warmluft und Oberflächenheizung auf gleichmäßig hoher Temperatur gehalten werden muß, damit die Verdunstung der Lösungsmittel und dadurch die Koagulation der Fäden schnell genug erfolgt. Durch eine genaue Abstufung der Temperatur dieses geschlossenen Spinnraumes kann aber auch in diesem Falle der Erstarrungsvorgang so verlangsamt werden, daß bei gesteigerter Abzugsgeschwindigkeit ein weitgehendes Strecken der Einzelfäden stattfindet.

Die trockengesponnene Azetatseide bedarf keiner weiteren Nachbehandlung, wie Waschen usw., was eine wesentliche Vereinfachung des Herstellungsverfahrens bedeutet und die in der nassen Nachbehandlung bzw. Trocknung liegenden Fehlerquellen ausschaltet. Auch durch die hohe Spinnleistung pro Düse zeichnet sich das Trockenspinnverfahren für Azetatseide aus, indem die Abzugsgeschwindigkeit z. B. etwa fünfmal so groß wie beim Viskoseverfahren genommen werden kann.

Die Möglichkeit, auch andere Zelluloseverbindungen zwecks Gewinnung von Kunstfäden herzustellen, soll hier nur erwähnt werden; gewisse Erfolge sind bereits mit Zelluloseäthern (Lilienfeldseide), allerdings nur im Laboratoriumsbetrieb gemacht worden. An der Verbesserung der Eigenschaften der bereits bekannten Kunstseiden wird ebenfalls dauernd weitergearbeitet, wie z. B. die Einführung der Luft- oder Röhrchenseide zeigt (vgl. Abb. 211), die sich durch ihr niedriges (scheinbares) spezifisches Gewicht und ihr geringes Wärmeleitvermögen auszeichnet[1].

---

[1] Vgl. Weltzien: Chemische und physikalische Technologie der Kunstseiden (1930).

F. Asbest.

Unter den Mineralien gibt es einen einzigen Stoff, den Asbest, der eine feinfaserige Struktur hat und sich deshalb wie andere Spinnfasern behandeln läßt. Wegen seiner hohen Widerstandsfähigkeit gegen das Feuer verwendete man den Asbest schon im Altertum zur Herstellung feuerfester Stoffe, und braucht ihn heutzutage außerdem für allerhand Dichtungs- und Packungsmaterial. Der Asbest kommt in verhältnismäßig dünnen Schichten (meistens 10—50 mm) zwischen Schiefergestein vor, wobei die Fasern senkrecht zur Länge der Schicht verlaufen, also etwa der Dicke der Schicht in ihrer Länge entsprechen. Für das Verspinnen eignen sich nur die langfaserigen Sorten, während aus dem kurzfaserigen Asbest Pappen, Platten für Bauzwecke und verschiedenartiges Dichtungs- und Isoliermaterial hergestellt werden. Die größte Menge des für Spinnzwecke brauchbaren Asbests liefert Kanada; diese Fasern sind weiß bis silbergrau, verhältnismäßig lang und schmiegsam. Der bläuliche, seidenglänzende südafrikanische Asbest hat ebenfalls lange Fasern, die sich sehr leicht voneinander trennen lassen; aber infolge anderer chemischer Zusammensetzung (Eisengehalt) ist er wenig widerstandsfähig gegen Hitze und deshalb für manche Zwecke ungeeignet. Verarbeitet wird in Deutschland hauptsächlich noch der sibirische Asbest, dessen gelbliche Fasern kürzer und härter als die vom kanadischen sind, und der italienische Asbest, der dem kanadischen ebenbürtig ist.

Der aus dem Gestein gebrochene Asbest kommt in kleinen, noch stark mit Schiefer durchsetzten Brocken in den Handel und muß nach gründlicher Mischung der für den bestimmten Zweck brauchbaren Sorten auf einem Kollergang derart zerquetscht werden, daß die Schiefer-, Quarz- und sonstigen Gesteinsreste sich von den Asbestfasern trennen lassen. Besonders bewährt hat sich für diesen Zweck der Kollergang mit umlaufender Schale und feststehender Läuferachse, der sich viel leichter und gefahrloser bedienen läßt als bei umlaufenden Läufersteinen. Die Läufer erhalten Stahlgußringe, durch deren scharfe Kanten die Asbestbrocken wirksam zerkleinert werden, so daß ein flockiges Fasergemisch mit Schieferresten entsteht. Die Asbestfasern sind außerordentlich fein (bis zu $1/2$ Mikron), hängen aber noch in Büscheln zusammen, deren Auflösung und Trennung von den Gesteinsresten am besten durch einen Vertikalöffner (Syst. Crighton) derselben Bauart, die in der Baumwollspinnerei üblich ist (vgl. Abb. 54), erfolgt. Durch das Herumschleudern des Fasergutes innerhalb des kegeligen Rostes werden die spezifisch schwereren Steinteilchen ausgeworfen, die Faserflocken werden ohne Schädigung der Asbestfasern weiter aufgeteilt und der feine Staub und Sand durch eine zur Faserverdichtung und Abfuhr dienende Siebtrommel mittels Ventilators abgesaugt (vgl. Abb. 50). Bei größeren Anlagen erhält der Öffner eine selbsttätig arbeitende Einfüllmaschine, die nach dem Vorbild des auf Abb. 117 dargestellten Kastenspeisers arbeitet.

Für manche Zwecke genügt eine derartige Aufbereitung der Asbestfasern, um aus dieser wirren Fasermasse, auf der Walzenkrempel, ein gleichmäßiges Vlies und schließlich einzelne runde Vorgarnfäden zu bilden. Eine noch bessere Mischung und Reinigung zur Entlastung der Krempeln ist aber oft erwünscht und kann durch Reiß- und Klopfwölfe erzielt werden, wie sie in der Streichgarnspinnerei üblich sind. Für Asbest ist ein sog. Mischwolf, Bauart Ernst Geßner A.-G., besonders geeignet, der einen Reißtambour und gleichzeitig einen Klopftambour in einer Maschine vereinigt. Auf dem Lattenzuführtisch dieses Mischwolfs wird das zu mischende Fasermaterial in den gewünschten Mengen aufgelegt, auf der Reißtrommel gleichmäßig verteilt und über eine Mulde hin an den Klopftambour abgeliefert, der die Faserflocken so lange mischt und beim Umtreiben zwischen den Schlagstäben von Steinteilchen reinigt, bis durch eine selbsttätig arbeitende Vorrichtung die Auswurfklappe geöffnet und gleichzeitig der Zuführtisch stillgesetzt wird.

Steinige Abfälle, die noch brauchbare Asbestfasern enthalten, werden in einer Schlagmühle zerkleinert und nach Ausscheidung der Gesteinsreste zur Mischung mit frischem Fasermaterial auf den Zuführtisch des Wolfes wieder aufgegeben.

Asbest kann nur zu gröberen Garnen versponnen werden und bedarf stets des Zusatzes von Baumwolle, der je nach der Güte der Asbestfasern und der Nummer der Garne 2—10 vH beträgt, denn diese mineralische Faser ist sehr glatt und hat gar keine Kräuselung, so daß die Vereinigung der kurzen Fasern zu einem fortlaufenden Faden Schwierigkeiten bereitet, und ein höherer Verzug nicht möglich ist. Die Vorgarnbildung erfolgt deshalb wie in der Streichgarnspinnerei auf einer Walzenkrempel mit Florteiler, und das Fertigspinnen nur mit ganz geringem Verzug. Je nach der Feinheit der Garne werden einfache Krempeln oder Zweikrempelsätze benutzt. Die Doppelflorkrempel nach Abb. 218 für grobe Web- und Packungsgarne besitzt einen selbsttätigen Speiser, der sich von den an Streichgarnkrempeln üblichen im wesentlichen nur durch die auf dem Speisekasten liegende Zubringerwalze W und die an Stelle des Hackers tretende Abstreichwalze S oberhalb des Wiegeapparates unterscheidet. Auf den langen Lattentisch kann ein Baumwollwickel B zur gleichzeitigen Zuführung eines dünnen Vlieses Baumwolle als Zusatz zu den Asbestfasern aufgelegt werden. Vor der Hauptkrempel ist eine Vorkrempel (Avant-Train) mit 2 Paar Arbeiter- und Wenderwalzen und einem Vorreißer v angeordnet; die ganze Krempel ist durch aufklappbare Hauben staubdicht abgeschlossen. Zur Erhöhung der Leistung und vollständigen Aushebung der von dem Trommelbeschlag aufgenommenen Faserschicht sind 2 Abnehmer P_1, P_2 vorgesehen, deren Flore durch Lattentücher aufgefangen und vereinigt einem Riemchenflorteiler der an Streichgarnkrempeln gebräuchlichen Bauart (vgl. Abb. 97) zugeführt werden. Der Florteiler zeichnet sich nur durch besonders breite Nitschelhosen aus, die besser geeignet sind, aus den glatten Asbestfasern haltbare Vorgarnfäden zu runden. Unter der Vorreißwalze v ist ein stellbares Messer zum Abstreifen der steinigen Beimengungen vorgesehen. Die große Haupttrommel ist an ihrem Umfang mit 5 Paar Arbeitswalzen ausgerüstet, dazu kommt vor jedem Abnehmer P_1, P_2 eine Läuferwalze V_1, V_2, die in derselben Weise wie bei der Wollkrempel die in dem Kratzenbeschlag sitzenden Asbestfasern zwecks leichterer Über-

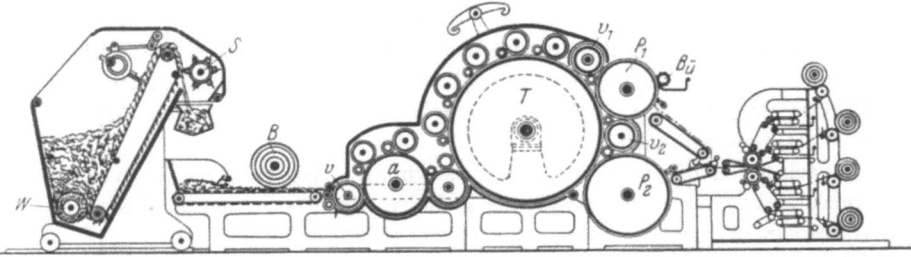

Abb. 218. Doppelflorkrempel für Asbest (Bauart Ernst Geßner A.-G.).

nahme durch den Abnehmer an die Beschlagspitzen heben soll. Der obere, stärker beanspruchte Abnehmer wird durch eine Bürstwalze $Bü$ von tiefer eingedrungenen Steinchen oder Fasern befreit, die in eine auf Abb. 218 angedeutete Rinne ausgeworfen werden.

Beim Durchgang des Fasermaterials durch eine einfache Spinnkrempel der beschriebenen Bauart fallen die nebeneinander ablaufenden Vorgarnfäden nicht ganz gleichmäßig aus, weil beim einmaligen Krempeln das Vlies von der Mitte nach den Rändern zu in der Faserverteilung und Dichte geringe Unterschiede aufweist. Bei höheren Ansprüchen an die Gleichmäßigkeit des Vorgarnes bzw. Garnes ist daher das Zweikrempelsystem dem einmaligen Krempeln vorzuziehen. Der Zweikrempelsatz, Abb. 219/220, ist verwendbar für Garne, die feiner als Nr. $50 m_A$ sind, d. h. von denen 5000 m 1 kg wiegen. Beide Krempeln liefern nur einen Flor ab, entsprechend der feineren Vorgarnnummer und dadurch bedingten geringeren Dichte des Krempelvlieses. Der Bau der Reißkrempel und Vorspinnkrempel entspricht im übrigen demjenigen der schon besprochenen einfachen Krempel; nur hat die Vorspinnkrempel in diesem Falle keine Vorkrempel. Die Vliesübertragung erfolgt von der ersten zur zweiten Krempel als Breitband mit

Längsfaserspeisung nach der auf Abb. 122 gezeigten Art; die Täfelung und vielfache Doppelung des Vlieses ergibt dabei die gewünschte Ausgleichung in der Länge und Breite des Faserflores. Der Speiser und Riemchenflorteiler mit 4 Nitschelwerken haben dieselbe Konstruktion wie bei der Doppelflorkrempel.

Die beim Krempeln, ebenso wie bei dem vorherigen Öffnen und Reinigen, abfallenden kurzen Fasern finden noch Verwendung bei der Fabrikation von Asbestpappen o. dgl. Die Spinnereiabgänge können

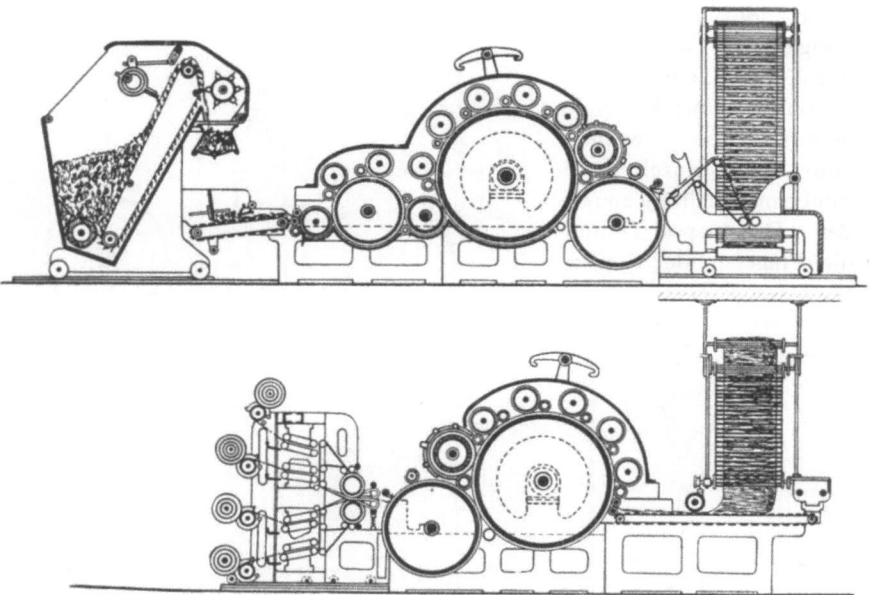

Abb. 219 u. 220. Zweikrempelsatz für Asbest.

auf einer besonderen Reinigungsmaschine von anhaftendem Sand, Steinen usw. gründlich befreit und durch eine Siebtrommel mit Exhaustoranschluß zu Watte verdichtet werden, so daß ihre Wiederverarbeitung auf der Krempel möglich ist.

Für das Fertigspinnen der Asbestgarne kann die Flügel- oder die Ringspinnmaschine benutzt werden, wobei vielfach Kernfäden aus Wolle oder Metalldrähte in solche, dann „Seelengarne" genannten Asbestgarne, eingesponnen werden. Da das ohne Drehungserteilung lediglich verdichtete Vorgarn wegen der Glätte der Asbestfasern nur eine sehr geringe Festigkeit besitzt, sich schwer von den Spulen abziehen und verstrecken läßt, gibt man oft dem Vorgarn vor dem Einlauf in das Lieferzylinderpaar eine Vordrehung, wie die auf Abb. 221/222 dargestellte Doppeldrahtflügelspinnmaschine beispielsweise zeigt.

Bei dieser Spinnmaschine wird das in die Dose D in Spulenform eingelegte Vorgarn in derselben Weise wie bei der früher besprochenen Schlauchkopsdosenspinnmaschine nach Abb. 99 bereits so weit vorgedreht (25 bis 30 vH der Gesamtdrehung), daß der Faden durch den Lieferzylinder C von innen aus der Spule herausgezogen werden kann, ohne durch diese Zugbeanspruchung zu reißen. Die Kapsel D und die Flügelspindel F wer‑

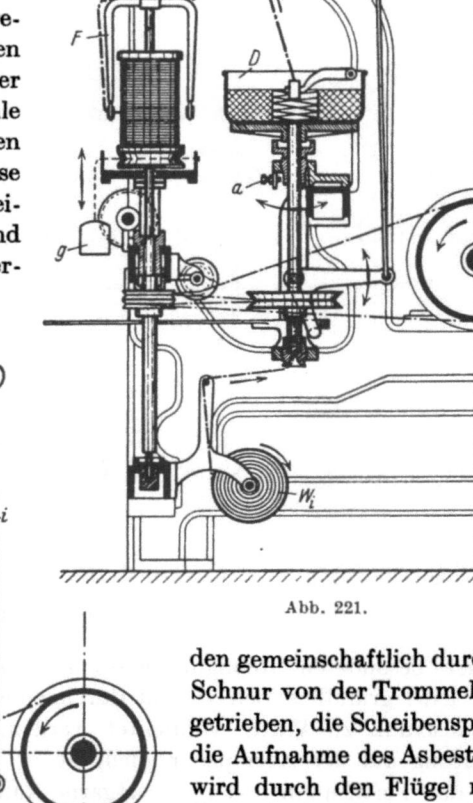

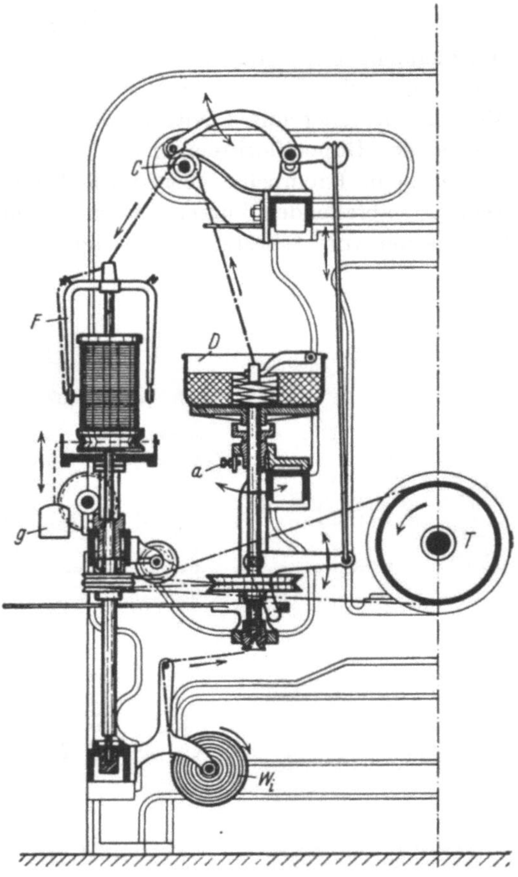

Abb. 221.

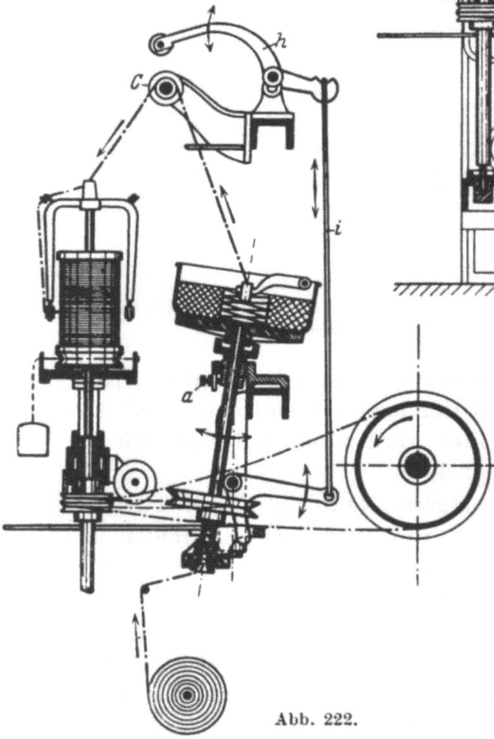

Abb. 222.

Abb. 221 u. 222. Doppeldraht-Flügelspinnmaschine.

den gemeinschaftlich durch eine Schnur von der Trommel T angetrieben, die Scheibenspule für die Aufnahme des Asbestgarnes wird durch den Flügel mittels des fertiggedrehten Garnes selbst mitgeschleppt. Durch eine Fadenbremse mit angehängtem Gewicht g wird die Spule, wie bei anderen Flügelspinnmaschinen, abgebremst. Eine Vorrichtung zum gleichzeitigen Einlegen eines Kernfadens zeigt Abb. 221 ebenfalls: von dem Fadenwickel *Wi* wird der Kernfaden durch die hohle Kapselspindel zugleich mit dem Asbestvorgarn durch den umlaufenden Lieferzylinder *C* abgezogen und bei der Drahtgebung von den Asbestfasern so umhüllt, daß er als tragender Kern

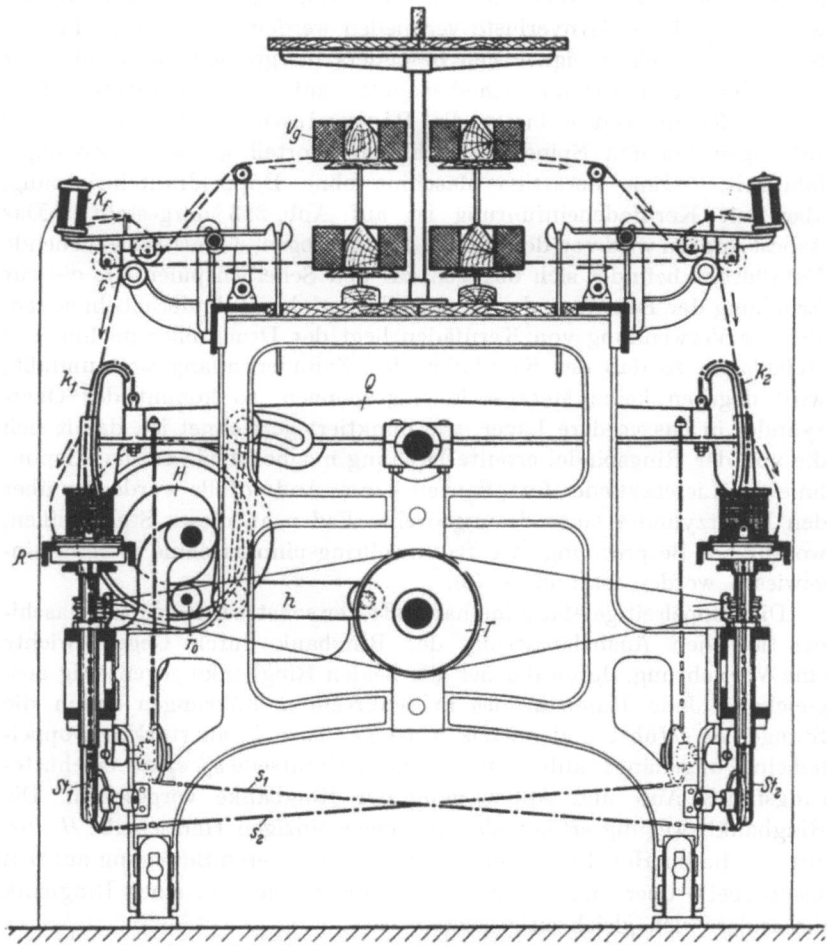

Abb. 223. Ringspinnmaschine für Kernfadengarne.

etwa in der Mitte des Garnquerschnittes liegt und durch die Asbesthülle bei entsprechender Verwendung des Garnes gegen die Einwirkung hoher Temperaturen geschützt wird.

Die Ausrückeinrichtung[1] bei gefüllter Spule oder Fadenbruch zeigt Abb. 222 in Tätigkeit: durch einen Kniehebel wird die Kapselspindel

---

[1] Pat. Ernst Geßner, Aue.

in die gezeichnete Schräglage, die durch den Anschlag a begrenzt ist, gebracht, und somit in einfacher Weise durch Schlaffwerden der Spindelschnur ein Stillsetzen beider Spindeln erzielt. Gleichzeitig wird auch durch das Gestänge i, h der Druckroller von dem Lieferzylinder C abgehoben, so daß die Nachlieferung von Vorgarn augenblicklich aufhört, wodurch größere Garnverluste vermieden werden. Diese Doppeldrahtflügelspinnmaschine eignet sich besonders für gröbere Garne mit oder ohne Kernfaden, die auf Scheibenspulen aufgewunden werden sollen.

Für feinere Garne bietet die Ringspinnmaschine wegen der zulässigen höheren Spindeldrehzahl den Vorteil größerer Leistungsfähigkeit. Eine derartige Maschine ohne Doppeldrahteinrichtung, aber mit Kernfadeneinführung ist auf Abb. 223 dargestellt[1]. Das Asbestvorgarn wird von den Spulen Vg abgezogen, der als Seele dienende Metalldraht befindet sich dagegen auf den Scheibenspulen Kf, die zur Erhöhung der Belastung der Druckroller auf den Zylinderhebeln sitzen. Bei der Verwendung von Kernfäden liegt der Druckroller im hinteren Hebellager, so daß der Kernfaden den Zylinderumfang weit umfaßt; wird dagegen keine Metallseele eingesponnen, so kommt der Oberzylinder in das vordere Lager, wie punktiert gezeichnet ist, damit sich die von der Ringspindel erteilte Drehung möglichst bis an die Klemmlinie der Lieferzylinder fortpflanzen kann. Andernfalls würde der über den Unterzylinder laufende ungedrehte Faden an dieser Stelle reißen, worauf bei Besprechung der Baumwollringspinnmaschine bereits hingewiesen worden ist (vgl. S. 73).

Die doppelseitige Maschine hat statt der sonst bei Ringspinnmaschinen üblichen Ausbalancierung der Ringbank durch Gegengewichte eine Vorrichtung, durch die sich die beiden Ringbänke gegenseitig ausgleichen. Jede Ringbank ist in senkrechten Führungen durch die Stangen St geführt und mittels Ketten k_1 bzw. k_2 an starken Doppelhebeln Q angehängt; außerdem sind noch Drahtseile s_1, s_2 zur erschütterungsfreien Auf- und Abbewegung der Ringbänke vorgesehen. Die Ringbankbewegung erfolgt also von einer einzigen Herzscheibe H aus, auf der die im Hebel h gelagerte Rolle r_0 läuft, deren Bewegung auf den Querhebel Q übertragen wird, so daß beim Steigen der einen Ringbank die andere sich gleichzeitig senkt.

Auch die Bildung von Garnkötzern mit kegeligen Endflächen ist für feinere Garne auf Asbestringspinnmaschinen mit Spindeldrehzahlen bis etwa 7000 i. d. Min. möglich.

Die Nummern der Asbestgarne werden durch die Zahl von je 100 m gebildet, die auf 1 kg gehen; sie haben also den zehnfachen Wert der üblichen Nummern nach dem metrischen System.

---

[1] Bauart Ernst Geßner, Aue.

Sachverzeichnis.

Abassi (-Baumwolle) 39.
Abfälle, als Spinnstoff 94, 128, 148, 176, 211, 233.
Abfallspinnerei, Baumwoll- 93.
— Woll- 175.
— Seiden- 217.
Abfallreinigungsmaschine 95, 176.
Abfallseide 217.
Abfallwergkrempel 212.
Abhaspeln 213, 217.
Ablieferung 65.
Abnehmer 15, 55, 198.
Abreißapparat 159.
Abreißzylinder 60, 159.
Abschälen der Jutestengel 203.
Abschlagbremse 85.
Abschlagen 84, 147.
Abschläger 7.
Abstellvorrichtung, selbsttätige 62, 70.
Abtreibtrommel 145.
Ägyptische Baumwolle 39.
Äther-Alkohol 225.
Ailanthusseide 214.
Alpaka 177.
Anaphespinner 217.
Angorawolle 116.
Anlegemaschine 187, 204.
Anmachen der Fäden 73.
Ansatzplatte 88.
Antiballonvorrichtung 75.
Arbeiter, Arbeitswalze 12, 101, 195, 206, 233.
Asbest 232.
Asbestgarne, Nummerung der 238.
Asbestpappen 235.
Aufwinder 83, 87.
Aufziehen der Kratzenbänder 15.
Ausbatteur 49.
Ausfahrt, Wagen- 83, 146.
Ausputz, Deckel- 106.

Ausrückeinrichtung, selbsttätige 237.
Australwolle 114.
Auszugslänge 89.
Auszugsschnecke 85.
Avant-Train 233.
Azetatseide 230.
Azetylzellulose 230.

Bacinelle 214.
Ballenaufzupfer 43.
Ballenbrecher 43.
Ballenlager 46.
Ballon, an der Ringspindel 74.
Bandbildung 17, 133, 205.
Banddoppelung 121.
Banddubliermaschine 58.
Bandkratzen 15.
Bandübertragungsverfahren 130.
Barchentspinnerei 93.
Bast, Faser- 181.
Bastfasern 181.
Batschen der Jute 204.
Batteur 45, 49.
Batteurknöpfe 94.
Baumwolle 37.
Baumwollabfallgarn 104, 111.
Baumwollabfallspinnerei 93.
Baumwollballen 42.
Baumwollerzeugung 40.
Baumwollfeinspinnerei 42.
Baumwollstreichgarnspinnerei 93.
Baumwollverbrauch 40.
Baumwollnummer, englische 28, 31.
Baumwollsamenöl 41.
Baumwollselfaktor 82.
Belastung der Druckzylinder 61, 188, 193, 208.
Beschlag, Kratzen- 13, 15, 53, 99, 105, 142, 195, 206.

Blattbastfasern 183.
Boken des Hanfes 201.
Bombyx mori, Seidenspinner 213.
Bombayhanf 182.
Bourettespinnerei 219.
Bradfordsystem 152.
Brechmaschine 184.
Breitband 134.
Brennessel 210.
Briseur = Vorreißer 155.
Bürstwalze 7, 124, 159, 186.
Casablancas-Streckwerk 80, 166.
Chargieren 217.
Chemisches Entklettungsverfahren 125.
Cheviotwolle 115.
Chinagras 210.
Cop = Kötzer 27.
Cornibert-Streckwerk 165.
Crighton-Öffner 47, 232.
Crossbred = Kreuzzucht 113.
Cuiteseide 217.
Cuttings 203.

Dampfrotte 184.
Deckelausputz 54.
Deckeleinstellung 54.
Deckelkrempel 53, 99.
Degummieren 210, 217.
Dekortikationsmaschine 210.
Dehnbarkeit 27, 33.
Denier 215.
Denitrieren 224.
Deppermann, Einkardenverfahren von 208.
Differentialgetriebe 68, 167, 190.
Doffer = Abnehmer 55, 195.
Doppelabnehmerkrempel 104.
Doppeldraht-Flügelspinnmaschine 235.

Doppelfadenöffner 179.
Doppelflorkrempel 137, 233.
Doppelkammstrecke 157.
Doppelkammwollkrempel 155.
Doppelung 22, 49, 66, 91, 121, 168.
Dosenspinnmaschine 111.
Drall = Draht 32, 81.
Drahtzähler 32.
Drehhaken 81.
Drehröhrchen 24, 108, 149.
Drehtopf 55, 62.
Drehungen eines Fadens 23, 32.
Drehungsgrad 34, 71.
Dreikrempelsatz 104, 137.
Drossel = Throstle 72.
Droussierkrempel 180.
Druckroller 62, 79.
Dublieren 22, 57, 168.
Duplexkämmaschine 61.
Durchspinner 73, 90, 108.
Durchzugsstreckwerk 79.
Düse, Spinn- 223, 228.

Echte Seide 213.
Eckfäden, am Florteiler 103.
Ecruseide 217.
Egreniermaschine 7, 41.
Eigenschaften der Garne 27.
Einkardenverfahren 208.
Einschlagseide 216.
Einschur 113.
Einzugskupplung 86.
Elastizität der Garne 27.
Englische Baumwollnummer 28.
— Nummerung der Flachsgarne 200.
— — der Jutegarne 210.
Entfetten der Wolle 119.
Entkletten der Wolle 122, 155.
Entkräuselung des Kammzuges 161.
Entkupfern der Kupferseide 224.
Entschälte Seide 217.
Entschwefeln der Viskoseseide 224.
Entschweißer für Wolle 119.
Erschweren der Seide 217.
Etagentrockenmaschine 119.

Etagenzwirnmaschine 224.
Extrafeinflyer 66.
Extrahieren 119.
Extrakt 177.

Fadenabweiser 74.
Fadenbremse 236.
Fadenführer 72, 109, 149, 191, 215, 226.
Fadengebind 30.
Fadenklauber 97.
Fadenleitlatte 75.
Fällbad 222, 226, 229.
Fangwalze 102, 149, 206.
Faserquerschnitt 37, 221.
Faserreibung 33.
Feeder = Speiser 46.
Feinflyer 66.
Feinheit eines Garnes 29.
Feinspindel 92.
Feinspindelzahl 130, 200.
Feinstrecke 65, 168, 189, 209.
Festigkeit eines Garnes 33.
Feuchtigkeitsgehalt 36, 46, 116, 216.
Feuchtigkeitszuschlag 36, 216.
Filet = Abnehmer 15.
Filierte Seide 216.
Filling = Öffner 211, 218.
Filterkerze 228.
Filzfähigkeit der Wolle 113, 115.
Fitzen des Strähngarnes 30.
Fixkamm 159.
Flachkämmer 61, 159, 169, 219.
Flachs 183.
Flachsbrechmaschine 184.
Flachsschwingmaschine 184.
Flachsfasern 182.
Flachsflyer 189, 193.
Flachsspinnerei 187.
Flachsstroh 183.
Flachswergspinnerei 195.
Flockseide 214, 217.
Flor, Vlies 14, 100, 234.
Flortafler 132.
Florteiler 18, 93, 102, 128, 235.
Flügel 122.
Flügelspindel 25.
Flügelspinnmaschine 72, 173, 191, 235.
Flügelwalze 44.
Flyer 66, 189.

Formplatten 88.
Formschiene 87.
Französische Numerierung 28.
Französisches Kammgarnspinnverfahren 152.
Frotteurstrecke 163.
Fruchtfasern 1, 212.

Gang, Kopf 65.
Garnausbeute 40, 183.
Garndrehung 32.
Garneigenschaften 27.
Garnettmaschine 179.
Garnkötzer 26, 75, 238.
Garnnummer 28, 112.
Garnprüfer 35.
Garnweife 30.
Garnzeigerwaage 31.
Gebinde 30, 193.
Gegenlenker 147.
Gegenwinder 88, 148.
Georgia (-Baumwolle) 39.
Gewichtsnummer 28.
Gill box 157, 169.
Gillfeld = Nadelstabfeld 190, 199.
Gillspinnmaschine 193, 209.
Gitterkasten 47.
Glaskapillare 225.
Gleichheitsprüfer 35.
Gleichmäßigkeit eines Garnes 27, 35.
Glockenspinnmaschine 174.
Grannenhaare 113.
Graupen = Faserknäuel 176.
Grège 215.
Griff der Seide 223, 227.
Grobflyer 66.
Grobgarn-Ringspinnmaschine 150.
Grobspinnmaschine 193, 212.
Grundhaar 113.
Grundwolle 37.
Gurttisch 187.

Hacker 14, 55.
Halbkammgarn 152, 173.
Halbnaßspinnmaschine 191.
Halbwollene Lumpen 177.
Halbzirkulare Krempel 206.
Handelsnummer 36.
Handspindel 24.
Handvoll, eine 187.

Sachverzeichnis.

Hanf 201.
Hanfstoßmaschine 201.
Hanfwerggarn 202.
Hartfasern 212.
Harmel, Klettenschneidapparat von 155.
Haspelweife 30, 214.
Haspeln der Seide 213.
Haupttambour 153.
Hautwolle 115.
Hechelflachsspinnerei 187.
Hechelfeld 21, 157, 187.
Hechelmaschine 185, 199, 201.
Hechelstrecke 164.
Hede, Werg 187.
Heidschaf, Heidschnucke 113.
Heilmannsche Kämmmaschine 61, 159, 219.
Hinterzylinder 64.
Hochverzugsstreckwerk 78, 166.
Holzwolle, als Spinnstoff 213.
Hopper Bale Breaker = Kastenballenöffner 43.
Hopper Feeder = Kastenspeiser 46.
Horizontalöffner 46, 51.
Hygroskopizität 36, 116.
Hyperboloidverzahnung 67.

Imitatgarn 112.
Internationale Numerierung der Seide 216.
Intersecting 157
Irländische Garnnummer 200, 210.

Jährlingswolle 115.
Jute 203.
Jutegarn 210.
Juteflyer 209.
Juteöffner 204.
Jutequetschmaschine 204.

Kämmaschine 58, 159.
Kämmen 5, 199.
Kämmling 60, 137, 157, 159.
Kamelwolle 116.
Kammgarnspinnerei 120, 152.
Kammwollen 116.
Kammzug 160.
Kanalbandabführung 156.
Kanalrost 48.
Kanaltrockenmaschine 193.

Kapselspindel 237.
Karbonisieren 125, 177, 180.
Kardenausstoßanlage 56.
Kardieren 9.
Kaschmir 116.
Kastenballenöffner 43.
Kastenspeiser 46, 129, 232.
Kehrzeug 69.
Kernfaden 236.
Kettenstrecke 198, 209.
Klemmstreckwerk 79.
Klettenschneidapparat 155.
Klettenwolf 123.
Klingellänge 189, 198.
Klopfwolf 97, 116, 122, 153, 232.
Koagulation 228, 231.
Köperstich 16.
Kötzer 26, 75, 87.
Kokon 213.
Kokonöffner 218.
Kollergang 201, 232.
Kollodiumseide 225.
Konditionierung 36, 116, 216.
Kopf, an der Strecke 65, 168.
Koppenspindel 26.
Kotonisieren 210.
Kracher im Garn 20, 79.
Kräuselung 36, 113.
Kratzenbeschlag 15, 100.
Kratzennumerierung 56.
Kratzensticharten 16.
Kreiskämmer 61, 169.
Krempel 13, 53.
Krempelwolf 99, 125, 181.
Kreuzzuchtwollen 113, 152, 169.
Kronräder 67.
Kuhhaare 181.
Kunstbaumwolle 98.
Kunstseide 219.
Kunstwolle 114, 177.
Kunstwollkrempel 180.
Kunstwollspinnerei 175.
Kupferoxydammoniakverfahren 223.
Kupferseide 226.

Läufer 26, 72.
Läuferwalze 136, 155.
Längennummer 28.
Längsfaserspeisung 100.
Lamawolle 116.
Langfaserwerg 198.
Langpelzvorrichtung 131.

La-Plata-Wollen 114.
Lattentuch 6, 43, 123, 179.
Laufspule 25.
Lea, Gebinde 200.
Lederbandstreckwerk 21, 166.
Lederhosen, Nitschelhosen 18, 23, 103.
Legaler Titer 215.
Lein 183.
Leviathan 117.
Lieferzylinder 107, 144, 235.
Lilienfeldseide 231.
Linksdraht 33.
Linters 42, 221.
Lisseuse 161.
Lister, Kämmaschine von 169, 219.
Lösungsmittel 225.
Löten eines Faserbandes 60.
Luftseide 221, 231.
Lumen 37.
Lumpenklopfmaschine 178.
Lumpenreißer 178.
Lumpenwolf 177.
Lunte, Faserband 3, 57.

Maceration 217.
Malard-Entschweißer 119.
Manilahanf 183.
Merinowolle 113, 152.
Mi-cuite-Seide 217.
Millimetergarn 152.
Mineralischer Faserstoff 231.
Mischstöcke 46.
Mischwolf 233.
Mittelkrempel 139.
Mobile (-Baumwolle) 39.
Mohairwolle 116.
Moulinierte Seide 216.
Mule (Self-acting-) 82.
Mulespindel 27.
Mungo 177.

Nachbehandlung 224, 231.
Nachdraht 83, 107, 144.
Nachkrempel 57.
Nadelfeld 21.
Nadelleistentuch, Nadeltuch 43, 46, 101.
Nadelstäbe 21.
Nadelstabstreckwerk 157, 165, 187, 205.
Nadelwalze 21, 163.
Nasmith, Kämmaschine von 58.

Rohn-Meister, Spinnerei. 2. Aufl.

Naßspinnmaschine 192, 199.
Naßspinnverfahren 222.
Nesselarten 210.
Nesterseide 217.
Neuseeländischer Flachs 183.
Nitroseide 224.
Nitscheln 17, 23.
Nitschelstrecke 81, 163.
Nitschelzeug 103.
Noble, Kämmaschine von 169.
Nordamerikanische Baumwolle 39.
Normalweife 30.
Nummerbestimmungsapparat 31.
Nummerung, Numerierung 28, 112, 152, 168, 172, 200, 203, 210, 238.
Nummerwechselräder 92.
Nußkletten 123.

Offermann, Klettenschneidapparat von 156.
Öffner, Opener 45, 117, 204, 218, 232.
Ölwolf 127.
Ostindische Baumwolle 39.

Parallellegen der Fasern 20.
Passagen 157, 168.
Pedale 50.
Peigneur = Abnehmer 15, 55, 101, 155.
Pelhanf 201.
Pelz 3, 211.
Pelzbildung 17.
Pelzbrecheinrichtung 138.
Pelzkrempel 128.
Pelztrommel 131.
Periodische Regelung 75.
Pferdehaare 181.
Pianohebel 50.
Pitze 179.
Plättmaschine 161.
Plattstich 16.
Pneumatische Förderung 46, 94, 101.
Preßfinger 66.
Preßtopf 55.
Putzvorrichtung 64.
Putzwalze 105, 139.

Quadrant 86, 147.
Quetschwalzen 4, 162.
Querfaserspeisung 100.

Räderknie 68.
Ramie 210.
Rasenröste 184.
Reach-Streckweite 189.
Rechtsdraht 33.
Reiben des Hanfes 201.
Reinhanf 201.
Reinigungsmaschine 95, 176.
Reißkrempel 100, 112, 234.
Reißmaschine 97.
Reißwolf 99, 125.
Ringbank 76.
Ringelkletten 123, 155.
Ringspindel 26.
Ringspinnmaschine 72, 108, 148, 164, 238.
Risten 185, 201, 204.
Röhrchenseide 231.
Röste 184, 201.
Rohseide 215.
Rotten 184, 201.
Rückfasern 177, 212.
Rückgewinnungsanlage 225.
Rundkämmaschine 61, 169, 219.

Sägenegreniermaschine 41.
Sackstopfapparat 56.
Sakel, Sakellaridis 39.
Satz, Kratzenstich 56.
Saugöffner 51.
Sauschwänzchen 72.
Schäben 184, 186.
Schafwolle 113.
Schappespinnerei 217.
Schappespinnverfahren 211.
Scheibenspule 25.
Schlagmaschine 42, 94.
Schlauchkopsspinnmaschine 108, 150.
Schleifmaschine, Kratzen- 105.
Schleifspule 26.
Schleißhanf 201.
Schleuderöffner 47.
Schlußdraht 143.
Schmelze, Öl 120, 125, 161.
Schmutzmulde 105.
Schneidscheiben 201, 204.
Schnellwalze 15, 99, 180, 198.
Schnitte im Garn 20.
Schraubenstrecke 157.

Schüttelmaschine 195.
Schweißwolle 115.
Schwimmende Fasern 78.
Schwingmaschine 184.
Schwingungsdämpfung 229.
Scoured (wool) = gewaschene Wolle 115.
Seelengarne 235.
Seidenabfallspinnerei 217.
Seidenhaspel 214.
Seidenleim 213.
Selbstaufleger 232.
Selfaktor 72, 82, 142.
Selfaktorspindel 27, 83, 90.
Sericin = Seidenleim 213, 216.
Shoddy 148, 177.
Siebtrommel 7, 41, 60, 95.
Sisalhanf 183.
Sortierhaspel 30.
Speiseapparat, Speiser 101, 129, 195.
Speiseregler 46, 50.
Speisewalze 206.
Spindelantrieb, elektrischer 193.
Spindelbank 66.
Spindelstrecke 153, 171.
Spinndüse 223.
Spinnflügel 193.
Spinnkessel 221.
Spinnkuchen 230.
Spinnlösung 220.
Spinnmotoren 194.
Spinnplan 3, 37, 92, 163, 200.
Spinnregler 76.
Spinnröhrchen 149.
Spinntopf 229.
Spiral-Reiß- und Klopfwolf 122.
Spulenbank 66, 189.
Spulenseide 230.
Spulenspinnmaschine 227.
Spulenwechselvorrichtung, selbsttätige 193.
Stahlbandflorteiler 130.
Stapelfaser 223.
Stapeldiagramm 38.
Sterlingswolle 115.
Steuerwelle am Selfaktor 89.
Stich (Kratzen-) 56.
Stoßen des Hanfes 201.
Strecken 18, 61.
Streckkopf 198.
Streckspinnverfahren 223, 226.

Sachverzeichnis.

Streckwalze, Streckzylinder 64, 137, 193.
Streckweite 157, 189, 199.
Streckwerk 61.
— für Hochverzug 78, 166.
Streichgarnspinnerei 121.
Streichgarnwagenspinner 107, 145.
Streichgarnringspinnmaschine 108.
Streichwolle 115.
Strozzi 214.

Tambour 13, 53.
Tastenmulde 50.
Tauröste 184.
Teilung, Spindel- 83.
Throstle = Ringspinnmaschine 72.
Tierische Fasern 181.
Titer 214, 223.
Toennissensattel 79.
Topfstrecke 160.
Torta 215.
Tote Baumwolle 39.
Trame 216.
Traveller 26, 72.
Trichterspinnmaschine 111.
Trikotagengarn 104.
Trockengewicht 36, 216.
Trocknen der Flachsgarne 193.
— der Wolle 119.
Trockenspinnmaschine 191.
Trockenspinnverfahren 222.
Trommelöffner 51.
Tussahseide 214.
Twist 32, 72.
Twistwirtel 85, 146.

Übertragung des Krempelflores 130.
Untermittel 35.
Uplands (-Baumwolle) 39.

Verdichtung des Faserbandes 23.
Vertikalöffner 47, 94, 232.
Verzug 18, 49, 57, 71, 78, 144.
Vigogne 116.
Vigognegarn 104, 112.
Vigognespinnerei 93, 99.
Vierzylinderstreckwerk 78.
Vlies 14, 57, 113.
Vliesgrobstrecke 175.
Volant = Schnellwalze 15, 101.
Vorbatteur 49.
Vordraht, Vordrehung 149, 235.
Vorgarnbildung 93, 173.
Vorkrempel 205, 234.
Vorreifen der Viskose 227.
Vorreißer 13, 54, 233.
Vorspinnen 23, 171.
Vorspinnmaschine 66, 189, 199, 212.
Vorstechkamm 159.
Vorstrecke 65, 209.
Vortambour, Vortrommel 136, 154.

Wagen 83, 145.
Wagenausfahrt 85, 146.
Wageneinfahrt 86, 147.
Wagenspiel 107.
Wagenspinner 107, 167.
Walkfähigkeit 113.
Walzenballenbrecher 42.
Walzenegreniermaschine 41.
Walzenkrempel 13, 99, 211.
Walzenschleifmaschine 105.
Wanderdeckelkrempel 53.
Waschen der Wolle 116, 119.
Wasserröste 184.
Watte 235.
Wechselräder 78, 81.
Wendezeug 69.

Wender 12.
Wickelapparat, Wickelmaschine 49, 170, 207.
Wiedergewinnung von Lösungsmitteln 222, 227, 231.
Wiegeapparat 129.
Wilde Seide 214.
Willow = Wolf 98.
Winderdraht 87.
Windewerkzeuge 88.
Wolle 113.
Wollegewinnung 115.
Wolleverbrauch 115.
Wolleentklettung 125.
Wollfett 119.
Wollsorten 114.

Xanthogenat 227.

Yamamayseide 214.
Yard, als Längeneinheit 28.

Zackelschaf 113.
Zählerstrecke 168.
Zahlen, Garnsträhne 30.
Zahnradpumpe 227.
Zange, an der Kämmmaschine 58, 159.
Zentrifugenspinnmaschine 223, 229.
Ziegenhaare 181.
Zirkularkarde 207.
Zug = Kammzug 160.
Zupf- und Schlagwolf 123.
Zweidofferkarde 208.
Zweierstich 16.
Zweikrempelsatz 100, 135, 181, 234.
Zweizylindergarn 107.
Zwirngrègen 216.
Zwirnmaschinen 224.
Zwirnscheibe 85, 146.
Zwischenkrempel 138.
Zylinderstreckwerk 61.

16*

Verlag von Julius Springer / Berlin

Handbuch der Spinnerei. Von Ing. **Josef Bergmann †**, o. ö. Professor an der Technischen Hochschule in Brünn. Nach dem Tode des Verfassers ergänzt und herausgegeben von Dr.-Ing. e. h. **A. Lüdicke**, Geh. Hofrat, o. Professor emer., Braunschweig. Mit 1097 Textabbildungen. VII, 962 Seiten. 1927. Gebunden RM 84.—

Es ist erstaunlich, welche Fülle von Wissen und Können in diesem umfangreichen Werke enthalten ist, das nach dem vorzeitigen Tode Bergmanns von Professor Dr. Lüdicke in Braunschweig herausgegeben ist. Nach einer allgemeinen Technologie der Faserstoffe und der technischen Spinnerei wird die Verspinnung der einzelnen Textilfasern im einzelnen behandelt, wobei schlechterdings nichts unberücksichtigt geblieben ist. Das Werk ist in einer vorbildlich vorzüglichen Weise mit Bildern und Zeichnungen ausgestattet. Und damit liegt ein Werk vor, das alles enthält, was heute über das weitverzweigte Gebiet der Spinnerei zu sagen ist. „Zeitschrift für die gesamte Textil-Industrie".

Die Spinnerei. Von Geh. Hofrat Prof. Dr.-Ing. e. h. **A. Lüdicke**, Braunschweig. Mit 440 Textabbildungen. VI, 268 Seiten. 1927. Gebunden RM 28.—

(Erschien als 2. Band, erster Teil, im Rahmen des großen Sammelwerkes „Technologie der Textilfasern", herausgegeben von Prof. Dr. R. O. Herzog.)

... Es gibt kein anderes Lehrbuch, das auf diesem Gebiet in gleich knapper Form einen ebenso hohen Stand scharf durchdachter, klarer Darstellung erreicht. Unter diesen Umständen wird es nicht nur dem Studierenden ein sicherer Führer sein, sondern auch eine anregende Lektüre für den erfahrenen Praktiker, der sich in seiner Tätigkeit meist auf einen Rohstoff oder Spinnereizweig beschränkt.... „Der Deutsche Leinen-Industrielle".

Technik und Praxis der Kammgarnspinnerei. Ein Lehrbuch, Hilfs- und Nachschlagewerk. Von Direktor **Oskar Meyer**, Spinnerei-Ingenieur zu Gera-Reuß, und **Josef Zehetner**, Spinnerei-Ingenieur, Betriebsleiter in Teichwolframsdorf bei Werdau i. Sa. Mit 235 Abbildungen im Text und auf einer Tafel sowie 64 Tabellen. XII, 420 Seiten. 1923. Gebunden RM 20.—

Es wird der gesamte Stoff der Kammgarnspinnerei gemäß den Anforderungen der Praxis erschöpfend behandelt. In Berücksichtigung des Umstandes, daß es für den Praktiker oft schwer ist, sich ohne größere Kenntnisse in Mathematik und Physik in das notwendige Fachwissen hineinzufinden, daß aber für die nutzbringende Arbeit eines Spinnereifachmannes neben Erfahrungen ein hohes Maß von fachlichem Wissen und Können Voraussetzung ist, haben die Verfasser auf Grund ihrer langjährigen Lehr- und Berufstätigkeit durch das ganze Werk hindurch auf eine innige Verkettung von Theorie und Praxis hingewirkt und dabei den umfangreichen Stoff in eine leicht faßliche Form gebracht, die es allen Berufsinteressenten, dem Techniker, Praktiker, Studierenden und Kaufmann ermöglicht, sich verhältnismäßig leicht in die Fabrikation der Kammgarne gründlich einzuarbeiten. Erleichtert wird das Studium durch zahlreiche bildliche Darstellungen von Maschinen, Apparaten und Einzeltrieben. „Leipziger Monatsschrift für Textil-Industrie".

Die Getriebe der Textiltechnik. Ein Beitrag zur Kinematik für Maschineningenieure, Textiltechniker, Fabrikanten und Studierende der Textilindustrie. Von Professor Dr.-Ing. **Oscar Thiering**, Budapest. Mit 258 Textabbildungen. IV, 134 Seiten. 1926. RM 12.—; gebunden RM 13.50

Die Herstellung und Verarbeitung der Viskose unter besonderer Berücksichtigung der Kunstseidenfabrikation. Von Ing.-Chemiker **Johann Eggert**. Mit 13 Textabbildungen. V, 92 Seiten. 1926. RM 6.60

Verlag von Julius Springer / Berlin

Die Textilfasern. Ihre physikalischen, chemischen und mikroskopischen Eigenschaften. Von **J. Merritt Matthews**, Ph. D., ehem. Vorstand der Abteilung Chemie und Färberei an der Textilschule in Philadelphia, Herausgeber des „Colour Trade Journal and Textile Chemist". Nach der vierten amerikanischen Auflage ins Deutsche übertragen von Dr. **Walter Anderau**, Ingenieur-Chemiker, Basel. Mit einer Einführung von Prof. Dr. H. E. Fierz-David. Mit 387 Textabbildungen. XII, 847 Seiten. 1928. Gebunden RM 56.—

Der Flachs als Faser- und Ölpflanze. Unter Mitarbeit von Professor Dr. G. Bredemann, Direktor des Instituts für angewandte Botanik an der Universität Hamburg, Professor Dr. K. Opitz, Direktor des Instituts für Acker- und Pflanzenbau an der Landwirtschaftlichen Hochschule Berlin, Professor J. J. Rjaboff, Flachsversuchsstation der Landwirtschaftlichen Akademie Timirjaseff in Moskau, Dr. E. Schilling, Abteilungs-Vorsteher am Forschungsinstitut für Bastfasern in Sorau (N.-L.), herausgegeben von Professor Dr. **Fr. Tobler**, Direktor des Botanischen Instituts der Technischen Hochschule und des Staatlichen Botanischen Gartens Dresden. Mit 71 Abbildungen im Text. VI, 273 Seiten. 1928.
Gebunden RM 19.50

Die Unterscheidung der Flachs- und Hanffaser. Von Professor Dr. **Alois Herzog**, Dresden. Mit 106 Abbildungen und auf 1 farbigen Tafel. VII, 109 Seiten. 1926. RM 12.—; gebunden RM 13.20

Die Mercerisierungsverfahren. Von Dr. **Erwin Sedlaczek**, Oberregierungsrat. VII, 269 Seiten. 1928. Gebunden RM 18.—

Technologie der Textilveredelung. Von Professor Dr. **Paul Heermann**, früher Abteilungsvorsteher der Textilabteilung am Staatlichen Materialprüfungsamt in Berlin-Dahlem. Zweite, erweiterte Auflage. Mit 204 Textabbildungen und einer Farbentafel. XII, 656 Seiten. 1926.
Gebunden RM 33.—

Betriebseinrichtungen der Textilveredelung. Von Professor Dr. **Paul Heermann**, früher Abteilungsvorsteher der Textilabteilung am Staatlichen Materialprüfungsamt in Berlin-Dahlem, und Ingenieur **Gustav Durst**, Fabrikdirektor, Konstanz a. B. Zweite Auflage von „Anlage, Ausbau und Einrichtungen von Färberei-, Bleicherei- und Appretur-Betrieben" von Dr. Paul Heermann. Mit 91 Textabbildungen. VI, 164 Seiten. 1922. Gebunden RM 7.50

Enzyklopädie der textilchemischen Technologie. Bearbeitet in Gemeinschaft mit zahlreichen Fachleuten und herausgegeben von Professor Dr. **Paul Heermann**, früher Abteilungsvorsteher der Textilabteilung am Staatlichen Materialprüfungsamt in Berlin-Dahlem. Mit 372 Textabbildungen. X, 970 Seiten. 1930. Gebunden RM 78.—

Färberei- und textilchemische Untersuchungen. Anleitung zur chemischen und koloristischen Untersuchung und Bewertung der Rohstoffe, Hilfsmittel und Erzeugnisse der Textilveredelungsindustrie. Von Professor Dr. **Paul Heermann**, früher Abteilungsvorsteher der Textilabteilung am Staatlichen Materialprüfungsamt in Berlin-Dahlem. Fünfte, ergänzte und erweiterte Auflage der „Färbereichemischen Untersuchungen" und der „Koloristischen und textilchemischen Untersuchungen". Mit 14 Textabbildungen. VIII, 435 Seiten. 1929. Gebunden RM 25.50

MIX
Papier aus verantwortungsvollen Quellen
Paper from responsible sources
FSC® C105338

If you have any concerns about our products,
you can contact us on
ProductSafety@springernature.com

In case Publisher is established outside the EU,
the EU authorized representative is:
**Springer Nature Customer Service Center GmbH
Europaplatz 3, 69115 Heidelberg, Germany**

Printed by Libri Plureos GmbH
in Hamburg, Germany